包装概论

第三版

赵竞　尹章伟　主编

化学工业出版社

·北京·

本书全面系统地介绍了包装材料及容器、包装技术、包装性能试验、包装机械设备、包装设计、包装印刷、商品运输包装标志与企业形象设计等方面的内容。为了学生学习的方便，书中还汇编了包装常用术语的汉英、英汉对照。

本书可作为包装专业“包装概论”课程的教材使用，也可作为市场营销专业、物流管理专业的选用教材及相关技术人员的参考书。

图书在版编目（CIP）数据

包装概论/赵竞，尹章伟主编．—3版．—北京：化学工业出版社，2018.6（2023.9重印）

ISBN 978-7-122-31921-0

Ⅰ.①包… Ⅱ.①赵…②尹… Ⅲ.①包装-教材 Ⅳ.①TB48

中国版本图书馆CIP数据核字（2018）第074130号

责任编辑：李玉晖　杨　菁　　文字编辑：谢蓉蓉

责任校对：吴　静　　装帧设计：王晓宇

出版发行：化学工业出版社（北京市东城区青年湖南街13号　邮政编码100011）

印　　装：北京虎彩文化传播有限公司

710mm×1000mm　1/16　印张$22^1/_4$　彩插2　字数404千字

2023年9月北京第3版第8次印刷

购书咨询：010-64518888　　售后服务：010-64518899

网　　址：http://www.cip.com.cn

凡购买本书，如有缺损质量问题，本社销售中心负责调换。

定　　价：68.00元

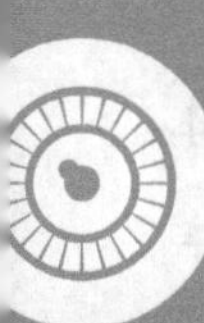

前言
PREFACE

包装学科涵盖物理、化学、生物、人文、艺术等多方面知识，属于交叉学科群中的综合学科，它有机地吸收、整合了不同学科的新理论、新材料、新技术和新工艺，从系统工程的观点来解决商品保护、储存、运输及促进销售等流通过程中的综合问题。本书根据包装工程专业的“包装概论”课程教学大纲编写，主要阐述了包装的概念、功能，讲述了包装材料及容器、包装技术、包装性能试验、包装机械设备、包装标准化、包装设计与企业形象设计、包装印刷、商品运输包装标志等方面的内容。通过本课程的学习，使读者掌握包装的基本知识与理论，熟悉国内包装行业体系的发展形成与国内外包装工业与技术的新进展，了解先进包装装备、包装新材料和高端包装制品，培养学生分析和解决实际问题的能力，为从事包装科学技术工作打下厚实的基础。

本书第1版于2002年8月出版发行，第2版于2007年10月发行，之后多次重印。科学技术飞速发展的今天，人口形态和消费形态都发生了很大的变化，消费形态的变化对包装设计产生着重要的影响，同时包装工业和技术的发展，也推动着包装科学研究和包装学的更新发展。为了使本书能够更加完善、更加符合当下技术条件下读者对包装概论课程的期待，方便教学和专业人士阅读，编者在《包装概论》（第二版）的基础上进行了修订、编写。

本书在内容和章节编排上做了适当的调整。将原第9章中9.2印版制作工艺与9.3包装印刷方式中的内容有机结合起来，使条理更清晰、系统性更好；第8章增加了8.1.5包装设计的发展和商标的出现与8.5.4二维码内容以适应包装技术与风格的发展；并对本书多章内容中涉及的标准，根据现行标准做了更新与调整。内容上，在强调基本概念、基本理论的基础上，尽可能反映本课程领域国内外的最新进展与科技成果，介绍新的消费形态下包装技术和包装设计的新理论、新发展、新趋势、并附有彩色插图，使本书具有新颖性、先进性和可读性。此外，书后附录包装术语（汉英、英汉对照）方面的内容也根据现行标准做了增补和更新，以利于展开双语教学，也便于读者掌握专业英语词汇。为了便于读者理解和掌握所学内容，每章均附有复习思考题，书后附有自测题示例。

《包装概论》（第三版）由电子科技大学中山学院赵竞和武汉大学尹章伟主编，参与修订和提供资料的有马桃林、尹锋、王文静、王武林、刘全香、杜博、沈丹等。

本书力求理论与实践结合，涉及面广，体系完善，专业性强，内容丰富，结构严谨，条理清楚，图文并茂，适合教学需要，既可作为包装专业的教材使用，也可作为物流管理专业、市场营销专业或相关专业的教学参考书，还可供从事商品生产、形象设计、质量检测等技术管理岗位的工程技术人员参考。

本书修订参考了相关的资料文献，在书后列出排列不分先后，在此谨向文献作者致以真诚的谢意。

本书的出版得到化学工业出版社的支持，编校人员付出了辛苦的工作，在此一并致谢。由于作者水平有限，书中难免有所疏漏，恳请读者不吝指正。

编者

2018年3月

第一版前言
PREFACE

我们每天都要和包装打交道，吃的、穿的、用的、娱乐的，哪一样也离不开包装。然而人们许多时候分不出产品与包装，对很多商品而言，产品即包装，包装即产品，包装与产品融合为一体。包装是构成商品的重要组成部分，是增加产品附加值的有效途径。随着市场经济的飞速发展，科学技术水平的提高，人们对包装的重要性已有了充分的认识。

本书是根据武汉大学包装专业《包装概论》课程教学大纲编写的。主要阐述了包装的概念、功能，讲述了包装材料及容器、包装技术、包装性能试验、包装机械设备、包装印刷、包装设计、包装CAD与企业形象设计等方面的内容。考虑到学习的方便，书中还编写包装术语（汉英、英汉对照）方面的内容。本书既可作为包装专业的教材使用，也可作为市场营销专业或相关专业技术人员的参考书。

本书由尹章伟担任主编。各章节分工是：第1～5章，第6章1、3节，第8～10章，包装术语汉英对照、英汉对照部分由尹章伟编写；第6章2节，第7章由刘全香编写；第11～12章由王文静编写；第13章由林泉编写。全书由尹章伟统一定稿。书中引用其他作者的资料未能一一注明，在此谨向他们致以真诚的谢意。

由于作者水平有限，书中内容与文字难免有疏漏之处，恳请读者不吝指正。

作者

2002年8月于珞珈山

第二版前言
PREFACE

包装是为产品服务的，是构成商品的重要组成部分，是实现商品价值和使用价值的手段，是商品生产与消费之间的桥梁，与人们的生活密切相关。

包装是一门跨行业、跨部门、多学科相互渗透的综合性学科，它把多门学科的有关知识综合归纳融合到一个学科框架中，它涉及包装材料的研究与生产，容器的造型、结构与制造，包装机械工具的研究、生产与应用，包装工艺的研究，包装装潢设计与印刷，包装流通，包装标准与法规的制定与执行，包装技术的研究与测试，包装教育与管理等。包装又是一门系统学科，要求用系统的观点认识、分析包装，用系统的知识与手段研究包装，不论是商品包装的个体还是群体，都可以看作是一个大小不一的实体系统。

修订后的《包装概论》一书，与第一版比较，章节结构做了大的调整，内容阐述更简洁，并附黑白插图，书末附彩色图片以增强读者阅读的兴趣，从而使本书体系更完整、结构更合理、层次更清楚、实用性更强、应用面更宽。考虑到学生学习的方便，每章附复习思考题，书后还附有包装术语（汉英、英汉对照）。

本书涉及面广，内容丰富，结构严谨，图文并茂，适合教学需要，既可作为包装工程专业基础课教材使用，也可作为物流管理专业、市场营销专业或相关专业的教学参考书，书中许多内容还可供包装艺术设计专业选用，同时可供从事商品生产、形象设计、质量检测等技术管理岗位的工程技术人员参考。

本书由尹章伟组织编写。各章节分工是:第6章第2节、第9章由刘全香编写;第8章第8节由林泉编写;其余部分由尹章伟编写。全书由尹章伟统一定稿。

由于作者水平有限，书中内容难免有疏漏之处，恳请读者不吝指正。

作者

武昌珞珈山

目录

CONTENTS

目录

CONTENTS

目录

CONTENTS

目录

CONTENTS

目录

CONTENTS

目录

CONTENTS

目录

CONTENTS

01 Chapter

第1章 绪论

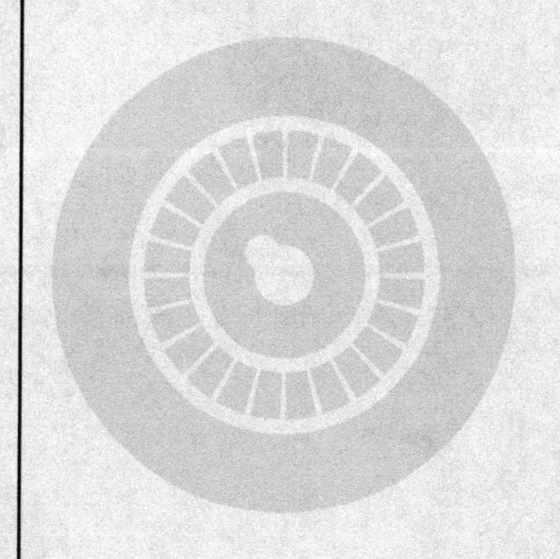

包装作为动词，是指完成对产品盛装、包裹与捆扎等活动的过程，它不仅是要保护商品在流通过程中的品质完好和数量完整，而且还对产品的运输、贮存、销售产生重要影响，方便并指导消费。

包装作为名词，是指产品的容器，同时也是信息的载体、艺术的结晶、品牌的标志，是无声的推销员。

分析研究包装，必须按照从产品到商品，从设计、生产、运输、贮存、销售、使用和消费的系统过程来进行研究。

1.1 概述

包装的萌芽可以追溯到人类最原始的时代。在人类最早从事生产劳动时，生产出的产品其实就有简单包装，只不过那个时候的包装仅仅是为了实现对产品的盛装、储藏或携带。我们在博物馆中看到的彩陶与青铜器等器皿（如图1-1所示），其中的许多便是盛器。陶罐、陶盆以及用植物的叶子、果壳，葫芦，竹筒，动物的贝壳、兽皮等盛装物品、保藏食品。可以说是最早的包装。在自然界也存在许多天然形成的外包装，如鸡蛋壳、豆荚、山竹等水果的外壳，能够非常好地保护果实和种子，被视为自然界聪明的包装（图1-2、图1-3）。

图1-1 青铜器

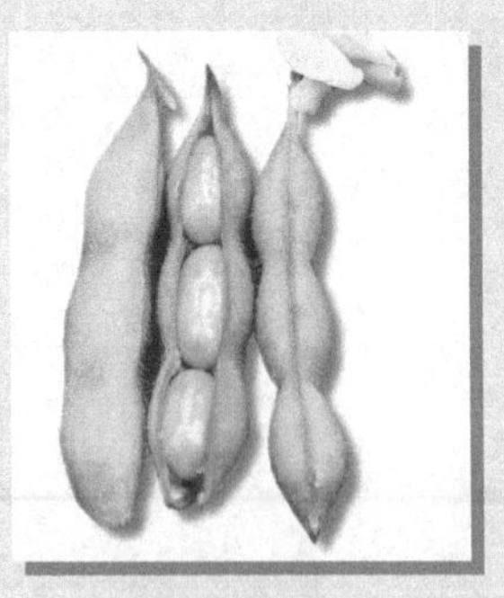

图1-2 豆荚的天然包装

图1-3 山竹的天然包装

随着生产力的提高，人类进入了新的历史发展时期。手工业使劳动分工有了根本性的提高。商品交换成了产品交换的主要形式，包装在功能上也就有了根本性的变化。从张骞出使西域到郑和下西洋，包装为物品的保存、远距离运输与交换创造了条件。

人们熟悉的成语买椟还珠的故事则反映了包装的艺术性古已有之。

1.1.1 包装的概念

谈到包装，不同国家、不同时期人们赋予它不同的内涵。

《辞海》中对“包”与“装”的定义是这样的。

“包”：包藏、包裹、收纳。指用一定的材料把东西裹起来，其根本目的是使东西不易受损，方便运输和储存。这是实用科学的范畴，属于物质的概念。

“装”：装束、装扮、装载、装饰与样式、形貌，指把包裹好的东西用不同的手法进行美化装饰与修饰点缀，使包裹在外表看上去更漂亮。这是美学范畴，属于文化的概念。

包装与产品密不可分。有了产品就要有包装加以保护。“包装”的概念是将“包”与“装”的定义合理有效地融为一体，它包含着以下一些意义——保护、整合、运输、美化（图1-4）。

我国国家标准《包装术语　第1部分：基础》（GB/T 4122.1—2008）中确认：包装是为在流通过程中保护产品，方便储运，促进销售，按一定技术方法而采用的容器、材料及辅助物等的总体名称。也指为了达到上述目的而采用容器、材料和辅助物的过程中施加一定技术方法等的操作活动。

世界各国对包装的含义有不同的理解，说法也不尽相同，但基本意思是一致的，都以包装的功能作用为其核心内容。美国把包装定义为：使用适当的材料、容器，并施于技术，使其能实现产品安全到达目的地——即在产品输送过程中每

图1-4　农夫山泉矿泉水长白山四季插图系列包装设计

一阶段，即使受到外来影响，皆能保护其内装物，而不影响产品价值。日本对包装的定义为："在物品的运输、保管、交易或使用当中，为了保护其价值与原状，用适当的材料、容器等加以保护的技术和状态。"加拿大对包装的定义为：将产品由供应者送到顾客或消费者手中，而能保持产品完好状态的工具。英国对包装的定义为：为货物的运输和销售所做的艺术、科学和技术上的准备工作。

过去人们认为包装是用器具去容纳物品的，或对物品进行裹包、捆扎等的操作，仅仅起容纳物品、方便取用的作用，这样的理解显然是片面的。

现在人们对包装赋予了更广泛的含义，它以系统论的观点，把包装的目的、要求、构成要素、功能作用以及实际操作等因素联系起来，形成了一个完整的概念。即生产企业对所生产的产品，选用具有保护性、装饰性的包装材料或包装容器，并借助适当的技术手段，实施包装作业，以达到规定的数量和质量；同时设法改善外部结构，降低包装成本，从而在流通直至消费的整个过程中，使产品容易储存、搬运，防止产品破损变质，不污染环境，便于识别应用和回收废料，有吸引力、广开销路、不断促进扩大再生产。

现代的包装，已不仅仅是简单的保护和容纳产品，而是发展成为沟通生产与消费的桥梁，包装设计作为一种重要的文化现象，已成为人类经济活动中的自觉行为，在其发展过程中已由过去的产品包装升华为当今的文化包装。这就是包装设计在21世纪所拥有的新的文化内涵。一个人的装束能反映他的思想和修养层面，包装设计也能反映出产品、品牌、企业等不同的内涵。融工业生产、科学技术、文化艺术、民俗风貌等多种元素为一体的包装，不仅可以保护、宣传商品，更可以促销商品和提高商品的附加价值。销售包装是保护功能和艺术美感的融合，是实用性和新颖性的创新结合。成功的包装促销是生产者的意念心理，创造者的思维心理和购买者的需求心理的共鸣。商品销售包装只有把握消费者的心理，迎合消费者的喜好，满足消费者的需求，激发和引导消费者的情感，才能够在激烈的商战中脱颖而出，稳操胜券（如图1-5所示）。

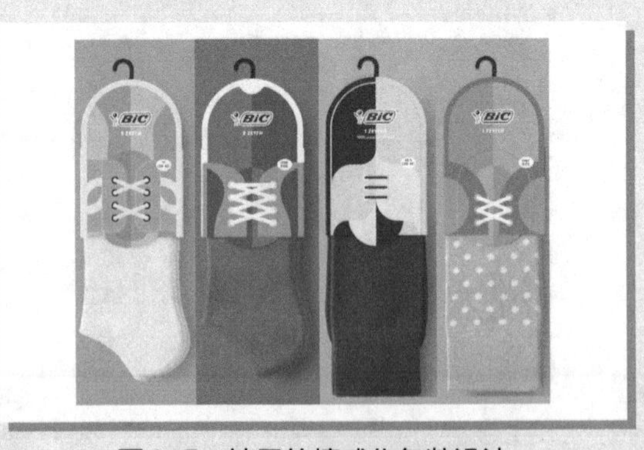

图1-5　袜子的情感化包装设计

总之，包装是使产品从生产企业到消费者手中保证其使用价值和价值顺利实现而具有特定功能的系统。同时包装又是商品的重要组成部分，是实现商品价值和使用价值的手段，是商品生产与消费之间的桥梁，与人们的生活密切相关（图1-6）。

图1-6　果酱包装设计

1.1.2　包装的基本功能

人们的生活与生产离不开包装，是因为包装具有多种功能，大致可概括为以下三种基本功能。

（1）保护功能

包装的保护功能是最基本，也是最重要的功能。其一，它应能保护产品在物流过程中不受到质量和数量上的损害或损失。商品在流通过程中，对其产生伤害的因素有温度、湿度、气体、放射线、微生物、昆虫、鼠类等，它们均可能损害包装，危害产品；商品在运输、装卸、贮存过程中，因人为因素的操作不慎或不当，商品有可能受到冲击、振动、跌落而损伤，或因堆放层数过多而压坏。因此，应根据不同产品的形态、特征、运输环境、销售环节等因素，以最适当的材料、设计合理的包装容器和技术，赋予包装充分的保护功能，保护内装产品的安全。其二，对危险货物采用特殊包装，注意防止其对周围环境及人和生物的伤害（图1-7）。

（2）方便功能

现代商品包装能为人们带来许多方便，这对提高工作效率和生活质量，都发挥重要作用。包装的方便功能应体现在如下几方面。

① 方便生产　包装要适应生产企业机械化、专业化、自动化的需要，兼顾资源能力和生产成本，使两者之间有机地配合起来，提高劳动生产率。

② 方便储运　对每件包装容器的质量、体积（尺寸、形态等），均应考虑各种运输工具的方便装卸，便于堆码；也应考虑人工装卸货物的重量一般不超过20kg；同时还要考虑流通过程中入库，商店、住宅储藏堆码方式，货架陈列效

果，消费者室内摆设、保管等。

③ 方便使用　合适的包装，应使消费者在开启、使用、保管、收藏时感到方便。如用胶带封口的纸箱、易拉罐、喷雾包装、便携式包装等，以简明扼要的语言或图示，向消费者说明注意事项及使用方法，方便使用（图1-8）。

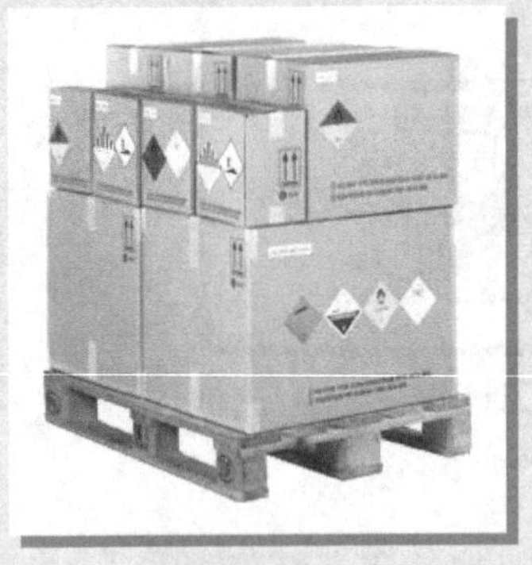

图1-7　危险货物的特殊包装

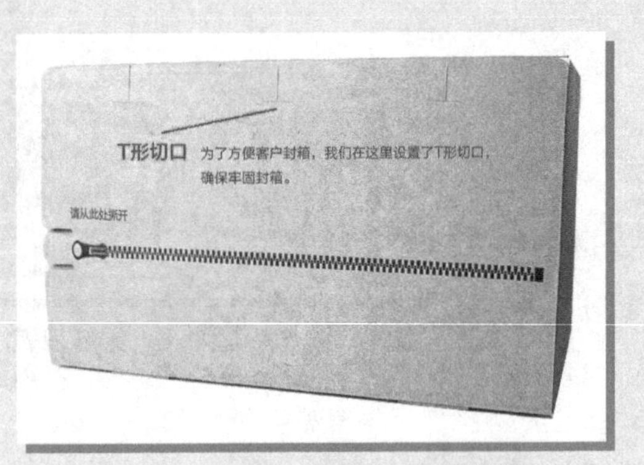

图1-8　方便使用的易开口包装设计

④ 方便处理　指部分包装具有重复使用、回收再生，如各种材料的周转箱，啤酒、饮料的玻璃瓶，包装废弃物（纸包装、木包装、金属包装等）的回收再生复用，有利于节省资源，保护环境。

如图1-9所示的鸡蛋包装创意设计，设计师的目标是设计一个使用少量材料的创新的包装。它是由纸盒折叠而成。鸡蛋放入椭圆形切割口。消费者可以通过上部的转折点放鸡蛋。

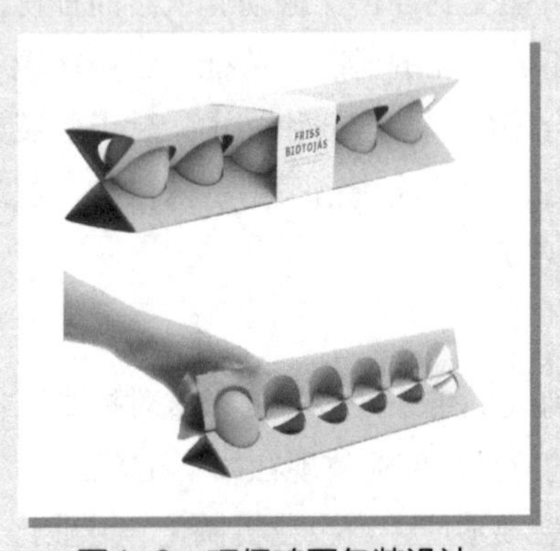

图1-9　环保鸡蛋包装设计

（3）销售功能

包装如无声的推销员，好的包装能吸引消费者的注意，激发购买欲望。包装的销售功能是通过包装设计来实现的。优秀的包装设计，以其精巧的造型、合理的结构、醒目的商标、得体的文字和明快的色彩等艺术语言，直接刺激消费者的购买欲望，并导致购买行为。有些包装还具有潜在价值，如美观适用的包装容器，在内装物用完后还可以用来盛装其他物品。造型独特别致的容器，印刷精美的装饰，不但能提高商品售价，促进商品销售，同时还可以作为艺术鉴赏品收藏。

现代包装设计往往同时具备保护、方便及销售功能，例如彪马（PUMA）聪明鞋盒创意包装，在环保上做足了功夫。2012年彪马（PUMA）正式宣布推出“聪明小盒子（clever little bag）”这个新包装企划，凡是购买彪马（PUMA）鞋，消费者将会获得一个可重复使用的环保鞋袋，内里刚好能固定一个五面方盒型的硬卡纸，没有平时附加的牛油纸等额外包装纸。据称，每个包装除了能节省比传统鞋盒使用65%纸料外，在运输、储存及制造过程中，每年节省了最少60%的燃料消耗（图1-10）。

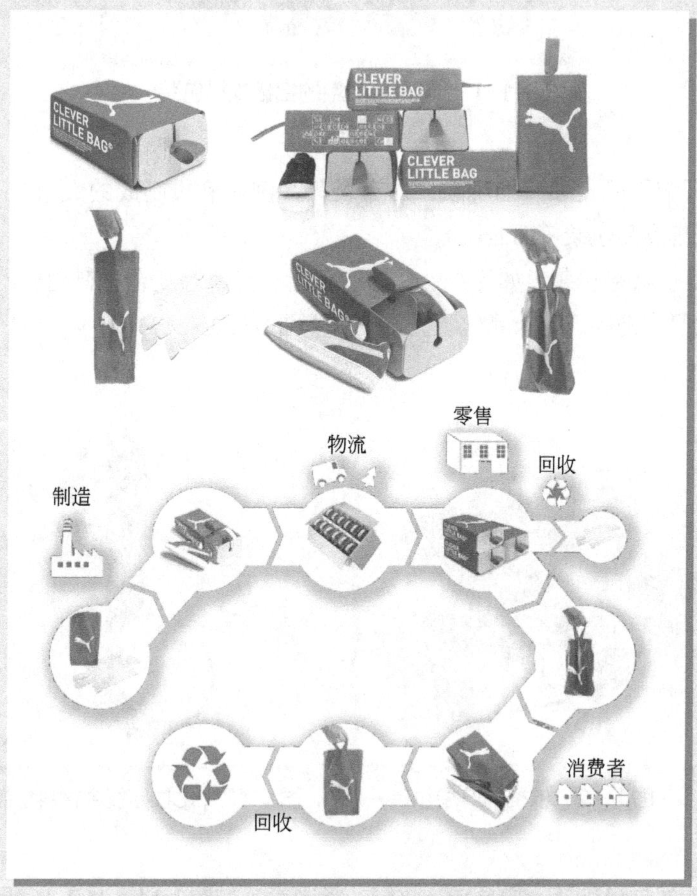

图1-10　彪马（PUMA）聪明鞋盒包装创意设计

1.1.3 包装的分类

（1）按包装材料分类

① 纸包装 如纸袋、纸杯、纸盘、纸瓶、纸盒、纸箱等。

② 塑料包装 如塑料袋、塑料瓶、塑料盒等。

③ 金属包装 如马口铁罐、铝罐等，如马口铁易拉罐的饮料包装（图1-11）。

④ 玻璃、陶瓷包装 如玻璃瓶、瓷瓶、陶瓷钵等。

⑤ 木包装 如木桶、木盒、木箱等。

图1-11 可重复使用的铝罐饮料包装

⑥ 纤维制品包装 如麻袋、白布袋等，例如麻袋制成的大米、茶叶、谷物、坚果等食品包装（图1-12）。

⑦ 复合材料包装 如用纸、铝箔、塑料、金属等复合材料制成的袋、盒、箱等，食品、药品、化妆品包装经常使用（图1-13）。

图1-12 核桃的麻袋包装

图1-13 化妆品复合材料包装

⑧ 天然材料包装 如草袋、竹筐、条篓等，如图1-14～图1-16所示。

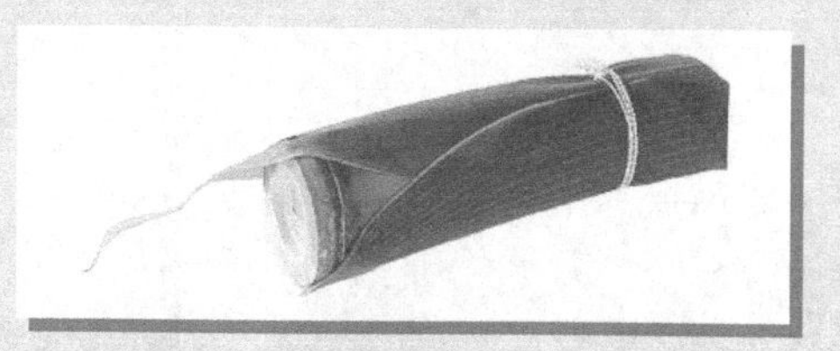

图1-14　竹筒和箬叶制成的食品包装

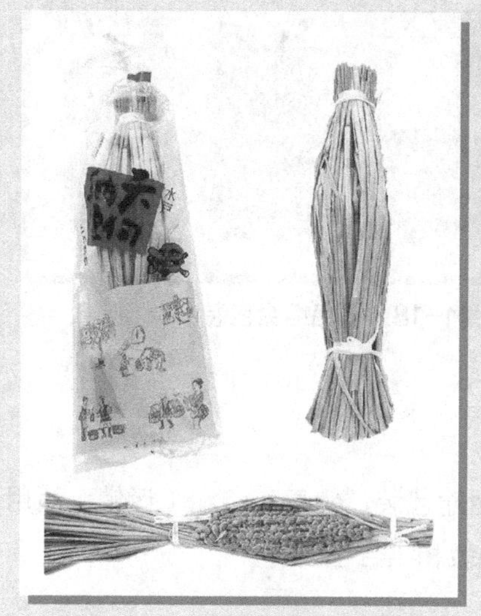

图1-15　稻草制成的纳豆包装

图1-16　鸡蛋的天然材料包装盒

（2）按包装容器的特性分类

① 按形态分　有盒类包装、箱类包装、袋类包装、瓶类包装、罐类包装、坛缸类包装、管类包装、盘类包装、桶类包装、筐篓类包装等。

② 按刚性分　有软包装、硬包装和半硬包装。

③ 按特征分　有固定包装、可拆卸包装、折叠式包装。

④ 按质量水平分　有高档包装、中档包装和普通包装。

⑤ 按密封性能分　有密封包装和非密封包装。

⑥ 按造型特点分　有便携式、易开启式、开窗式、透明式、悬挂式、堆叠式、喷雾式、组合式与礼品包装等（如图1-17、图1-18所示）。

（3）按包装技术分类

按包装所采用的技术方法来分类，如防潮包装、防水包装、防霉包装、防虫包装、防震包装、防锈包装、防火包装、防爆包装、防盗包装、防伪包装、防燃包装、防腐蚀包装、防辐射包装、保鲜包装、速冻包装、儿童安全包装、透气包装、阻气包装、真空包装、充气包装、灭菌包装、冷冻包装、施药包装、药品包装、压缩包装、危险品包装等。

图1-17　化妆品组合包装

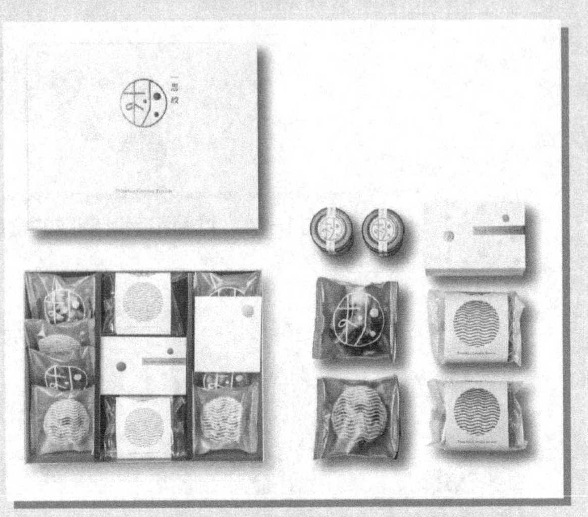
图1-18　食品组合包装

（4）按包装的功能分类

按包装在物流过程中的使用范围分为运输包装、销售包装和（运销）两用包装；销售包装又可分为整合包装、个体包装和组合包装。

（5）按包装适用的群体分类

有民用包装、军用包装和公用包装。

（6）按包装产品分类

主要有食品包装、药品包装、化妆品包装、纺织品包装、玩具包装、文化用品包装、仪器仪表包装、小五金包装、家用电器包装等。

（7）按产品形态分类

按产品的物理形态区分，主要有固体（粉、粒、块状）包装、流体（液体、气体、半流体、黏稠体等）包装和混合物体包装。

（8）按包装层次分类

包装层次是专指对商品体而言，即对商品体的层次包装，通常称为一级包装、二级包装、三级包装，或称为内包装、中包装和外包装。外包装的作用是保护商品和美化商品，如用玻璃瓶盛装的酒，外面再用纸板盒包装就是典型的外包装（如图1-19所示）。

包装分类的意义在于：

① 包装经科学分类后，便于各级职能。部门进行信息化管理。

② 便于包装行业制订包装法规、包装标准等以约束相关部门。

③ 便于分工和协作。包装是一个较大的集合整体，实现现代化管理，需要

各部门的分工与协作，系统清晰、层次分明的包装分类可强化管理，便于不同包装企业间的协作与配合，同步发展。

图1-19　酒包装

④ 便于包装教育、包装研究、包装展览、学术交流等工作的顺利进行。

总之，包装可以从不同角度加以分类。包装的管理部门、生产部门、使用部门、储运部门、科研部门、教育部门等，可选择适合自己特点和要求的分类方法用于实际，以利于本系统工作的有序进行。

1.2 包装在经济中的作用

1.2.1 包装是商品的组成部分

商品是指用来进行交换的、能满足人们某种需要的劳动产品。

商品具有使用价值与价值两个属性。现代社会商品要实现交换必须有包装的参与。商品是产品与包装的结合。任何企业生产的产品，如果没有包装就不可能进入市场，也就不能成为商品。所以说：商品 = 产品 + 包装。

商品从生产地点流向消费领域的过程中，有装卸、运输、储存等环节，产品包装应具有可靠、适用、美观和经济的特点。

（1）包装能有效地保护产品

随着市场营销活动的不断发展，商品要送往全国各地乃至世界各地，必须经过运输、储存、销售等环节。为避免商品在流通过程中受阳光、空气中的氧气、有害气体及温度和湿度的影响而发生变质；为防止商品在运输、储存过程中受冲击、振动、压力、滚动、跌落等造成质量或数量上的损失；为抵抗各种外界因素如微生物、昆虫、啮齿类动物的侵害；为防止危害性产品对周围环境与接触的人造成威胁，必须进行科学包装，达到保护商品数量完整和质量安全的目的。

（2）包装能促进商品流通

包装是商品流通的主要工具之一，几乎没有不经包装就能出厂的产品。在商品流通过程中，若无包装，势必增加装运、储存的困难。因此，将产品按一定的数量、形状、尺寸规格进行包装，便于商品的清点、计数与盘查；可以提高运输工具和仓库的利用率。另外，商品的包装上有明显的储运标志，如“小心轻放”“谨防变潮”“请勿倒置”等文字及图形说明，为各类商品的运输和储存工作带来极大方便。

（3）包装能促进和扩大商品的销售

设计新颖、造型美观、色彩鲜艳的现代商品包装可以极大地美化商品，吸引消费者，在消费者心中留下美好的印象，从而激发消费者的购买欲望。因此，商品包装能起到赢得和占领市场，扩大和促进商品销售的作用。

（4）包装能方便与指导消费

商品的销售包装是随同商品一块出售给消费者的。适宜的包装，便于消费者携带、保存与使用。同时，销售包装上还用图形、文字介绍商品的性能、用途和使用方法，便于消费者掌握商品特性、使用和保存，起到正确指导消费的作用。

总之，包装在商品生产、流通、消费领域中起到保护产品、方便储运、促进销售、方便使用的作用。

1.2.2 包装与自然资源的关系

自然资源是指自然界中天然存在的能为人类利用的一切自然要素。它包括土地资源、矿产原料资源、能源资源、生物资源、水利资源等自然物，但不包括人类加工创造的原材料。它们是人类谋取生活资料的物质来源，是社会生产的自然基础。

自然资源与包装发展的关系极大，是包装工业生产赖以进行的物质基础。自然资源尤其是矿产原料资源和能源资源对包装工业的发展有更大的意义。能源不仅是包装工业的动力源泉，有些能源（石油、天然气、煤炭等）既是化工原料的主要原料，又是生产包装材料的原料来源；矿产原料资源则是包装工业所需多种金属原料和非金属原料的主要源泉。

包装生产企业运用现代科技成就，使自然资源得到充分利用，不但对保证产品质量、降低成本费用有直接影响，同时对防止环境污染和保持生态平衡有重要作用。

1.2.3 包装与环境保护的关系

包装与环境保护和生态平衡的密切关系，主要表现在两个方面，即包装工业对环境的影响和包装废弃物对环境的影响。

包装工业涉及的造纸、塑料、玻璃、金属冶炼和一些辅助材料的加工等工业排放的废气、废水和废渣，含有多种无机物和有机物。未经处理的废物中含有毒有害化学物质和微生物，必须严格执行国家有关规定，正确处理好环境保护问题，兼顾经济效益、社会效益与生态效益的统一。

随着经济的发展和人民生活水平的不断提高，包装工业提供的商品包装越来越多，包装用后的废弃物也相应增加，成为形成垃圾公害的重要原因。垃圾的处理是个棘手的问题。若以掩埋法处理，其中的有害化学物质会污染土壤和地下水；塑料难以分解，一旦被雨水冲刷流入江河湖海，会给一些水生动物带来危害；若以焚烧法处理，一些释放到空气中的有害物质会形成“二次公害”，如形成酸雾、酸雨，危害地面植物和水中生物，影响农作物和水产品的质量；有些毒害性气体物质，通过人的呼吸和皮肤接触，产生致病、致癌的危险。因此，研究和采用无公害包装，是发展现代包装的一个重要课题。

1.2.4 包装在国民经济中的地位和作用

商品包装以社会整体发展为动力，从技术科学、管理科学和艺术科学等多学科相互渗透、发展、结合为条件，以优化其保护功能、强化其促销功能和扩大其方便功能为主要特征。包装在发展国民经济中的重要性，主要表现在它是实现商品价值和使用价值的手段，是使生产、流通和消费紧密联系的桥梁。

包装行业是一个跨地区、跨部门的行业。改革开放以来，中国包装工业发展迅猛，包装工业总产值从1980年的72亿元增长至2002年的2500多亿元，到2009年突破1万亿元，2014年达到的15000亿元，超过日本，成为仅次于美国的世界第二包装大国，正在向包装强国迈进。截至2016年11月上旬，我国包装工业总产值已达1.7万亿元，包装行业社会需求量大、科技含量日益提高，已经成为对经济社会发展具有重要影响力的支撑性产业（图1-20）。

由于市场经济的带动和技术进步的促进，包装工业的产业结构和产品结构发生了很大变化，代表现代包装发展方向的新型的纸、塑料等包装材料和制品有了较快增长，在包装产品中所占的比重有了不同程度的提高。

“十三五”期间，包装行业将围绕绿色包装、安全包装、智能包装，全力构建环境友好、资源节约、循环利用、持续发展的新型产业形态，重点发展包装材料绿色化、包装产业信息化，推进包装工业创新发展、绿色发展，打造包装经济升级版，实现行业由大到强的实质性转变。

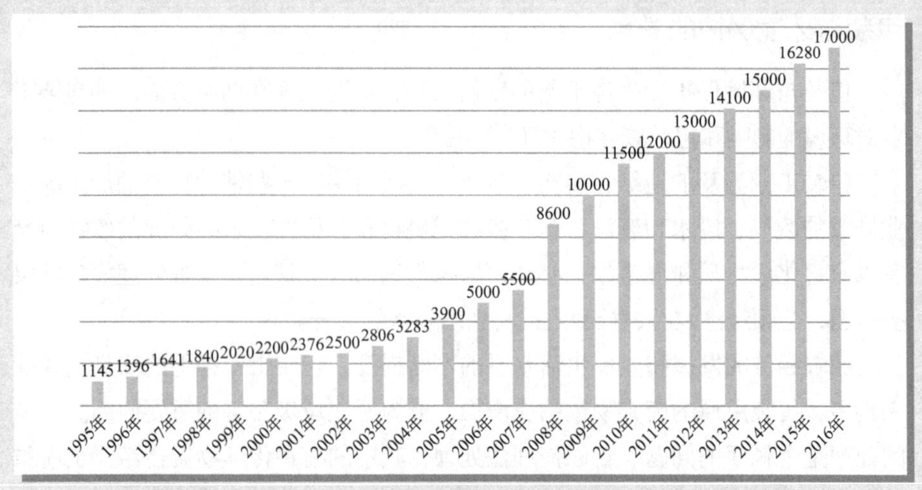

图1-20　1995—2016年我国包装工业总产值统计（单位：亿元）

1.3　包装学研究的对象和任务

1.3.1　包装学研究的对象

包装学是研究包装的自然功能和社会功能以及实现两者优化组合的规律与方法的科学。

包装的自然功能指的是能有效地保护商品在流通过程中的数量与质量，给生产、流通和消费提供多种方便，为社会带来物质效益的那些性能特征。它的设计与形成受数学、物理学、化学生物学、微生物学等多门自然学科的科学理论和方法的影响与指导。

包装的社会功能指的是能满足人们心理需要，美化生活环境，促进商品销售，为社会带来精神效益的那些性能特征。它的设计与形成受哲学、政治经济学、心理学、文化、艺术、法律、历史等多门社会科学理论与方法的影响与指导。

包装的自然功能和社会功能统一于包装产品。两者的优化结合是包装符合“科学、牢固、美观、经济、适用”要求的重要标志，是取得良好经济效益和社会效益的前提。因此，探讨包装自然功能和社会功能实现优化组合的规律性和切实可行的有效办法，是包装学研究的中心内容。

1.3.2　包装学的学科性质

现代科学的发展已经打破了传统的学科界限，出现了边缘学科和综合学科。包装学是一门自然科学和社会科学相互交叉的边缘学科，它的出现是社会生产力和现代科学技术迅速发展的必然结果，是生产社会化程度越来越高，商品生产空前发达和经济交流范围日益扩大的客观要求。它将社会科学、自然科学、人文科学等密切联系起来，促使理、工、医、农、文与艺术领域的某些学科相互交叉、相互渗透，从而形成了具有包装特色的包装学科。

包装学涉及的相关学科有以下几种。

① 自然科学类　数学、物理学、化学及分支。如工程数学、工程力学、弹性力学、塑性力学、结构力学、振动学、电子学、无机化学、有机化学、生物化学、高分子化学、高分子物理学、物理化学、系统工程学、价值工程学、控制工程学、制图学等。

② 技术科学类　环境保护学、生物学、微生物学、物流学、计算机科学、玻璃工艺学、陶瓷工艺学、金属工艺学、造纸工艺学、塑料工艺学、制版与印刷工艺学、材料科学等。

③ 社会科学类　政治经济学、运筹学、统计学、市场学、国家标准与法规等。

④ 人文科学类　文学、历史学、地理学、哲学、社会学、伦理学、心理学、民俗学和科学发展史等。

⑤ 艺术学　美学、工业造型、艺术造型、广告学、商标学、色彩学、摄影艺术、绘画、雕塑等。

这里需要说明的是，就一个人来讲，通晓上述所有学科是终生难以实现的，然而要成为某一个学科的专家是办得到的。中国有句俗话：“三百六十行，行行出状元”就是这个意思。

包装学是一门新兴的学科，是现代科学技术的一个重要组成部分，其特点如下。

① 包装学内容是一个综合体系，把人类长期积累起来的包装实践知识进行改造，并与多门学科的相关知识加以综合归纳，融合到一个学科框架中，上升为理性知识。因此，包装学是在综合了多门学科的理论和方法的基础上形成的。

② 包装学要求对包装设计、包装管理等问题的研究加以综合分析与平衡，既要考虑技术上的先进性，又要考虑工艺上的可行性，还要重视经济上的合理性，从事包装工作的有关人员应尽可能学习掌握多门学科知识，为我所用。

③ 包装学用系统的观点认识包装，用系统的方法分析包装，用系统的知识和手段研究包装。

④ 包装学能适应社会发展和人们生活不断改善的需要，为发展商品生产服务，为繁荣市场服务。它为商品包装经营管理部门、生产企业和消费者提供了包装使用价值的理论知识和信息。它的研究课题来自于生产、流通和消费的需要，研究的成果又直接应用于生产、流通和消费的环节。

1.3.3 包装学研究的内容和任务

① 研究包装功能、作用和包装构成要素的理论，阐明包装发展与政治、经

济、人文艺术、科学技术等方面的关系，确定科学的包装概念，使人们树立正确的包装观念，认清包装发展对发展国民经济和国家现代化建设事业的重要作用。

② 考察包装演变的历史进程，探明包装发展的规律和发展趋势，确立发展现代包装的指导思想和原则，使包装事业沿着正确的轨道迅速发展。

③ 研究包装的分类原则和方法，以便于包装的研究、设计、生产、应用和管理等项工作的顺利进行。

④ 研究包装容器的设计理论和制作方法，探明提高包装设计成功率的条件，促进包装设计现代化。

⑤ 研究包装伴随内装物在物流过程中的运动状态和变化规律，揭示包装在各物流环节存在的矛盾，分析这些矛盾的特性，探求解决矛盾的途径和方法，为设计与生产科学、牢固、适用的包装提供依据。

⑥ 研究内装物的自然属性和变质损耗的规律，研究防护包装的原理和技术方法，为不断开发新的防护包装提供依据。

⑦ 研究现代科技成果在包装设计、包装材料、包装技术、包装印刷、包装机械、包装测试、包装生产、包装管理、包装标准等方面的应用，加快我国包装现代化的进程，逐步缩小与包装先进国家的差距。

⑧ 研究包装的质量指标和经济指标，以便按技术经济的评价标准和方法，指导制定包装国家标准，并与国际标准接轨。

⑨ 研究包装管理的理论和方法，对管理思想、组织机构、企业决策、资源利用、质量标准、产品成本、情报信息、政策法规、科学研究、培养人才等重要问题进行探讨，以推进包装管理的科学化，实现管理现代化。

⑩ 研究包装科学和其他学科的联系，论证有关自然科学、科学技术和社会科学与包装学的基本理论、内容体系的关系，使包装的教学、科研、设计工作者和包装行业、企业管理者，把包装科学置于广阔的视野之内，通过不断学习和充实提高做好工作。

复习思考题

1. 什么是商品？
2. 什么是包装？
3. 包装的主要功能有哪些？
4. 为什么需要对包装进行分类？
5. 怎样对不同的包装进行分类？
6. 为什么说包装是商品的组成部分？
7. 包装与自然资源的关系是什么？
8. 包装与环境保护有什么关系？
9. 举例说明包装在市场经济中的作用。

Chapter

02

第2章

包装材料

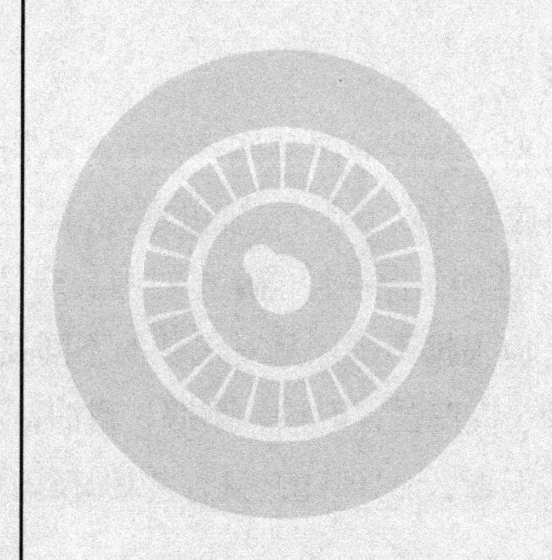

包装是以产品为核心的系统工程，包装材料是形成商品包装的物质基础，是商品包装各项功能的承担物，是构成商品包装使用价值最基本的要素，选用质优、价廉、美观、适用的包装材料是关键。

2.1 概述

2.1.1 包装材料的概念

包装材料是指“用于制造包装容器和构成产品包装的材料总称”（GB/T 4122.1—2008）；它还包括运输包装、包装装潢、包装印刷等有关材料和包装辅助材料，如纸、金属、塑料、玻璃、陶瓷、竹木与野生藤类、天然纤维与化学纤维、复合材料等；又包括缓冲材料、涂料、黏合剂、捆扎物和其他辅助材料等。

2.1.2 包装材料的分类

包装材料的种类很多，我们可以从不同的角度进行分类。

① 按材料的来源可分为天然包装材料和加工包装材料；

② 按材料的软硬性质可分为硬包装材料、软包装材料和半硬（介于软硬中间）包装材料；

③ 按材料的材质可分为木材、金属、塑料、玻璃与陶瓷、纸与纸板、复合材料和其他材料；

④ 从生态循环的角度可分为绿色包装材料和非绿色包装材料。

2.1.3 包装材料的性能

用于包装的材料，其性能涉及许多方面。从构成商品包装所具有的使用价值来看，包装材料应具有以下几个方面的性能。

① 适当的保护性能　保护性能是指对内装产品的保护。为保证内装产品质量，防止其变质，应根据不同产品对包装的不同要求，选用机械强度适中，能防潮、防水，耐酸、碱腐蚀，耐热、耐寒、耐油，透光、透气，防紫外线穿透，能适应气温变化，无毒、无异味的材料，以保持内装产品的形状、功能、气味、色彩符合设计要求。

② 易加工操作性能　易加工操作性能主要指材料根据包装要求，容易加工成容器且易包装、易充填、易封合、效率高而且适应自动包装机械操作，以适应大规模工业化生产的需要。

③ 外观装饰性能　外观装饰性能主要指材料的形、色、纹理的美观性，能产生陈列效果，提高商品档次，满足消费者的审美需求和激发消费者的购买欲望。

④ 方便使用性能　方便使用性能主要指由材料制作的容器盛装产品后，消费时便于开启包装和取出内装物，便于再封闭而不易破裂等。

⑤ 节省费用性能　包装材料应来源广泛，取材方便，成本低廉。

⑥ 易回收处理的性能　易回收处理性能主要指包装材料要有利于环保，有利于节省资源，对环境无害，尽可能选择绿色包装材料。

包装材料的有用性能，一方面来自材料本身的特性，另一方面还来自各种材料的加工技术。随着科学技术的发展，各种新材料、新技术的不断出现。包装材料满足商品包装的有用性能在不断完善。

2.1.4 包装材料的选用

商品包装首先考虑的问题是如何选择包装材料。选择包装材料应当同时兼顾到以下三个方面：用选择的材料制成的容器必须保证被包装的产品在经过流通和销售的各个环节之后，最终能质量完好地到达消费者手中；包装材料必须满足包装成本方面的要求，经济可行；选择的材料必须兼顾到生产厂家、运输销售部门和消费者的利益，使得三方面都能接受。因此，选用包装材料应遵循适用、经济、美观、方便、科学的原则。

① 适用　包装材料的各种性能（从自然防护到社会认识功能）适合于被包装商品的包装功能需求。

② 经济　指对一种或多种包装材料的应用，无论从单件成本还是从总成本来核算，都是最低廉的。有些包装材料本身的成本价格虽然高一些，但加工工艺简便，制作工艺成本低，在选用时可以考虑。所以，对包装材料的应用要反复斟酌而定。

③ 美观　包装是商品的外衣，在材料选用上，材料的本色、质地如何，对构成包装品外观形态都会起到相当大的影响。

④ 方便　许多包装材料虽然从适用、经济、美观的角度衡量都很合适，但不能在当地采购，或者可供数量不足，或者不能按时供应，这就得更换另一种材料，特别是一些精巧、昂贵、稀有的包装材料和辅料，会经常出现供不应求的情况，所以，在包装材料应用设计时，必须考虑方便这一原则。

⑤ 科学　科学是指包装材料的选择与应用是否合理，无论是材料的防护功能应用，还是材料的利用率，以及人们对材料的审美价值，是否与产品功能需求吻合。

总之选用包装材料要能有效保存包装物，延长商品的有效保存期，适应流通环境，并与包装物的档次相协调，满足不同层次的消费者需求。

我国已成为WTO成员国，在国际市场激烈竞争的情况下，包装的形态、图案、材料、色彩以及广告，都直接影响商品销售是否成功。从包装材料的选用来说还要考虑材料的颜色、材料的挺度、材料的透明性以及价格等。不同的颜色会使人产生不同的联想，在热带地区商品包装选用暖色销路很好；在寒冷地区用蓝色、灰色和绿色包装的商品其销售容易成功。材料的挺度越好，商品的货架陈列效果越佳，让顾客看着心里舒服，使商品的外观给人以美观大方的感觉。包装材料的透明性可以使商品本身直接成为广告，告诉顾客该产品的形状、颜色等，尤其是一些小商品。材料的价格对包装物的销售影响很大，对于礼品包装，材料价格高、装饰效果好、保护性好是一般人心里所希望的；但对于顾客自用的商品，其包装材料价格不宜太贵，这样顾客才会觉得货真价实，少花钱多办了事。

2.2 木质材料

木质材料主要是指由树木加工成的木板或片材。木材作为包装材料有悠久的历史，具有很多优点。木材分布广，可以就地取材，质轻且强度高，有一定的弹性，能承受冲击和震动作用；容易加工，具有很高的耐久性且价格低廉等。木材又是一种优良的结构材料，长期以来，一直用于制作运输包装，适用于大型的或较笨重的机械、五金交电、自行车以及怕压、怕甩的仪器、仪表等商品的外包装。近年来虽然有逐步被其他材料所代替的趋向，但仍在一定范围内使用，在包装材料中约占25%左右。随着包装工业的发展，木制包装在整个包装材料中的比例会逐步降低。

2.2.1 木材包装的特点

① 木材的资源分布广，便于就地取材。

② 木材具有优良的强度/重量比，有一定的弹性，能承受冲击、振动、重压等作用，木制包装是装载大型、重型物品的理想容器。

③ 木材加工方便，不需要复杂的机械设备。木制容器使用简单工具就能制成，钉着性能好，箱内可安装挂钩、螺钉，便于拴挂内装物。

④ 由于木材的热胀冷缩比金属小，不生锈，不易被腐蚀，木制包装可盛装化学药剂。

⑤ 木材可进一步加工成胶合板，对减轻包装重量，提高材料均匀性，改善外观，扩大应用范围均有很大好处。胶合板包装箱具有耐久和一定的防潮、防湿、抗菌等性能。

⑥ 木制包装可以回收、复用，降低成本，是很好的绿色包装材料。

木材的缺点是易于吸收水分，易变形开裂，易腐败，易受白蚁蛀蚀，还常有异味，加工不易实现机械化，价格高，加之树木生长缓慢等因素，因此木材在包装上的应用受到限制。

2.2.2 包装木材的种类

包装木材的种类繁多，其用途也各不相同，一般分为天然木材和人造木材两大类，天然木材包括针叶木材（如红松、落叶松、白松、马尾松等）和阔叶木材（如杨木、桦木等），人造木材包括纤维板（如纤维板、木丝板、刨花板等）和胶合板（如三夹板、五夹板等）。

2.2.3 包装木材的选用

.2.3.1 天然木材的选用

天然木材主要是将砍伐的树木直接加工而成。好的木材可以加工各种包装箱和礼品盒，如图2-1～图2-3所示。

（1）红松

红松又名海松或红果松，为我国东北长白山、小兴安岭地区的主要常绿树木，高达30～40m，胸径可达4m。红松树干纹理通直，年轮匀窄、明晰。组织

图2-1　木质箱、盒

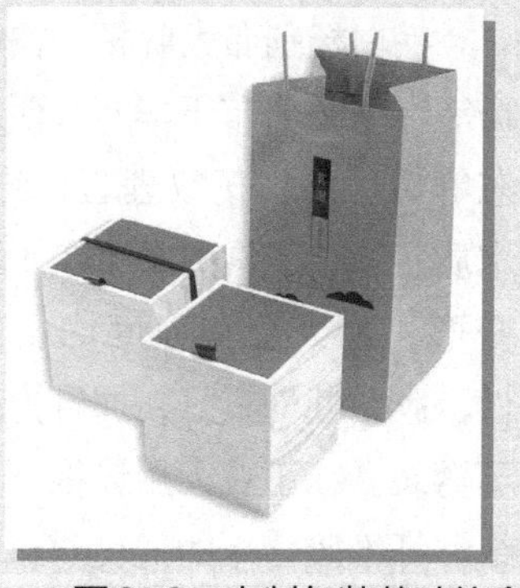

图2-2　木制包装茶叶礼盒

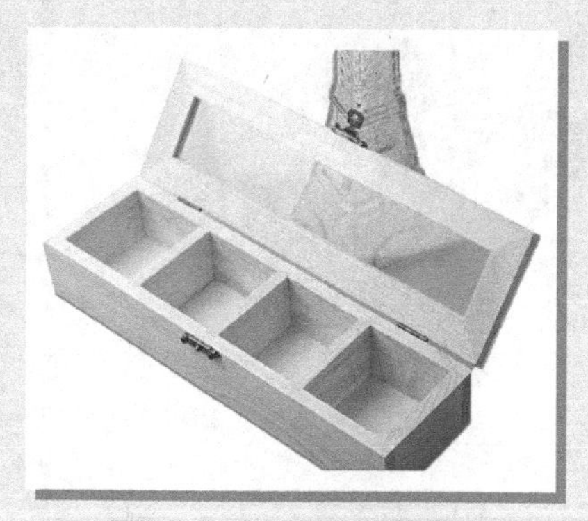

图2-3　手工皂木制包装盒

结构较强，木质轻软，易干燥、干缩率小，即使在较高温度（110℃）中干燥时也不易开裂和变形。强度中等，握钉力适中且不易劈裂，耐腐朽，容易加工，切削面光滑，易于油饰、胶接，是用途很广的优良木材，一般用于制造包装箱等。

（2）马尾松

马尾松又名青松或枞松，是盛产于长江流域、珠江流域以及台湾等地区的主要常绿乔木，通常高达30m，胸径可达1.5m。这种木材组织结构中粗，材质轻硬，纹理通直间或略斜而不均匀。木材具有针状、大而多的脂道，有显著的松脂气味，抚摸时有油腻感。强度中等，握钉力强，干缩率中或小。干燥时易于粗裂。不耐腐蚀，易受白蚁侵蚀，对于胶接油饰和防腐处理略难于红松。这种木材用途有限，一般可用于包装箱上。

（3）杉木

杉木又名杉树，为常绿乔木。主要分布于长江流域以南及华南、西南等地区。这是一种速生树木，一般20～30年就可以成材，木质纹理匀直，结构较强，木质较轻软，易干燥，干缩率小，在干燥过程中不易发生缺陷；强度中等，加工容易，韧性很大，横断面很粗糙，纵剖面易起毛，握钉力弱并易沿木纹劈裂。油饰性差，漆后光泽不好，但胶接性良好，耐腐蚀性强，有香气不受白蚁侵蚀，且不易翘曲。一般多用来制作小型包装制品。

（4）桦木

桦木为落叶乔木，产区遍于全国。在稍寒地区生长较快，其中以东北的白桦和枫桦产量最大，材质最好，使用最广。材色黄褐至浅红褐，有光泽，无特殊气味。纵理通直，结构细致。材质较硬，强度中等，易干燥，不翘裂，干缩率大。耐腐蚀性差，内部常发生心材腐朽，因此影响其作用。油饰性能良好，胶接性能中等，易于加工和防腐处理，握钉力强，但易劈裂。工业上多用作胶合板材料，也可用来制作包装箱。

图2-4　木箱

（5）毛白杨

毛白杨别名大叶杨、白杨、响杨等。主要分布于华北、西北和华东等地区。白杨纹理直，结构细，木质轻软，正常时易干燥，不翘曲变形。耐久性和强度均弱，油饰性、胶黏性均良好，握钉力弱，但不劈裂。在工业上用途很广，是造纸、纤维胶合板的优良原料，还可以制作包装箱（如图2-4所示）、容器及其他细小的制品。

2.2.3.2 人造板材的选用

人造板材所用的原料均系木材采伐过程中的剩余物，如枝杈，截头、板皮、碎片、刨花、锯木等废料。人造板材强度高、性能好。$1m^3$的人造板材可抵数立方米的木材使用。

人造板材的种类很多，主要有胶合板、纤维板、刨花板等。

（1）胶合板

用原木旋切成薄木片，经选切、干燥、涂胶后，按木材纹理纵横交错重叠，通过热压机加压而成。其层数均为奇数，有三层、五层、七层乃至更多的层。由于胶合板各层按木纹方向相互垂直，使各层的收缩与强度可相互弥补，避免了木纹的纵纹和横纹方向差异影响，使胶合板不会发生翘曲与开裂。包装轻工、化工类商品的胶合板，多用酚醛树脂或脲醛树脂作黏合剂，具有耐久、耐热和抗菌等性能。包装食品的胶合板，多用谷胶或血胶作黏合剂，具有无臭、无味等特性。胶合板面积大、光洁美观、结构均匀、强度高而各向大致相同，其利用率约为普通板材的2～3倍，可加工成各种类型的容器，如图2-5、图2-6所示的木盒。

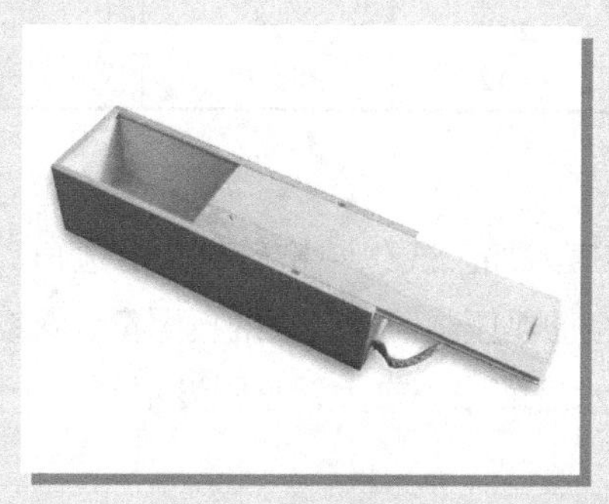

图2-5　木盒（一）

图2-6　木盒（二）

胶合板品质的好坏与所采用的黏合剂品种有很大的关系，常用的黏合剂有干酪素胶、酚醛树脂胶、脲醛树脂胶等。它们的黏合力如表2-1所示。

表2-1　各种黏合剂黏合力比较

黏合剂	胶合板厚度/mm	黏合力/MP a		湿：干
		常态	浸水48h	
干酪素胶	16.0	3.42	1.65	0.48
酚醛树脂胶	15.8	4.93	3.87	0.80
脲醛树脂胶	15.3	4.82	3.06	0.64

（2）纤维板

纤维板是利用各种木材的纤维和棉秆、稻草、芦苇等植物纤维制成的人造板。

纤维板板面宽平，不易裂缝，不易腐朽虫蛀，有一定的抗压、抗弯曲强度和耐水性能，但抗冲击强度不如木板与胶合板，适宜于做包装木箱挡板和纤维板桶等。软质纤维板结构疏松，具有保温、隔热、吸声等性能，一般做包装防震衬板用。

纤维板的性能与胶合板类似，板面宽大，构造均匀，无木材的天然缺陷，耐磨、耐腐蚀，不易胀缩、翘裂，具有绝缘性能。经油浸或特殊加工后，还能耐水、耐火和耐酸，其利用率可达90%以上。

纤维板因成型时温度和压力的不同，分为硬质、半硬质和软质三种。硬质纤维板是在高温高压下成型而制得，软质纤维板不经过热压处理而制成。纤维板可用于制作包装箱及其他包装材料使用。硬质纤维板的物理、力学性能如表2-2所示。

表2-2　硬质纤维板的物理、力学性能

项目	特级	普通级		
		一等	二等	三等
容量/（kg/m^3）≥	1000	900	800	800
静曲强度/MPa≥	50	40	30	20
吸水率/%≤	15	20	20	20
含水率/%	4～10	5～12	5～12	5～12

（3）刨花板

刨花板又称碎木板或木屑板。将原木加工成包装箱后剩余的边角、碎木、刨花经切碎加工后与黏合剂拌和，再经加热压制而成。它的板面宽、花纹美丽，没有木材的天然缺陷，但易吸潮，吸水后膨胀率较大，且强度不高，一般作为小型包装容器。

2.3 金属材料

金属包装材料是传统包装材料之一。我国早在春秋战国时期就采用了青铜制作各种容器，南北朝时期有银作为酒类包装容器的记载。金属包装发展速度快、品种多，以钢和铝合金为主要材料，广泛用于销售包装和运输包装。

2.3.1 金属包装材料性能特点

包装所用的金属材料主要指钢材和铝材，其形式为薄板和金属箔，前者为刚性材料，后者为柔性材料。

① 金属非常牢固、强度高、碰不碎、不透气、防潮、防光，能有效地保护内装物品，用于食品包装能达到中长期保存，便于储存、携带、运输和装卸。

② 金属有良好的延伸性，容易加工成型，制造工艺成熟，能连续化自动生产，其中钢板能镀上锌、锡、铬等，以提高其抗锈能力。

③ 金属表面有特殊的光泽，是增加包装美观性的重要因素，加上印铁工艺的发展，便于将商品装潢得外表华丽、美观、适销。

④ 金属易再生利用。

但是，金属材料在包装上的应用受到其成本高，能量消耗大，流通中易产生变形，化学稳定性差，易锈蚀等因素的限制。

2.3.2 金属包装材料的种类

金属种类很多，而包装用的金属材料见表2-3。

表2-3 金属包装材料的种类

金属包装材料	材料性能
镀锡薄钢板（马口铁）	力学性能强，具有优良的成型性能和形状稳定性，易于加工
镀铬薄钢板（TFS-CT）	对有机涂料的附着力好，加工成型性好，韧性差
镀锌薄钢板	耐腐蚀和密封性能良好
低碳薄钢板	供应充分，成本低廉，加工性能好，制成容器有足够的强度和刚度
铝合金薄板和铝箔	耐腐蚀性能好，安全卫生，导热率高，罐轻，印刷效果好，可回收重熔

① 黑色金属：薄钢板、镀锌薄钢板、镀锡薄钢板。

② 有色金属：铝板、合金铝板、铝箔、合金铝箔等。

2.3.3 包装用主要金属材料

2.3.3.1 钢材

钢材来源丰富，能耗和成本较低，是包装金属的主要材料，包装用钢材的主要形式是薄钢板，它包括镀锡薄钢板、镀铬薄钢板、镀锌薄钢板和低碳薄钢板等。

（1）薄钢板（黑铁皮）

薄钢板是普通低碳钢的一种，尺寸规格一般为900mm×1800mm、1000mm×2000mm，厚度有0.5mm、1mm、1.25mm、1.5mm等。它具有较强的塑性与韧性，光滑而柔软，延伸率均匀，要求无裂缝、无皱纹等。主要用于制作桶状容器。

（2）镀锌薄钢板（白铁皮）

镀锌薄钢板是在酸洗薄钢板表面上经过热浸镀锌处理，表面镀有一层厚度为0.02mm以上的锌保护层，其尺寸规格为900mm×1800mm，厚度为0.44～1mm，具有强度高、密封性能好等特点。作包装材料时，主要制作桶状容器（如图2-7、图2-8所示），可盛装粉状、浆状和液状商品。

图2-7　方桶

图2-8　小容量镀锌闭口钢桶

（3）镀锡薄钢板（马口铁）

镀锡钢板是将薄钢板放在熔融的锡液中热浸或电镀，将其表面镀上锡的保护层。用热浸法生产的镀锡钢板称为热镀锡板；用电镀法生产的镀锡板称为电镀锡板。马口铁是金属包装材料中的主要原材料。其优异的性能使它自诞生以来就在金属包装中有着不可撼动的地位。它最先被广泛应用于军事领域，在战争年代军火运输中马口铁曾大显身手，目前在商品各领域大量使用（图2-9～图2-16）。

图2-9　罐头包装

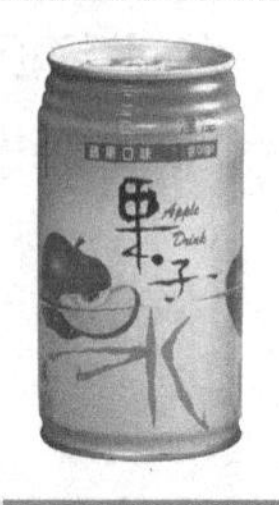

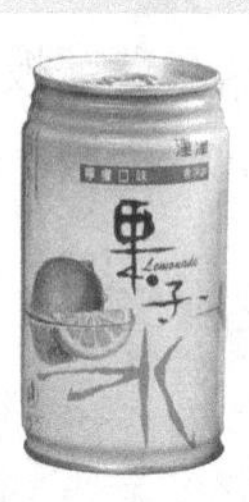

图2-10　饮料包装

图2-11　精致糖果盒

图2-12　茶叶包装

图2-13　高档烟盒

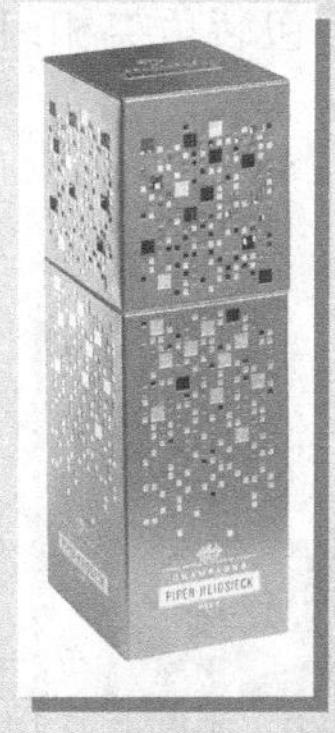

图2-14　酒盒包装　　图2-15　化妆品盒　　图2-16　礼赠品盒

（4）镀铬薄钢板

镀铬薄钢板是在低碳薄钢板上镀铬，通常在无水铬酸为主的溶液中进行。主要用于腐蚀性较小的啤酒罐（图2-17）、饮料罐及食品罐的底盖等，接缝采用熔接法和黏合法接合。

图2-17　啤酒罐

.3.3.2　铝材

铝材料是产量仅次于钢铁的一种金属，具有一系列优良性能。它密度小，仅为钢的1/3，重量较轻；有优良的加工性，易于压延成各种复杂的形状；耐腐蚀性强，不会生锈；阻隔性、遮光性好，能有效地保护产品；导热率高，便于对铝质罐头杀菌；呈银白色，色泽美观，且对光的反射率大，易于印刷；无毒、无味，废弃物可回收等。它的缺点是材质较软、强度较低、受碰撞时易于变形、焊接性能差、成本较高等。铝质包装材料主要有合金铝板、铝箔、镀铝薄膜等。

（1）铝合金薄板

铝合金薄板系铝镁、铝锰等合金铸造后经热轧、冷轧、退火、热处理和矫平等工序制成的薄板，具有轻便、美观、不生锈的特点，用于包装鱼类和肉类罐头（图2-18、图2-19）。

图2-18　鱼肉罐头（猫粮）包装

图2-19　鱼肉罐头包装

（2）铝箔

铝箔是用纯度为99.5%铝经压延而成，极富延展性，厚薄均匀，包装用铝箔厚度均在0.005～0.2mm之间。铝箔有单独使用的铝箔，与纸、玻璃纸、塑料薄膜等复合使用的铝箔，在表面着色的铝箔和表面覆膜的二次加工铝箔。铝箔具有优良的防潮性，保香性强，有漂亮的金属光泽，反射率强。主要用于食品包装（如巧克力、口香糖、冰激凌、果酱、人造奶油等包装）；其次是香烟包装、药品包装；也有用于照相、X射线等感光胶片及机械零件、工具等的包装（图2-20）。

图2-20　铝箔纸巧克力包装

（3）镀铝薄膜

镀铝薄膜的底材主要是塑料膜和纸张，在其表面镀上一层极薄的铝层，可成为铝箔的代用品而被广泛使用，因表面有铝层，所以隔绝性能差，但刺扎性优良，实用性超过了铝箔，常用于制作衬袋纸盒的包装。

2.4 塑料

塑料是可塑性高分子材料的简称，具有质轻、美观、耐腐蚀、力学性能高、易于加工和着色等特点，被广泛用于各类产品的包装。用塑料制得的软包装袋、瓶、桶、杯、盆等包装容器逐步取代了金属罐和玻璃瓶，使包装工业的面貌发生了很大变化。

随着我国工农业生产和科学技术的发展，塑料包装材料也得到了迅速的发展，无论在数量、质量、品种、规格等方面都有了很大的变化，如包装薄膜、复合包装材料、包装容器、钙塑箱、周转箱、编织袋、泡沫防震材料等都有了较快的发展。

2.4.1 塑料的基本性能与特点

① 物理性能优良。塑料具有一定的强度、弹性，抗拉，抗压，抗冲击，抗弯曲，耐折叠，耐摩擦，防潮，可阻隔气体等。

② 化学稳定性好。塑料耐酸碱、耐化学药剂、耐油脂、不锈蚀。

③ 塑料属于轻质材料。塑料密度约为金属的1/5、玻璃的1/2。

④ 塑料加工成型简单多样。塑料可制成薄膜、片材、管材、带材，还可以做编织布，用作发泡材料等，其成型方法有吹塑、挤压、注塑、铸塑、真空、发泡、吸塑、热收缩、拉伸等多种技术，可创造出适合不同产品需要的新型包装。

⑤ 塑料有优良的透明性和表面光泽，印刷和装饰性能良好，在传达和美化商品上能取得良好效果。

⑥ 塑料属于节能材料，价格上具有一定的竞争力。

塑料作为包装材料也有不足之处：强度不如钢铁；耐热性不及玻璃；在外界因素长期作用下易发生老化；有些塑料不是绝对不透气、不透光、不透湿；有些塑料还带有异味，其内部低分子物有可能渗入内装物；塑料还易产生静电，容易弄脏；有的塑料废物处理燃烧时会造成公害。

2.4.2 塑料的分类

塑料根据组分的性质可分为单组分塑料和多组分塑料。单组分塑料由合成树脂组成，仅含少量辅助物料。多组分塑料以合成树脂为基本成分，含有多种辅助物料。

塑料根据受热加工时的性能特点可分为热塑性塑料和热固性塑料两大类。前者多属软性材料，后者属刚性成型材料。

热塑性塑料加热时可以塑制成型，冷却后固化保持其形状。这种过程能反复进行，即可反复塑制。热塑性塑料的主要品种有聚乙烯、聚丙烯、聚苯乙烯、聚氯乙烯、聚酰胺、聚酯等。包装用的塑料多属于热塑性塑料。

热固性塑料加热时可塑制成一定形状，一旦定型后即成为最终产品，再次加热时也不会软化，温度升高则会引起它的分解破坏，即不能反复塑制。热固性塑料的主要品种有酚醛塑料、脲醛塑料、蜜胺塑料等。

热塑性塑料和热固性塑料的主要特点比较见表2-4。

表2-4 热塑性塑料和热固性塑料性能比较

性能	热塑性塑料	热固性塑料
耐热性	大多数都在150℃时出现热变形	制品受热后，不再熔融，一般耐热150℃
成型效率	可采用注射、挤出、热成型等多种方法加工，效率高，可连续生产	多采用模压，层压成型，效率低
废料利用	成型时没有发生化学变化，原则上废品可回收利用	成型时发生了化学变化，为立体网状结构，废品不能利用
透明度	多数可生产透明制品	几乎全部是不透明或半透明的制品
填充剂、增强剂	利用的目的是为了降低成本，多不利用	多利用，以提高制品的性能

目前我国塑料制品主要有六大类：塑料编织袋，塑料周转箱、钙塑箱，塑料打包带、捆扎绳，塑料中空容器，塑料包装薄膜，泡沫塑料。

2.4.3 塑料包装材料的主要品种

塑料包装材料的主要品种见表2-5。

（1）聚乙烯（PE）

聚乙烯是乙烯的高分子聚合物的总称，在包装常用塑料中应用最普遍。聚乙烯质轻、柔软、抗水性好、耐低温、无味、无毒，按其性能又分为高密度聚乙烯（HDPE）、中密度聚乙烯（MDPE）和低密度聚乙烯（LDPE）三类，见表2-6。

通常高密度聚乙烯可用来制造重包装袋以及成型各种包装容器，如瓶、杯、盘、盒等；中密度聚乙烯和低密度聚乙烯多用来生产薄膜，并常与其他材料复合生产各种复合材料。

表2-5 塑料包装材料的品种

缩写代码	英文全名	中文名
ABS	acrylonitrile/Butadiene/styrene	丙烯腈-丁二烯-苯乙烯
A/MMA	acrylonitrile/methyl methacrylate	丙烯腈-甲基丙烯酸甲酯
A/S/A	acrylonitrile/styrene/acrylate	丙烯腈-苯乙烯-丙烯酸酯
CA	cellulose acetate	醋酸纤维素
CN	cellulose nitrate	醋酸纤维素

续表

缩写代码	英文全名	中文名
CS	casein	酪元，酪素
EC	ethyl cellulose	乙基纤维素
EP	epoxide;epoxy	环氧化物；环氧树脂
E/P	ethylene/propylene	乙烯-丙烯
E/VAC	ethylene/vinyl acetate	乙烯-醋酸乙烯酯
MF	melamine-formaldehyde	三聚氰胺-甲醛，蜜胺甲醛树脂
PA	polyamide	聚酰胺
PB	1-polybutene	1-聚丁烯
PC	polycarbonate	聚碳酸酯
PE	polyethylene	聚乙烯
PETP	poly（ethylene terephthalate）	聚对苯二甲酸乙二醇酯
PF	phenol-formaldehyde	苯酚-甲醛树脂
PIB	polyisobutylene	聚异丁烯
PMMA	poly（methyl methacrylate）	聚甲基丙烯酸甲酯
POM	polyoxymethylene;polyformaldehyde	聚氧化甲烯，聚甲醛
PP	polypropylene	聚丙烯
PPOX	poly（propylene oxide）	聚氧化丙烯
PS	polystyrene	聚苯乙烯
PTFE	polytetrafluoroethylene	聚四氟乙烯
PUR	polyurethane	聚氨基甲酸酯
PVAC	poly（vinyl acetate）	聚醋酸乙烯酯
PVAL	poly（vinyl alcohol）	聚乙烯醇
PVB	poly（vinyl butyral）	聚乙烯醇缩丁醛
PVC	poly（vinyl chloride）	聚氯丁烯
PVDC	poly（vinylidene chloride）	聚偏二氯乙烯
PVF	poly（vinyl fluoride）	聚氟乙烯
PVFM	poly（vinyl formal）	聚乙烯醇缩甲醛
S/B	styrene/butadiene	苯乙烯-丁二烯
SI	silicone	硅酮树脂
UF	urea-formaldehyde	脲甲醛树脂
UP	unsaturated ployester	不饱和树脂
VC/VAC	vinyl chloride/vinyl acetate	氯乙烯-醋酸乙烯酯
VC/VDC	vinyl chloride/vinylidene chloride	氯乙烯-偏二氯乙烯

表2-6　不同密度聚乙烯性能比较

性能指标	低密度聚乙烯	中密度聚乙烯	高密度聚乙烯
密度/（g/cm^3）	0.910～0.925	0.926～0.940	0.941～0.965
结晶度/%	55～56	70～75	85～90
透明度/%	0～75	10～80	0～40
透气速率（相对值）	1	1/3	1/3
硬度（洛氏）	D41～D46	D50～D60	D60～D70
抗冲击强度（缺口、悬臂梁式）/（kJ/m^2）	≤42	≤21	≤17
抗张强度/（kgf/cm^2）	70～161	84～245	217～385
伸长率/%	90～800	50～600	15～100
结晶熔点/℃	108～126	126～135	126～136
脆化温度/℃	-80～-55	—	-140～-100
热变形温度/℃	38～49	49～74	60～82
线形收缩率/%	1.5～5.0	1.5～5.0	2.0～5.0

近年又发展了线性低密度聚乙烯（LLDPE），特别适宜制作包装薄膜，其厚度比低密聚乙烯减薄20%，是一种很有发展前途的塑料包装材料。聚乙烯塑料还可用来生产软管、泡沫塑料及涂层等包装材料。

（2）聚丙烯（PP）

聚丙烯质轻，无毒、无味、透明度高，力学性能、表面强度、抗摩擦性、防潮性能好，但易带静电、印刷性能欠佳。可用于制作盛装食品、化工产品、化妆品的各种瓶、杯、盘、盒等容器；还大量用于制造编织袋、打包带；双向拉伸聚丙烯薄膜可用来代替玻璃纸。

（3）聚氯乙烯（PVC）

聚氯乙烯塑料分为软质和硬质两类，软质薄膜多用来制作各种包装袋；硬质的可制成各种瓶、杯、盘、盒等包装容器。

（4）聚苯乙烯（PS）

聚苯乙烯塑料属硬质塑料，特点是气密性、抗水性、热封性能好，印刷性良好，机械强度好，耐磨、耐压性能高，热稳定性能差，拉伸强度大和撕裂强度大，质地硬、延伸率小。常用改性聚苯乙烯注塑成各种深杯、盘、盒等容器，也用拉伸聚苯乙烯和泡沫聚乙烯制成浅杯、盒、盘等包装容器，还大量地用来制造包装用的泡沫缓冲材料。

（5）聚酯（PET）

聚酯塑料常用来吹塑成各种包装瓶，其力学性能优异，有很高的强度，抗压性、耐冲击性、稳定性好，耐酸碱腐蚀，透明度高，光泽性、光学特性好，无毒、无味。聚酯瓶是相当有发展前途的包装容器，聚酯薄膜经常与聚乙烯、聚丙烯等制成复合薄膜作为冷冻食品及需加热杀菌食品的包装材料。

（6）乙烯-醋酸乙烯共聚物（EVA）

该塑料一般用作包装密封的薄膜材料，也常用来与其他材料共挤形成多层复合材料，如与高密聚乙烯复合可代替玻璃纸和蜡纸。

常用塑料薄膜的特性见表2-7。

表2-7 常用塑料薄膜的特性

薄膜种类	强度	透明性	热封性	耐热性	耐寒性	耐油性	气密性	防潮性	印刷性	保香性
低密度聚乙烯	差	良	优	差	良	差	差	良	良	差
中密度聚乙烯	良	良	优	良	良	良	差	良	良	差
高密度聚乙烯	良	差	优	优	良	良	差	良	良	差
聚氯乙烯	良	优	良	差	差	优	优	良	优	优
聚酯	优	优	差	优	优	优	良	良	优	良
未拉伸聚丙烯	良	优	良	优	差	良	差	良	良	差
拉伸聚丙烯	优	优	差	良	良	良	优	良	良	差
聚偏二氯乙烯	良	优	优	差	良	优	优	优	良	优
聚碳酸酯	优	优	差	优	优	良	良	良	良	优
未拉伸聚酰胺	优	良	良	优	良	优	差	差	良	差
拉伸聚酰胺	优	优	差	良	优	良	差	差	优	差
聚乙烯醇	良	优	良	良	良	良	良	差	优	良
拉伸聚苯乙烯	良	优	良	差	优	差	差	差	良	差

常用的塑料还有聚酰胺、聚偏二氯乙烯、聚乙烯醇、聚碳酸酯、聚氨基甲酸酯、酚醛塑料、脲醛塑料、蜜胺塑料等。

2.5 玻璃、陶瓷材料

玻璃与陶瓷属于硅酸盐类材料。玻璃与陶瓷包装是指以普通或特种玻璃与陶瓷制成的包装容器。

2.5.1 玻璃包装材料

玻璃作为传统的包装材料沿用至今，仍是现代包装的主要材料之一。玻璃因其本身的优良特性以及玻璃制造技术的不断改进，仍是食品工业、化学工业、医药卫生行业等常用的主要包装容器，在国民经济中占有非常重要的地位。

2.5.1.1 玻璃包装材料的性能特点

① 玻璃的保护性能优良，不透气，不透湿，有紫外线屏蔽性，化学稳定性高，无毒无异味，有一定强度，能有效地保存内装物。

② 玻璃的透明性好，易于造型，具有特殊的美化商品的效果。

③ 玻璃可制成的品种规格多样，对产品商品化的适应性强。

④ 玻璃的强化、轻量化技术以及复合技术已有一定发展，加强了对包装的适应性，尤其在一次性的包装材料中，玻璃材料有较强的竞争力。

⑤ 玻璃的原料资源丰富且便宜，价格较稳定。

⑥ 玻璃易于回收复用、再生，不会造成公害。

玻璃作为包装材料，存在着耐冲击强度低，碰撞时易破损，加上自身重量大、运输成本高、能耗大等特点，限制了玻璃的应用。另外玻璃有一定耐热性，但不耐温度急剧变化，良好的透光性有时会使内装产品变色、变质等。

2.5.1.2 玻璃材料的种类

玻璃的分类，一般是按照其组成或用途来进行的。根据组成进行分类时，通常以玻璃形体氧化物为基础，分为硅酸玻璃、硼酸盐玻璃、磷酸盐玻璃、铝酸玻璃等。按照用途和特性进行分类时，可分为平板玻璃、瓶罐玻璃、器皿玻璃、医药玻璃、光学玻璃、电真空玻璃、颜色玻璃、乳浊玻璃、微晶玻璃、玻璃纤维等。玻璃包装材料有普通瓶罐玻璃主要为钠-钙-硅玻璃系统（如瓶罐、器皿、医药、乳浊玻璃等）和特种玻璃（如中性玻璃、石英玻璃、微晶玻璃、钠化玻璃等）。

2.5.1.3 玻璃材料的应用

玻璃用于运输包装，主要是指存装化工产品如强酸类的大型容器；其次是指玻璃纤维复合袋在存装化工产品和矿物粉料上的应用。玻璃用于销售包装，主要是玻璃瓶和平底杯式的玻璃罐，用来存装酒、饮料、食品、药品、化学试剂、化妆品和文化用品等（如图2-21～图2-25所示）。

图2-21　玻璃瓶包装

图2-22　玻璃酒瓶包装

图2-23　玻璃香水瓶包装

图2-24　玻璃瓶食品包装

图2-25　玻璃瓶饮料包装

2.5.2　陶瓷包装材料

.5.2.1　陶瓷的性能

陶瓷的化学稳定性与热稳定性均好，能耐各种化学药品的侵蚀，热稳定性比玻璃好，在250～300℃时也不开裂，并耐温度剧变。不同商品包装对陶瓷的性能要求也不同，如高级饮用酒瓶（如茅台酒），要求陶瓷不仅机械强度高，密封性好，而且要求白度好，具有光泽。包装用陶瓷材料，主要从化学稳定性和机械强度考虑。

.5.2.2　包装陶瓷的种类及应用

包装陶瓷主要有粗陶瓷、精陶瓷、瓷器和炻器四大类。

（1）粗陶瓷

粗陶瓷多孔，表面较为粗糙、带有颜色和不透明的特点，并有较大的吸水性和透气性，主要用作缸器。

（2）精陶瓷

又分硬度精陶（长石精陶）和普通精陶（石灰质、镁、熟质料等）。精陶器较粗陶器精细，坯白色，气孔率和吸水率均小于粗陶器。它们常用作缸、罐和陶瓶。

（3）瓷器

它比陶瓷结构紧密均匀，坯均为白色，表面光滑，吸水率低，极薄瓷器还具有半透明的特性。主要用作瓷瓶，也有极少数瓷罐。

（4）炻器

是介于瓷器与陶器之间的一种陶瓷制品，也有粗炻器和细炻器两种，主要用作缸、坛、砂锅等容器。

一些地方风味的酱菜、调味品，至今仍采用古色古香的陶瓷包装；一些高档酒类，采用陶瓷包装已成为时尚（如图2-26、图2-27所示）。由于陶瓷在造型、色彩、艺匠性等方面具有独特的风采，作为商品的销售包装容器在国内外均有广阔的市场。

图2-26 酱菜坛

图2-27 花雕坛酒

2.6 纸和纸板材料

在历史上，纸曾经是很贵重的材料。纸和纸板作为传统包装材料，发展至今已成为现代包装的重要材料支柱之一。纸属于软性薄片材料，无法形成固定形状的容器，常用来作裹包衬垫和口袋。纸板属于刚性材料，能形成固定形状，常用来制成各种包装容器。以纸和纸板为原料制成的包装，统称为纸制包装。纸制包装应用十分广泛，其产值约占整个包装材料产值的45%左右，不仅用于百货、纺织、五金、电信器材、家用电器等商品的包装，还适用于食品、医药、军工产品的包装。在现代商品包装中，用纸和其他材料复合，给商品销售包装增添了异彩；用它加工制成高强度瓦楞纸板，给运输包装开辟了新路。

2.6.1 纸和纸板的特点

纸和纸板区别于其他包装材料，具有下列特点。

① 纸和纸板原料充沛，价格低廉，不论以单位面积价格还是单位容积价格，与其他材料相比都是经济的。

② 纸和纸板具有适宜的坚牢度、耐冲击性和耐磨性。

③ 纸和纸板容易达到卫生要求，无毒、无污染。

④ 纸和纸板的成型性和折叠性优良，便于采用各种加工方法，机械加工时能高速连续生产。

⑤ 纸和纸板作为承印材料，具有良好的印刷性能，印刷的图文信息清晰牢固，便于复制和美化商品。

⑥ 纸和纸板本身重量轻，能降低运输费用。

⑦ 纸制包装可回收复用和再生，废物容易处理，不造成公害，节约资源。

⑧ 纸和纸板较容易进一步深加工，易于适应不同包装的需要。

然而，作为纸制包装材料的纸和纸板有许多致命的弱点，如难于封口，受潮后牢度下降，以及气密性、防潮性、透明性差，易发脆，会翘曲干裂，受外界机械力（如跌落、穿刺、钩搭等）作用时易于破裂。

包装用纸可分为纸与纸板两大类。纸和纸板是按定量（指单位面积的重量，以每平方米的克数表示）或厚度来区分的。凡定量在250g/m^2以下或厚度在0.1mm以下的统称为纸；定量在250g/m^2以上或厚度在0.1mm以上的纸称为纸板（有些产品定量虽达200 ～ 250g/m^2，习惯仍称为纸，如白卡纸、绘图纸等）。

根据用途，纸大致可分为文化用纸、工农业技术用纸、包装用纸和生活用纸四大类。包装用纸的种类有：

① 普通纸　牛皮纸、玻璃纸、中性包装纸、纸袋纸、羊皮纸等。

② 特种纸　保光泽纸、湿强纸、防油脂纸、袋泡茶纸、高级伸缩纸等。

③ 装潢纸　表面浮沉纸、压花纸、铜版纸、胶版纸等。

④ 深加工纸　真空镀铝纸、防锈纸、石蜡纸、沥青纸等。

纸板也大体分为包装用纸板、工业技术用纸板、建筑纸板及印刷与装饰用纸板四大类。包装用纸板的种类有：

① 普通纸板　白板纸、黄板纸、箱板纸等。

② 深加工纸板　瓦楞原纸、瓦楞纸板等。

在包装方面，纸主要用作包装商品、制作手袋和印刷装潢商标等；纸板主要用于生产纸箱、纸盒、纸桶等包装容器。

纸和纸板的规格尺寸（单位为mm），根据其不同形式有两种要求。

平板纸要求长和宽，其幅面尺寸常见的有787mm×1092mm，850mm×1168mm，880mm×1230mm，根据用户需要，可以生产很多特殊尺寸的纸与纸板（见表2-8）。

规定纸和纸板的尺寸标准，对于实现纸箱、纸盒、纸桶等纸制容器的标准化和系列化是十分重要的。

表2-8　若干平板纸与纸板的尺寸规格　mm

纸与纸板种类	规格
文化用纸类	787×1092，880×1092，787×960，880×1230，850×1168，930×645，508×762，615×880，440×615
牛皮纸	787×1092，889×1194
条纹牛皮纸	889×1194
鸡皮纸	700×1000，889×1194，787×1092
中性包装纸	787×1092
包装纸板	1150×880
牛皮箱纸板	960×1260，787×1092

卷筒纸只要求宽，国产卷筒纸主要有1575mm（即2×787mm），1092mm，880mm，787mm等规格，长度一般为6000m。

一般来说，250g/m^{2}以下的纸，以500张为一令，几令为一件，每件一般不超过250kg；250g/m^{2}以上的纸板，一件是几令或每令是多少张，则视其纸张的克重而异。卷筒纸每件一般为250～350kg，最大不超过1t。

2.6.2　包装用纸

一般纸张均可用于包装，但为了使包装制品达到所要求的强度指标，保证被包装的产品完好无损，因此包装所有纸张应具有强度大、含水率低、透气性小，不含对包装产品有腐蚀性的物质，有良好的印刷性能，具有这些性能的纸张才能用于各类产品的包装。为了满足不同包装产品的需要，往往对原纸进行加工，制成各种特殊性能的包装纸。

包装用纸大体上可分为食品包装用纸与工业品包装用纸两大类，食品包装用纸要求有一定的强度和符合卫生标准，工业品包装用纸要求强度大，韧性好，以及某些特种包装要求的特殊性能。但有些包装纸既可以作为食品包装用，也可以作为工业品包装用。这两大类包装用纸都要求不但保护商品安全，还能起到装潢商品的作用。包装用纸大致包括纸袋纸、牛皮纸、鸡皮纸、玻璃纸、羊皮纸以及其他包装用纸等。

（1）纸袋纸

纸袋纸又称水泥袋纸，是一种工业包装纸。纸袋要求物理强度大，强韧，具有良好的防水性能，具有一定的透气度，以免装袋时破损。

纸袋纸分为一号、二号、三号、四号四种，用于制作纸袋，供水泥、化肥、农药等包装之用。要求有高的强度，保证装袋和运输过程中不破损，撕裂度、抗折强度、透气度适中，韧性大。

（2）牛皮纸

牛皮纸是高级包装纸，因其质量坚韧结实得似牛皮而得名。牛皮纸从外观上分单面光、双面光、有条纹和无条纹等品种。牛皮纸一般为黄褐色，也有彩色牛皮纸。牛皮纸有较高的耐破度和良好的耐水性，没有透气度要求，这点是与纸袋纸不同的。

牛皮纸用途十分广泛，大多供包装工业品，如作棉毛丝绸织品、绒线、五金交电及仪器仪表等包装用，也可加工制作砂纸、档案袋、卷宗、纸袋、信封等。

（3）普通食品包装纸

普通食品包装纸是一种不经涂蜡加工可直接包装食品的包装纸。它分一号、二号、三号三种，有单面光和双面光两种式样，主要为平板纸，用于食品商店、副食店、旅游食品供应点等作为零售食品的包装用纸。

（4）鸡皮纸

鸡皮纸是一种单面光的平板薄型包装纸，供印刷商标，包装日用百货、食品之用等。鸡皮纸一般定量为40g/m^2，一面光泽好，有较高的耐破度和耐折度，有一定的抗水性。其特点是纸质均匀，拉力强，纸面光泽良好并有油腻感，纤维分布均匀，经过包扎不易破裂，色泽多样。

（5）羊皮纸

羊皮纸有两种，一种是动物羊皮纸，另一种是植物羊皮纸。动物羊皮纸是用羊皮、驴皮等经洗皮、加灰、磨皮、干燥等加工工序制成的纸张，古时用作为书写材料，精装书籍封面及制作鼓皮。因为动物皮供应有限，而且成本较高，所以近代造纸业都用植物羊皮纸来代替它。

植物羊皮纸是用纯植物纤维制成的原纸，经过硫酸处理制得的半透明包装纸，所以又称为硫酸纸。植物羊皮纸可用于包装糖果、食品、油蜡、茶叶、烟草等食物，适用于医药、仪器、机械零件等。

羊皮纸具有一系列与许多其他种类的纸张不同的特殊的物理机械性质。如结构紧密，不透油、有弹性、性硬、半透明、不燃等。

工业包装用羊皮纸按其用途一般可分为工业羊皮纸和食品羊皮纸。工业羊皮纸适用于作化工药品、仪器、机器零件等工业包装用，具有防油、防水、湿强度大的特性。食品羊皮纸主要用于食物、药品、消毒材料的内包装用纸，也可用于其他需要抗油耐水商品的包装。

（6）玻璃纸

玻璃纸完全透明，像玻璃一样光亮，是一种高级包装用纸。该纸主要适用于医药、食品、纺织品、精密仪器等商品的美化包装，因透明能直观商品。其特点如下。

① 透明性：可见光线透过率达100%，能提高商品的装饰效果和价值。

② 光泽性：有非常漂亮的光泽。

③ 印刷性：玻璃纸的印刷和一般包装纸塑料薄膜相比更显得优越，任何复杂的图案都能印得完美无缺。

④ 不通气性：在干燥的情况下，具有几乎隔断氧气、氢气、二氧化碳等气体的能力。可以防止由于商品包装中含有氧气等引起的变质。

⑤ 耐油性：对油性商品，碱性商品和有机溶剂，有很强的阻隔能力。

⑥ 非导电性：玻璃纸与一般塑料薄膜不同，它不会产生带静电现象。所以手触时不会产生触电的不快感。

⑦ 防灰性：因纸表面光亮平滑，不带静电，不易粘上灰尘，即使粘上也容易拂落。而塑料薄膜则很容易粘上灰尘，且不容易拂净。

⑧ 耐热性：可耐热至190℃高温，但不耐火。

包装用纸还有有光纸、胶版纸、防潮纸、防锈纸等。

2.6.3 包装用纸板

纸板主要用途是制作包装容器和衬垫，在生活、文化用品上广为采用，特别是商品包装使用纸板的数量很大。纸板可分为单层纸板和多层纸板，其原料采用稻草、麦草、芦苇渣、破布、废纸等，生产工艺比较简单，只用本色纸浆，不施胶，不加填料，即可进行制造。

对于各种纸板的基本要求是：表面应具有较好的印刷性能；良好的折叠性，折叠后不致破裂；有足够的强度，使制成包装容器后，产品包装及堆垛仍然能保持其外形；具有良好的尺寸稳定性，能耐各种气候变化而不致使尺寸变形；具有均匀的厚度；具有各种程度的抗水性和抗油性；有一定的光泽度；具有耐磨性；涂层不易擦除。

纸板有以下种类。

（1）瓦楞原纸

瓦楞原纸纤维组织均匀，厚薄一致，无突出纸面的硬块，纸质坚韧，具有一定耐压、抗张、抗戳穿、耐折叠性能。

（2）箱纸板

箱纸板是专门用于和瓦楞原纸裱合后制成瓦楞纸盒或瓦楞纸箱，供日用百货等商品外包装和个别配套的小包装用。

（3）牛皮箱纸板

牛皮箱纸板适用于制造外贸包装纸箱，内销高档商品包装纸箱以及军需物品包装纸箱。

（4）瓦楞纸板

瓦楞纸是由瓦楞原纸加工而成，先将瓦楞原纸压成瓦楞状，再用黏合剂将两面粘上纸板，使纸板中间呈空心结构，瓦楞的波纹宛如一个个连接的小小拱形门，相互并列成一排，互相支撑，形成三角结构体，强而有力，从平面上能承受一定压力，富有弹性、缓冲力强，能起到防震和保护商品的作用。

瓦楞形状可分为U形、V形和UV形三种，如图2-28所示。

V型波峰圆弧半径较小，夹角在90° 左右，楞顶与面纸的接触面较小，容易剥离。由于向斜线的作用如三角形，抗压强度大，但如外力过大，其楞形被破坏，且不能恢复原状。V形瓦楞纸板较坚固，平面抗压强度比U形瓦楞纸板高。

U形顶峰圆弧半径较大，在弹性极限内当压力消除后能恢复原状，圆弧的着力点不稳定，耐压强度不高，由于顶峰与面纸接触面较大，制造时黏合剂的使用量较大，但瓦楞辊的磨损较小，瓦楞原纸波峰被压坏的现象极少发生。

UV形瓦楞同时具有两者的大部分优点，其耐压强度较高，综合性能好，一般在使用中大多数采用此种瓦楞。

瓦楞纸板的种类有二层、三层、五层、七层瓦楞纸板，如图2-29、图2-30所示。

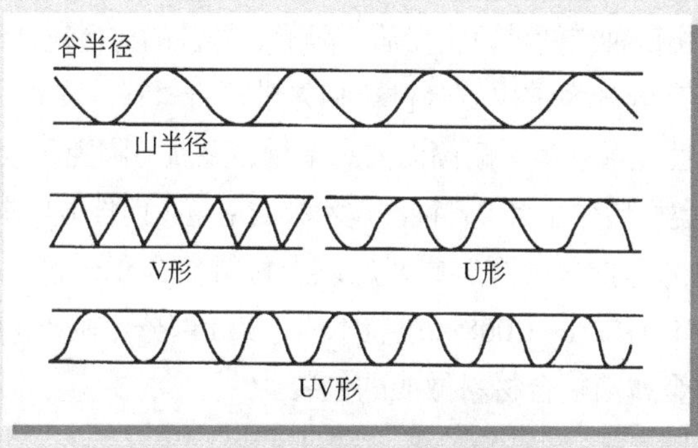

图2-28　瓦楞纸板楞型示意

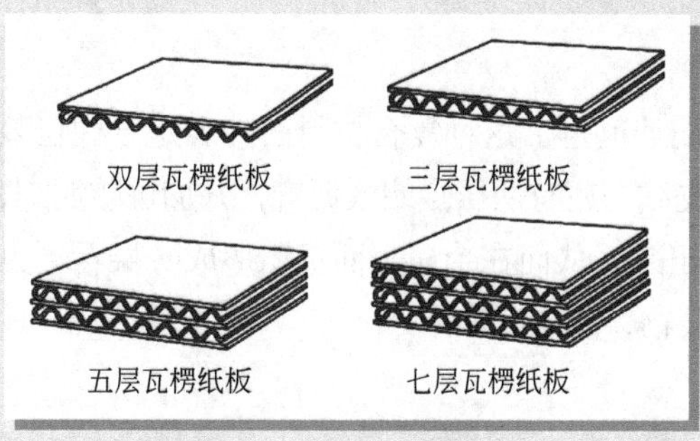

图2-29　瓦楞纸板的种类

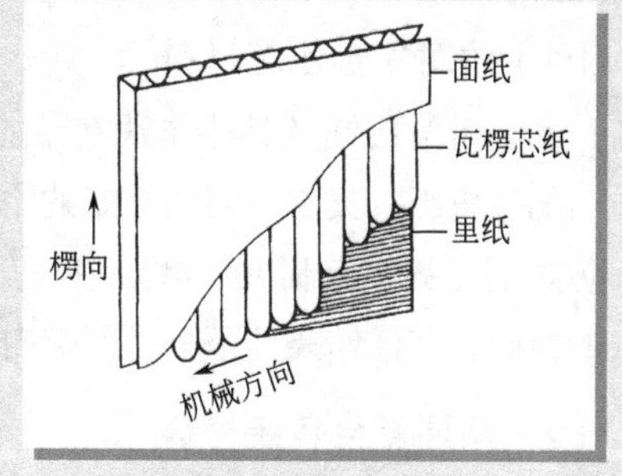

图2-30　三层瓦楞纸板结构示意

世界各国通用的瓦楞纸规格有A、B、C、E四种，见表2-9。

包装用纸板还有草纸板、单面白纸板、茶纸板、灰纸板等。

表2-9 楞槽的种类

种类	每30cm的楞数	楞槽高度/mm
A型	34±2	4.5～5.0
B型	38±2	3.5～4.0
C型	50±2	2.5～3.0
E型	96±4	1.2～2.0

2.7 复合包装材料

材料的复合化是必然趋势。古代就出现过原始型的复合材料，19世纪末复合材料开始进入工业化生产。20世纪60年代由于高新技术的发展，对材料性能的要求日益提高，单质材料很难满足性能的综合要求和高指标要求。复合材料因具有可设计性的特点受到重视，因而发展很快，相继开发出许多性能优良的先进复合材料，这些成果在包装应用领域也得到发展。

2.7.1 复合包装材料的概念

复合材料是由两种或两种以上异质、异形、异性的材料复合形成的新型材料。复合材料按性能高低分为常用复合材料和先进复合材料。先进复合材料是以碳、芳纶、陶瓷等高性能增强体与耐高温的高聚物、金属、陶瓷和碳（石墨）等构成的复合材料。这类材料往往用于各种高技术领域用量少而性能要求高的场合。

复合材料包装是指“由两层或两层以上材料复合在一起形成的复合材料做成的包装”（GB/T 4122.1—2008《包装术语 第1部分：基础》）。如用纸与塑料复合材料、纸与金属箔复合材料做成的包装。

2.7.2 复合包装材料的种类

（1）防腐复合包装材料

它可解决铁及某些非铁制品的防腐问题。这种复合材料的外表是一种包装用的牛皮纸，其中一层是涂蜡的牛皮纸，还有两层含蜡或沥青，并加进防腐剂，防腐剂能够有控制地从涂层中散发出来，从而在金属表面沉积形成一层看不见的薄膜，在任何条件下都可保护内装物，防止腐蚀。

（2）耐油复合包装材料

其商品名为“赛盖派克”，克服了普通材料包装肉类时浸透血和油脂后会紧贴在肉上，或有时会在表面结成硬皮的缺点。这种材料由双层复合膜组成，外层是具有特殊结构和性质的高密度聚乙烯薄膜，里层是半透明的塑料，具有薄而坚固的特点，完全无毒，可以直接接触食品。用双层叠加膜包装肉类可以保持原来的色、香、味。因它不渗透血和油脂，而且不会黏着，所以应用很广。

（3）代替纸的包装材料

是一种填充包装材料，一般作为纸和纸板的代用品。它的主要优点是可通过热加工成型工艺来压制出各种形状的容器，可进行印刷和折叠，比纸和纸板结实，防潮性能极好，可以热封合，没有纤维方向，尺寸稳定而且易于印刷各种图案加以装饰。

（4）特殊复合包装材料

是一种特有的食品包装材料，可使食品的保存期增加数倍，材料无毒，是用含有明胶与马铃薯淀粉及食用盐等材料复合而成的，有“人造果皮”之称，可用于贮存蔬菜、水果、干酪和鸡蛋。

（5）防蛀复合包装材料

将一种防蛀虫的黏合剂用在包装食品的复合包装材料中，可使被包装的食品长期保存不生蛀虫。但这种黏合剂有毒，不可直接用于食品包装。

（6）具有高气体隔绝性包装材料

聚乙醇、尼龙、玻璃纸、丙烯腈等是高隔绝性聚合物，但在高温情况下吸收水分会使隔绝性显著下降。用做氯乙烯涂覆在这些薄膜上，使薄膜具有很高的气体隔绝性。

常用复合包装材料的构成、特性和用途见表2-10。

表2-10　复合包装材料的构成、特性和用途

名称（构成）	特性	用途
纸/PE	防潮、价廉	饮料、调味品、冰激凌
玻璃纸/PE	表面光泽好、无静电、阻气、可热合	糖果、粉状饮料
BOPP/PE	防潮、阻气、可热合	饼干、方便面、糖果、冷冻食品
PET/PE	强度高、透明、防潮、阻气	奶粉、化妆品
铝箔/PE	防潮、阻气、防异味透过	药品、巧克力
取向尼龙/PE	强度高、耐针刺性好、透明	含骨刺类冷冻食品
OPP/CPP	透明、可热合	糖果、糕点
LLDPE/LDPE	易封口、强度好	牛奶
PET/镀铝/PE	金属光泽、抗紫外线	化妆品、装饰品
PET/铝箔/CPP	易封口、耐蒸煮、阻气	蒸煮袋

续表

名称（构成）	特性	用途
PET/黏合层/PVDC/黏合层/PP	阻气、易封口、防潮、耐水	肉类食品、奶酪
LDPE/HDPE/EVA	易封口、刚性好	面包、食品
纸/PE/铝箔/PE	防潮、抗紫外线	茶叶、药品、奶粉
PE/瑟林/铝箔/瑟林/PE	可作复合饮管材料	牙膏、化妆品
取向尼龙/PE/EVA	封口强度高、耐穿刺、阻气	炸土豆片、腌制品

2.7.3 复合包装材料的应用

随着人们生活水平的不断提高，市场上大量快餐食品、复杂调味品、冷冻食品、烹调食品的出现，以及多种包装技术如真空、充气、吸塑等包装技术的发展，对包装材料的要求越来越高。创新与研制新包装材料来适应产品包装发展的趋势，是一个十分紧迫的任务。为了进一步增强包装材料对现代包装的适应性，除了对它们进行多方面的改进外，一个重要的方向就是发展多种复合技术，即设法将几种材料复合在一起，使其兼具不同材料的优良性能。如金属内涂层，玻璃瓶外涂膜，纸上涂蜡，或将塑料薄膜与铝箔、纸、玻璃纸以及其他具有特殊性能的材料复合在一起，以改进包装材料的透气性、透湿性、耐油性、耐水性、耐药品性、刚性，使其发挥防虫、防尘、防微生物，对光、香、臭等气味的隔绝性及耐热、耐寒、耐冲击具有更好的机械强度和加工适用性能，并具有良好的印刷及装饰效果。

2.8 其他材料

其他包装材料种类繁多，应用极广，现主要分为纤维品包装材料和天然包装材料两大类进行介绍。

2.8.1 纤维织品包装材料

2.8.1.1 种类

纤维织品包装材料主要有天然纤维与化学纤维两大类，见表2-11。

表2-11　纤维织品包装材料

种类	品种
天然纤维	植物纤维：棉、麻等
	动物纤维：羊毛、蚕丝、柞蚕丝等
	矿物纤维：石棉、玻璃纤维等
化学纤维	人造纤维：粘胶纤维、富强纤维、醋素纤维等
	合成纤维：涤纶、锦纶、腈纶、丙纶、维纶等

2.8.1.2 棉、麻织品包装

棉、麻纤维织品用于包装主要是布袋和麻袋。

（1）布袋

布袋是用棉布（主要是白市布和白粗布）制成的袋。布面较粗糙，手感较硬，但耐摩擦，断裂强度高。制作的袋一般为长方形，有两个纵边，一边无缝，接缝后成两头敞口的筒状袋料，再将一端缝纫封口，另一头在边敞口。白市布袋主要用于装面粉等粮食制品和粉状物品；为了防止布袋受潮、渗漏和污染，可在袋内衬纸袋或塑料袋。白粗布袋用于化工产品、矿产品、纺织品、畜产品、轻工产品等的包装。

（2）麻袋

用于包装袋的麻有黄麻、洋麻、大麻、青麻、罗布麻等，野生麻用于包装材料的种类也很多。麻纤维经纺织而成麻布是制麻袋唯一原料。麻袋按照所装物品的颗粒大小，分为大颗粒袋、中粒袋和小粒袋等；按麻袋载重量分为100kg、75kg、50kg等；按所装物品可分为粮食袋、糖盐袋、畜产品袋、农副产品袋、化肥袋、化工原料袋和中药材袋等。以各种野生麻、棉皮为原料织成的包皮布，可代替麻布。

布袋和麻袋的封口方法，主要有缝口法和扎口法两种。其中缝口法又有机械缝口和手工缝口之分。

2.8.1.3 人造纤维、合成纤维织品

人造纤维用作包装袋和包皮布的是粘胶纤维和富强纤维。粘胶纤维织品又称人造棉布，强度比棉布差，特别是缩水率大。富强纤维是在粘胶纤维基础上，经合成树脂处理的人造棉布，强度高于粘胶纤维。

合成纤维与塑料一样，均属高分子聚合材料，具有强度高、耐磨、弹性好、耐化学腐蚀性强和抗虫蛀霉变等优点，作为包装材料还有结构紧密、不透气、不吸水的特点。主要用作包装布、袋、帆布、绳索以及复合包装材料等。缺点是耐光性、耐热性差，易发生静电等。

2.8.2 其他天然包装材料

天然包装材料是指天然的植物和动物的叶、皮、纤维等，可直接使用或经简单加工成板、片，再作包装材料。主要有竹类、野生藤类、树枝类和草类等。

（1）竹类

用作包装材料的竹有毛竹、水竹、慈竹、淡竹、刚竹、大节竹等二百余种，用作竹制板材，如竹编胶合板、竹材层压板等，编织各种竹制容器，如竹筐、竹箱、竹笼、竹篮、竹盒、竹瓶和竹编热压胶合茶叶筒等（如图2-31所示）。

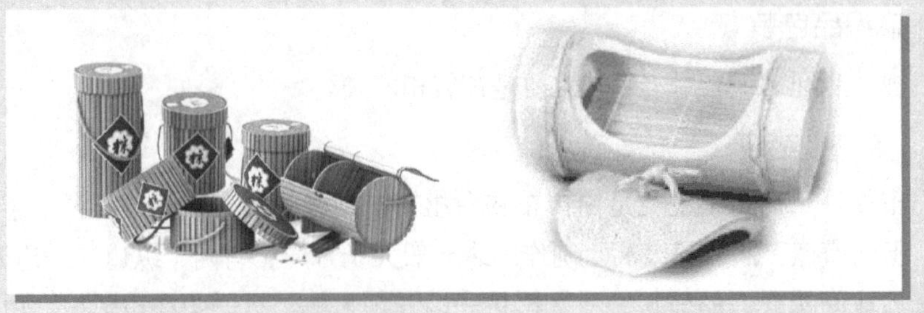

图2-31　竹筒

（2）藤材

主要有柳条、桑条、槐条、荆条及其他野生植物藤类，用于编织各种筐、篓、箱（如图2-32所示）、篮等。

（3）草类

主要有水草、蒲草、稻草等。用于编织席、包、草袋（如图2-33所示）等。是价格便宜的一次性使用的包装用材料。

图2-32　藤箱

图2-33　草编织袋

其他天然包装材料还有棕榈、贝壳、椰壳、麦秆、高粱秆、玉米秆以及菱镁混凝土等，用于制作各种特殊形式的销售包装。

2.9 绿色包装材料

2.9.1 包装材料对环境与资源的影响

材料是国民经济与社会发展的基础和先导，在材料的采伐、提取、制备、生产加工、运输、使用和废弃的过程中，一方面它推动着社会经济发展和人类文明进步，而另一方面又耗费着大量的能源与资源，并排放出大量的废气、废水与废渣，污染着人类的生存环境。各种统计表明，从能源、资源消费的相对密度和造成环境污染的根源分析，材料及其制造业是造成能源短缺、资源过度消耗乃至枯竭的主要责任之一。伴随着商品的繁荣和包装工业的迅速崛起，包装材料也正面临同样的问题。据不完全统计，目前世界人均包装材料消耗量为145kg/年，全世界每年产生的6亿吨液、固态废弃物中包装废弃物约为1600万吨左右，占城市所有废弃物体积的25%、质量的15%。可以想象，这样一个惊人的数字，长此下去将会导致多么严重的环境污染和资源浪费。尤其是可以存在200～400年不降解的塑料包装废弃物带来的“白色污染”更是有目共睹，令人担忧。

包装材料对环境与资源的影响表现在三个方面。

（1）包装材料生产过程造成污染

包装材料生产中一部分原料经过加工形成包装材料，一部分原料变成污染物排泄入环境。如排出的各种废气、废水、废渣与有害物质，以及不能回收利用的固体材料对周围环境卫生造成危害。

（2）包装材料本身的非绿色性造成污染

包装材料（含辅料）因自身化学性能变化会导致对内容物或环境的污染。如聚氯乙烯（PVC）热稳定性较差，在一定的温度下（14℃左右）会分解析出氢和有毒物质氯，对内容物产生污染（许多国家禁用PVC做食品包装），而在燃烧时又产生氯化氢（HCl），导致酸雨产生。包装用的胶黏剂若是溶剂型的，也因有毒而产生公害。包装工业用做发泡剂生产各种泡沫塑料的氯氟烃（CFC）化学物质则是破坏地球上空气臭氧层的祸首，给人类带来巨大的灾难。

（3）包装材料的废弃造成污染

包装多属一次性使用，大量的包装产品约80%左右成为包装废弃物，从全世界来看，包装废弃物所形成的固体垃圾在质量上约占城市固体垃圾质量的1/3。与之对应的包装材料则造成对资源的巨大浪费，许多不能降解或不能回收利用的材料则构成了对环境污染最主要、最重要的部分，尤其是以一次性发泡塑料餐具和一次性塑料购物袋形成的“白色污染”对环境造成的公害最为严重。

2.9.2 绿色包装材料的概念

用于制造包装容器和构成产品包装的材料应与生态环境相适应，即材料的整个生命周期环境负载低、可再循环、资源利用效率高。从这个意义出发，可以把绿色包装材料定义为：能够循环复用、再生利用或降解腐化，不造成资源浪费，并在材料存在的整个生命周期中对人体及环境不造成公害的包装材料。

绿色包装材料必须具有以下生态适应性：

① 包装材料生产所需能耗低，可保证对能源的节省；

② 包装材料生产过程无污染，不排放有害废气、废水、废渣，有适当的三废处理；

③ 原材料可再资源化，不形成永久垃圾；

④ 不过度消耗资源，从源头减少包装资源的耗损；

⑤ 可保证原料的持续生产；

⑥ 包装材料使用后或解体后可再利用；

⑦ 废材的最终处理不污染环境，不造成环境负载；

⑧ 包装材料中不含有害物，对人体和生物无危害。

2.9.3 绿色包装材料的类别

绿色包装材料正处于研究、发展的过程中，随着科技的飞速发展，绿色包装材料将会日新月异，会有更多、更完美的包装材料来满足商品包装多方面性能的要求。

绿色包装材料按照环保要求可分为如下几种。

（1）可回收处理再造材料

包括纸张、纸板材料、纸浆模塑材料、金属材料、玻璃材料、通常的线性高分子材料、可降解的高分子材料等。

（2）可自然风化回归自然的材料

包括纸制品材料（纸张、纸板材料、纸浆模塑材料），可降解（光降解、生物降解、热氧降解、光-氧降解、水降解、光-生物降解）的各种材料及生物合成材料（如草、麦秆、贝壳、天然纤维填充材料），可食性材料，生物及仿生材料等。

（3）可焚烧回收能量不污染大气的材料

包括部分不能回收处理再造的线性高分子、网状高分子材料，部分复合型材料（塑-金属、塑-塑、塑-纸等）。

复习思考题

1.什么是包装材料？它是如何分类的？
2.包装材料应具备哪些性能？
3.木制包装材料有哪些特点？
4.什么是纸包装材料？常用包装用纸、纸板有哪些？
5.什么是塑料包装材料？怎样选用塑料薄膜？
6.什么是金属包装材料？
7.玻璃、陶瓷包装材料有哪些特点？
8.什么是复合包装材料？
9.天然包装材料有哪些种类？
10.什么是绿色包装材料？

03 Chapter

第3章

包装容器的选用

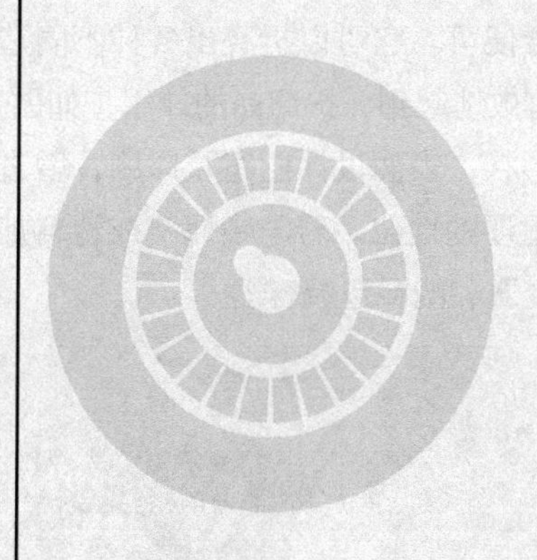

商品销售包装和商品运输包装选用的重要内容之一是如何选用包装容器。包装容器是指“为储存、运输或销售而使用的盛装物品或包装件的总称，简称容器。如盒、箱、桶、罐、瓶、袋、框等。”（GB/T 4122.1—2008《包装术语　第1部分：基础》）。包装容器是包装材料和造型结合的产物。它们在满足产品的盛装、保护等功能方面各具特点，必须根据实际需要合理地加以选用。

3.1 销售包装容器的选用

销售包装容器是指以销售为主要目的，与内装物一起到达消费者手中的包装。它具有保护、美化、宣传产品，促进销售的作用。

3.1.1 纸制包装容器的选用

纸制包装容器是用纸或纸板制成的容器，前者属于软性容器，后者属于刚性容器。纸制容器的特点是：①原料充足，价格低廉，容易实现生产自动化；②重量轻，有利于降低流通费用；③具有良好的可印刷性，且印刷成本低；④纸容器无毒、卫生，一次性使用，并可回收利用，不造成公害。

纸制包装容器常用的有纸盒、纸杯、纸管、纸桶、纸袋等。

（1）纸盒

纸盒是用纸板制作，容量较小，且具有一定刚性的盒形容器，是一种中小型包装。纸盒的造型是由若干个面的移动、堆积、护围而成的多面形体。纸盒易于加工，成本低廉，成型的方法比较简单容易，只需根据设计图纸将它进行切割、折叠及黏合便可。它可以折叠出各种不同造型的纸盒，其中方正稳定型的占大多数，能有效地起到保护商品的作用，如图3-1所示。

纸盒可依其形状，表面设计图案及印刷，增进其展示效果。纸盒在纸制包装容器中占有很重要的地位。若与金属箔或塑料加工纸制作，可在许多场合取代玻璃、陶瓷、金属、塑料包装容器。

图3-1　纸盒

纸盒主要可分为两大类：折叠纸盒和固定纸盒。

① 折叠纸盒　折叠纸盒是指“将纸板模切压痕、折叠黏合后可折叠成片状，使用时可成型的纸板盒”（GB/T 4122.4—2010《包装术语　第4部分：材料与容器》）。其制作过程是将印刷后的纸板或玻璃面卡纸等，经纸盒工厂折痕压制运交用户，由用户折叠成形后包装产品。用户可将有关板瓣插入相应的切缝或板瓣中成盒。折叠纸盒可具有各种外形，还可添加其他特殊结构及附件，如加开窗孔、开启孔、倾倒口等，以满足各种产品的需要。常用于包装糕点、糖果、药品、化妆品和日用品，如图3-2所示。

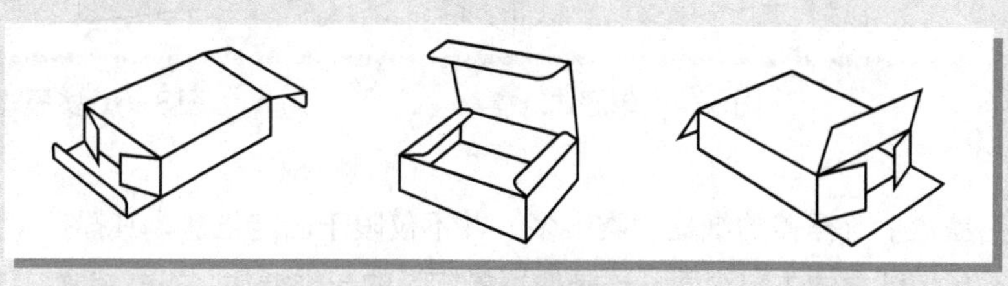

图3-2　折叠纸盒

② 固定纸盒　固定纸盒是指“将纸板裁切后，经扁钉或裱糊等方式制成，但不能折叠的纸板盒”（GB/T 4122.4—2010《包装术语　第4部分：材料与容器》）。固定纸盒用的纸板比折叠纸盒用的纸板要厚，成盒前也不能折叠，经装订或粘糊后外形固定，其强度高，防冲击保护性好；外观质地设计选择范围大，具有较强的展示性和促销功能。

纸盒的结构形式有以下几种：

筒盖式：此类纸盒高度较大、直径较小、呈筒状，筒上有盖（图3-3）。筒体截面多为圆形，也可以为正多边形，或其他任意几何图形，桶盖较浅，如打字蜡纸盒。

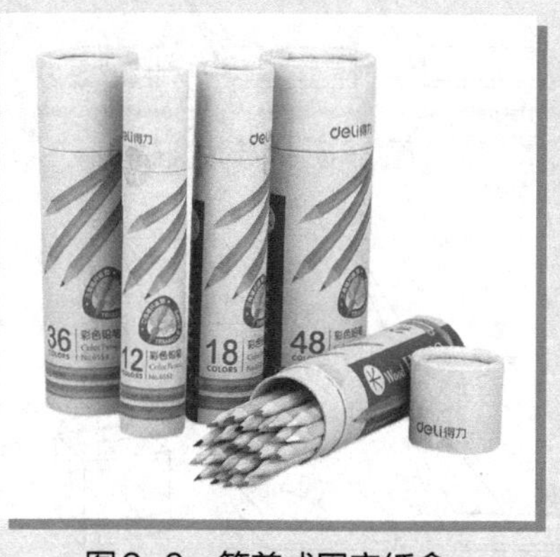

图3-3　筒盖式固定纸盒

抽屉式：抽屉式纸盒由盛装内容物的内盒和外面围合内盒的外盒两大部分构成，通过二者推（抽）拉来开启封合纸盒。盒体多为扁方形，类似火柴盒、订书钉盒，盒的两端都能开启，多用于文教用品。其装潢主要在外盒上体现。抽屉式纸盒依内盒（抽屉）数量的不同又可分为单屉式和多屉式两大类，有些抽斗还配有柔性拉手（图3-4、图3-5）。

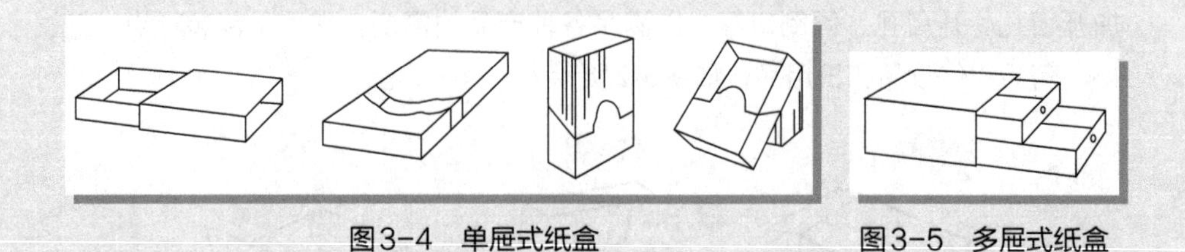

图3-4　单屉式纸盒　　图3-5　多屉式纸盒

摇盖盒：有摇盖的纸盒种类很多，并不仅限于固定纸盒。其摇盖（盒盖）往往是包装纸盒的主装潢面。这是使用最广泛的一类纸盒，如书装盒。该类纸盒盒体相对变化较少，而盒盖变化非常丰富，通过盒盖造型和数量等的变化可衍生出多种盒型。按照摇盖的数量，可以分为单封式纸盒、双封式纸盒和多封式纸盒。单封式纸盒只有一个摇盖，这是最常见的盒型（图3-6）。双封式纸盒有两个摇盖（图3-7）。两个摇盖有对称等分封合的，也有不对称封合的；封合的两摇盖有对齐且不搭接也不留缝的［图3-7（a）］，也有相互部分搭接的［图3-7（b）］，还有相互不搭接而留缝的。多封式纸盒有3个或3个以上摇盖，其摇盖互相搭接或嵌合（图3-8）。有的盒身两侧有两个小摇盖，盒的外摇盖大于盒身宽度，封口时将大于盒宽的部分插入盒内；有的外摇盖做成带锁扣的；有的做成咬插式的。

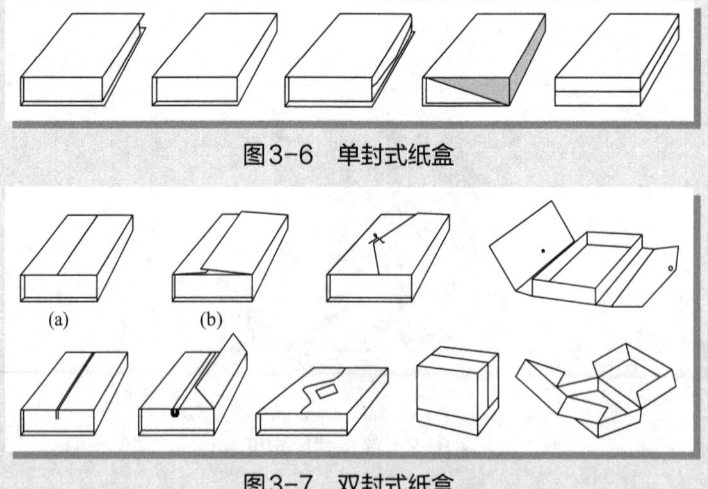

图3-6　单封式纸盒

图3-7　双封式纸盒

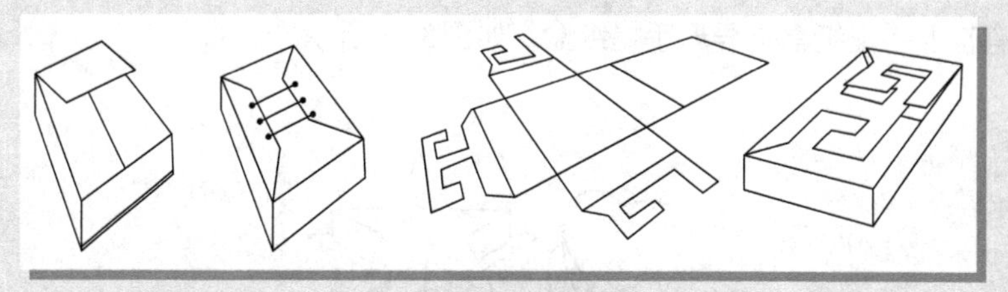

图3-8　多封式纸盒

罩盖盒：罩盖式纸盒是由盛装内容物的底盒与上面或上下两头的罩盖两大部分组成，造型变化主要体现在罩盖上，盒型依罩盖罩住底盒盒体的高度不同又可分为全罩式、深罩式和浅罩式结构（图3-9）；依盒体底盒的数量不同可分为单层式和多层式结构（图3-10）。全罩式纸盒，又称为天地盖式纸盒，纸盒的盖和底高度相同，盒内装入商品后，用盒盖扣罩盒底部，商品不易脱出，一般用于装小五金等商品。浅罩式纸盒又称为帽盖式纸盒，其类似于皮鞋盒，盒盖的高度比盒底的高度小，装入商品后易开启。深罩式纸盒又称为对扣式纸盒。

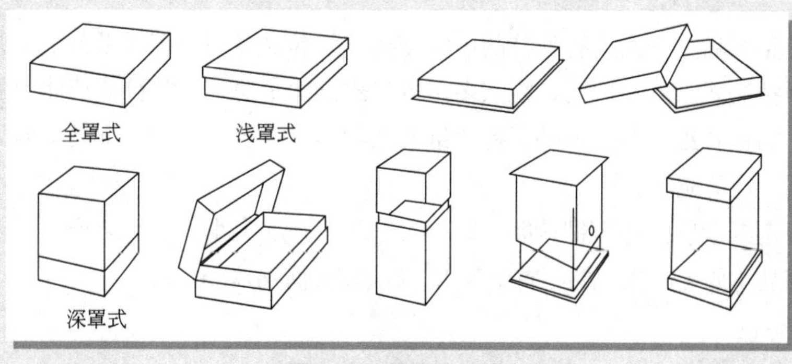

图3-9　单层式纸盒

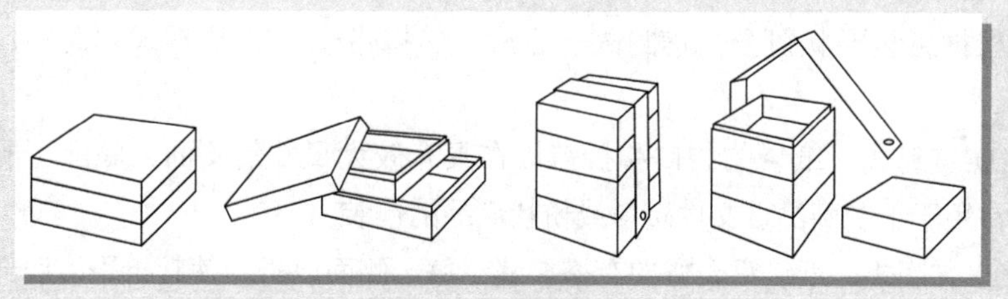

图3-10　多层式纸盒

异形盒　是指盒体本身为异形（如椭圆形、心形或星形等）或盒顶为圆弧状，如图3-11所示。

手提纸盒：手提纸盒是一种为了方便消费者携带的纸盒，它具有简捷、携带方便、成本低等特性。这类纸盒设计时要注意提手能承受商品重量。常见的形式有普通手提纸盒与异形手提纸盒，如图3-12所示。

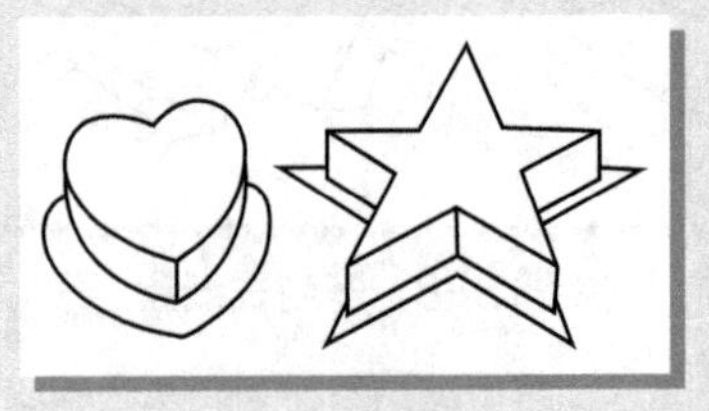

图3-11　异型盒

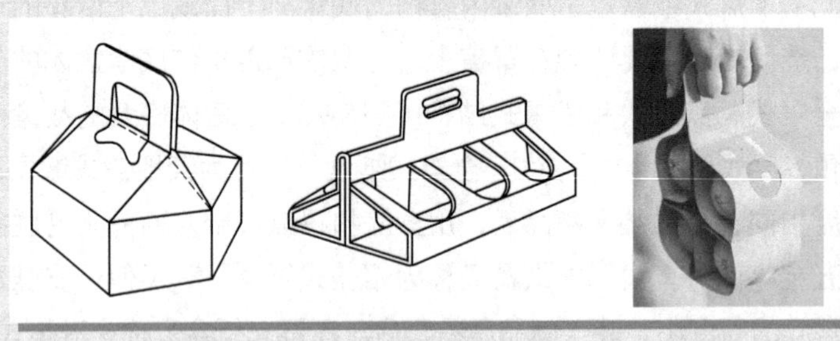

图3-12　手提纸盒

各类产品的纸盒均有独特的传统结构，如药品多用摇盖式纸盒；火柴、香烟多用抽屉式纸盒；服装、糕点多用罩盖式纸盒；粉末、颗粒或流体商品多用较高的筒盖式纸盒等；另外手提式纸盒在酒类、服装、食品、玩具等商品包装上得到广泛的应用。

固定纸盒表面还可糊裱绸、缎、人造革等并加上小工艺品装饰，用来包装贵重商品（如金、银、钻石首饰等），又叫作装潢锦盒。

（2）纸袋

纸袋（图3-13）是纸制包装容器中使用量大、用途广、种类繁多的一类容器。根据纸袋形状可分为信封式、方底式、携带式、M 形折式、筒式、阀式六种。

① 信封式　纸袋的袋口和折盖均在具有较大尺寸的侧面，底部可形成平面，常用于纸制商品、文件资料或粉状商品的包装。

② 方底式　纸袋沿长方向有搭接缝，每一侧面以折皱使其折平，底部先折成平的菱形，然后将菱形顶点在中心处相接，使纸袋打开后成方形截面可直立放置，分开口和闭口两种。

③ 携带式　纸袋常以纸塑结合制成的双层袋，在袋口处有加强边，并配有提手，可使用多次。

④ M形折式　纸袋一般具有较大的容积，因此在袋的侧边上折成三边褶印呈M形，使用时能使纸袋扩张形成长方形截面。

图3-13　纸袋

⑤ 筒式　纸袋的开口和口盖通常在具有较小尺寸的侧面上带有一个或几个与较长边平行的接缝，底部有折回边并有胶带粘在袋的外面形成封底。

⑥ 阀式　纸袋两端都封闭，只在其中一端装上一个阀门，内装物通过阀门充填进袋，在袋内物品的压力下自动关闭阀门。

纸袋是用纸张制成的软性容器，大多采用黏合与折叠结构，适用于纺织品、衣帽、日用品、小食品、小商品的销售包装。

（3）纸杯

纸杯是用纸板制成杯筒与杯座，经模压咬合再成杯体的小型纸制容器。通常口大底小，可以一只只套叠起来，便于取用储存、运送。具有轻便、卫生，可印刷彩色图文，装饰性强的特点。广泛应用于盛装冰激凌、乳制品、果冻等食品，如图3-14所示。

冰激凌纸杯包装

咖啡纸杯包装

图3-14　纸杯

（4）纸管

它的管口直径小，是纵向尺寸大的管状包装容器。可平卷成单层或多层，有活盖和死盖两种。有活盖的纸管常用于包装毛笔、玻璃温度计及羽毛球之类的商品，有死盖的可包装像巧克力豆之类的小食品。

（5）特殊纸容器

它是一种采用纸基复合材料制成的包装容器。这种包装容器通常由包装机械配合，经过制袋灭菌、充填、封装、标示后形成商品销售包装，常用于牛奶、果汁、糖浆等商品包装，如图3-15所示。

3.1.2 塑料容器的选用

塑料质轻、坚牢、抗腐蚀，着色简便，形态多样，外观漂亮，加工容易，如经改性或复合，可获得金属般的强度和刚度，可获得玻璃般的阻隔性能。

塑料包装容器是指将塑料原料经成型加工制成，用于包装物品的容器。其特点是密度小、质轻；可透明也可不透明；易于成型加工，只要更换模具，即可得到不同品种的容器，并容易形成批量生产；有较好的耐腐蚀、耐酸碱、耐油、耐冲击性能，并有较好的机械强度；品种多，易于着色，色泽鲜艳，可根据需要制作成不同种类的包装容器，获得最佳包装效果。

塑料包装容器在高温下易变形，故使用温度受到限制；容器表面硬度低，易于磨损或划破；在光氧和热氧作用下，塑料会产生降解、变脆、性能降低等老化现象；导电性差，易于产生静电积聚等。

塑料包装容器有以下几类：按所用原料性质主要有聚乙烯、聚丙烯、聚苯乙烯、聚氯乙烯、聚酯等容器；按容器成型方法主要有吹塑成型、挤出成型、注射成型、拉伸成型、中空成型等容器；按造型和用途主要有塑料袋、塑料桶、塑料瓶、塑料箱、塑料软管等。

塑料包装容器品种繁多、性能各异，要真正用好塑料包装容器亦非易事，这里按塑料制品的造型和用途介绍几种塑料容器。

图3-15　特殊纸容器

（1）塑料袋

塑料包装袋是指用塑料薄膜黏合而成的袋状容器。在塑料包装容器中，塑料薄膜包装袋占有相当比例。塑料包装袋主要用作软包装，是目前商品包装流通领域中应用最广的一种包装用品，在商品销售包装方面广为使用。塑料包装袋按其材料、用途、结构等分类，有单层薄膜包装袋、复合薄膜包装袋、筒装袋、合掌式袋等，常用于包装糖果、食品、调味品、日用百货以及中型、大型的包装袋。塑料包装袋可以达到保护、储运、美化、销售商品的作用。

塑料包装袋是以塑料单膜或复合膜，经裁切及热合而制成的商品包装袋，是典型的软包装容器。它能包装具有固定造型的商品，也能包装粉状、粒状、膏状或液体状的商品，其应用十分广泛。常用塑料包装袋有如下几种。

① 普通塑料食品袋或药品袋　它主要用于糖、盐、点心、奶粉等食品包装，所用材料应无毒，符合卫生标准，有一定的气体和水汽的阻隔性。也有用于医药品的包装。

② 耐压塑料食品袋　主要指真空和充气包装技法所采用的袋。所用塑料薄膜应具有较高的强度和气体、水汽的阻隔性，亦应无毒，符合卫生标准。

③ 日用品的塑料包装袋　此类包装袋用于衣料、被面、绢花、洗衣粉和文具等商品的包装，因而要求塑料薄膜透明度要高，带电性小。

④ 仪器、工具包装袋　这类包装袋用于仪器、工具、小五金和小零件的包装，要求塑料薄膜有高的气体和水汽的阻隔性，防止商品生锈发霉。

各类塑料包装袋应根据商品特点、流通储存期限、成本费用等要求，选用合适的单膜或复合薄膜材料。

塑料包装袋盛装产品后，要进行封口，封口方式有如下几种。

① 封合袋　封合袋采用热合法封口，因材料和使用包装机械之不同，有用于糖果、海产品等包装的两面热封；有用于调味料包装的三面热封；有用于冷冻食品、酱菜等商品包装的四面热封。

② 敞口袋　敞口袋有多种类型。手提式购物袋按袋身形状、有无折边、提手变化而形成多种造型，并可不断变化更新；结扎式敞口袋以绸带或其他材料扎紧袋口，多用于玩具、绢花、糖果等的包装；束扣式敞口袋采用束套和提手，装袋后束紧，可用于玩具和小食品的包装；粘贴式敞口袋用胶黏剂将袋口粘封，多用于服装、被面和枕套的包装。

塑料包装袋的外观会因封口方式不同而产生不同的造型。它还可用薄膜的印刷来装饰，尤其是采用复合薄膜时，由于彩印在薄膜之间，能收到很好的效果。

（2）塑料杯、盘、盒等包装容器

塑料杯、盘、盒等容器属于广口塑料包装容器，通常区分为两类。

① 浅杯、浅盘及浅盒型　这类容器多采用半刚性塑料薄板，利用真空或压缩空气成型，封口采用塑料薄板、薄膜或涂树脂纸张等热封方式。适宜于包装果冻、豆酱、果酱、酱菜、熟食、糕点、快餐、黄油等。

② 深杯、深盘、深盒型　它们多采用注射成型方法，其特点是壁薄、强度高、深度大，封口可采用螺纹盖或塑料薄膜与复合薄膜热封。容器可带有凹凸文字、图案，可着色或采用烫金、印刷或粘贴标签等方式进行装潢。主要用于盛装糕点、糖果、果酱、果冻、奶油蛋糕、冰激凌、冰糕、刨冰、豆腐、人造黄油、奶酪等。

（3）塑料瓶

塑料瓶多属细口型容器，通常采用吹塑成型法，容器可以是刚性或半刚性，可以透明或半透明，容量也不受限制。主要用来包装液体或半流体商品。如食油、饮料（如图3-16、图3-17所示）、调味品、牛奶、药水、洗涤剂、化妆品等。塑料瓶有重量轻、强度高、便于携带和处理、耐热、不易破碎、外观清澈明洁的特点。在柔韧性强和重量/容量比小这两个方面，几乎超过所有的包装容器；在内装物的可见度、造型多样化、表面光泽和外观方面，可与玻璃瓶相媲美。但用作食品包装时，也有保香、阻气性能差，带有微量乙醛气味等缺点。

塑料瓶类容器，是塑料容器中运用较多的一种，其基本形态有圆柱体、椭圆柱体、长方体等，但更多的是不规则形态。其优点是质轻、耐冲击、重量容量比低、质量强度比高、化学稳定性好等。广泛用于包装饮料、食品、化妆品、医药用品和清洁类用品。由于应用的产品类型和内容物不同，外观造型也各有特色，但造型的设计要各方面考虑，从产品使用者的角度，考虑到新颖美观，从内装物品的使用，考虑容器是否保护了商品等。例如化妆品，既要考虑女性用品的美丽、温柔，也不能忽视造型与内装物品使用的方便性、实际性（如图3-18所示）。膏状类的化妆品造型要考虑塑料瓶的外观不宜过大，瓶口直径稍大

图3-16　食油塑料瓶

图3-17　果汁饮料塑料瓶

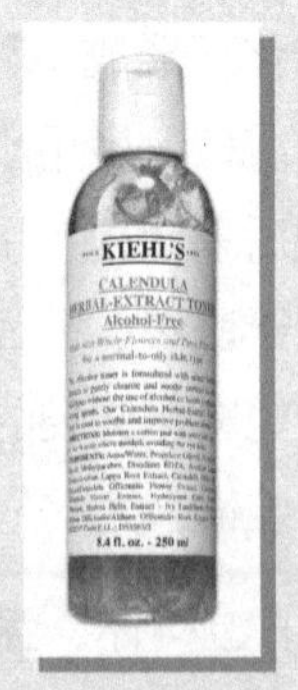

图3-18　塑料瓶

一些，便于使用，乳液状的化妆品造型要考虑乳液的特殊性，瓶口直径应小一些，以免溢出瓶外，香水类的产品，更要注意瓶口的设计等。

（4）塑料桶、塑料罐类容器

塑料桶的形状有圆形、方形、椭圆形等，具有质轻、耐蚀、韧性好、耐冲击、无毒等优点。按其质地，它分为硬塑料桶和软塑料桶两种。硬塑料桶的强度好，桶上可根据需要设置提手、封口。封口形式有帽盖和螺纹盖两种，其容积为5～200L，一般用于包装油类、酒类、工业原料等；软塑料桶为薄壁方形桶，可折叠压扁，容量一般为5～25L，软塑料桶使用携带方便，空桶易储运，但它不能单独作包装容器用，往往配以外包装。常用于包装有一定腐蚀性的液体及腌渍食品等。

塑料罐是指用塑料或以塑料为主的原料制成的小型包装容器，一般带有可密封的罐盖。在塑料罐类容器中，纯塑料罐较少，大多数是由塑料、纸、铝箔等复合材料做成罐身，而罐底和罐盖则用塑料或金属制造，常见的塑料有层压复合材料罐、多层材料卷浇罐等。塑料罐具有质量轻，成本低，能有效地保护产品，机械强度较好，货架效果好等优点，同时它也有一些不足，如底盖与罐身的密封质量尚不稳定，在进行真空包装和压力包装时，罐身强度有时不够高等。塑料罐作为一种新型包装容器在包装领域内被广为使用。它可以包装果汁、奶粉、含气饮料、咖啡、化妆品、油类等。

（5）塑料软管

塑料软管包装容器是指用柔软的包装材料制成的软质管状包装容器，它先将包装材料制成管状，再按所需的尺寸截取并密封两端而成。常见的有塑料软管、复合软管等。塑料软管类的容器，外观造型基本相同，比较大的变化是管材的直径，以及根据内装物品的需要容量，确定塑管的长度。塑料软管的外形没有多大变化，唯一能使管类产品有造型新颖感的设计，一般表现在塑管盖和封尾形态的设计。封尾的变化，对整体的软管效果有一定的作用。塑料软管容器的应用范围广泛，常用于化妆品、药品、食品、果汁饮料、化工产品和家庭用品等销售包装（如图3-19所示）。

图3-19　塑料软管

3.1.3 金属容器的选用

金属是近代四种主要包装材料之一。人类早在五千年前就开始使用金属器皿。金属罐用于罐藏食品也已有近两百年的历史。目前金属容器广泛应用于食品工业，作为食品罐头、饮料、糖果、饼干、茶叶的包装容器；同时也用于化工产品如油墨、油漆、染料、化妆品、医药和日用品的包装。

金属容器所用材料除马口铁外，还采用镀铬薄钢板、镀锌钢板、铝板等金属材料，用于现代商品销售包装。金属包装容器的特点是:

① 密封性好，完全不透气、不透水、遮光、耐压，能使内装物有长期的保存性；

② 能承受的内压强度大；

③ 抗破碎能力强，热传导性能好，用于罐头食品可耐高温杀菌，保存期长；

④ 材料回收循环使用好。

金属包装容器对内装物没有可见度，重新密封性差，柔韧性差，受外力作用后易变形。

金属包装容器在造型上已发展成罐、听、盒、软管等几大类。

（1）金属罐

金属罐按制造方法可分为组合罐（三片罐）与冲制罐（二片罐)。三片罐是由上盖、下盖、容器筒三部分组合而成，容器筒几乎都是把板卷成圆筒状，用焊缝加以结合，罐盖比筒身厚50%，将盖以双重卷边接缝安装在罐筒上；二片罐是由上盖与下盖杯形筒结合而成的容器。

按罐的形状可分为圆形罐与异形罐（如长方形、腰圆形和椭圆形)；按罐的作用可分为密封罐与非密封罐等；按罐头的开启方式分为易开罐、罐盖切开罐和罐身卷开罐（拉线罐)。

金属罐主要用于食品罐头，用来盛装啤酒和饮料的俗称易拉罐（如图3-20所示)，多用铝板材经几次冲轧拉伸而成。

图3-20　易拉罐

（2）金属听、盒

金属听盒是盒盖可自由开合的金属包装容器，其外形为圆柱体或多棱柱体，其盖为内嵌式或外套式，口部可用铝箔封口防盗。此类听、盒十分注意印铁装潢，俗称美术罐。适用于干燥食品、化妆品等商品包装。

（3）喷雾罐

喷雾罐是一种特殊形式的包装，它是利用喷发剂（液化气体或非液化气体）的喷发力，将液态的、气态的乃至混合状态的商品，经由喷嘴喷出使用。如将香水、调味液、发乳、杀虫剂等与喷发剂混合装入铝罐中，打开活门，可喷射成雾化的粒子。

（4）铝箔容器

铝箔容器是指以铝箔为主体的容器。其特点是重量轻、传热好，既可高温加热，又能低温冷冻，并能承受温度的急剧变化；外表美观，隔绝性好，可制成不同容量、种类、形状的容器；加工性能好，容器主体可进行彩印；开启方便，用后易于处理；铝箔容器广泛用于食品包装及医药、化妆品、工业产品等方面（图3-21）。

图3-21 铝箔容器

铝箔包装容器有两类，一类是以铝箔为主体、经成型加工制成的容器，如盒式、盘式等；另一类是袋式容器，是以纸/铝箔、塑料/铝箔、纸/铝箔/塑料粘接的复合材料制成的袋式容器。

（5）金属软管

金属软管是一种用于包装膏状产品的特殊容器。膏状物具有一定的黏度，易黏附和变形，采用金属软管包装，使用非常方便。其特点是:完全密封，隔绝外界光、氧、湿的影响，有极好的保香性；材料易加工，效率高，表面印刷及充填产品迅速而准确，成本较低；便于定量使用商品。常用金属软管有如下几种。

① 铝制软管　质轻美观，无毒、无味、成本低，广泛用于化妆品、医药品、食品、家庭用品、颜料等的包装。

② 锡制软管　由于其价格高，只有某些药品因产品性质的关系而必须采用。

③ 铅制软管　由于铅有一定毒性，目前已较少采用，只有含氟化物的产品必须采用。

3.1.4　玻璃容器的选用

商品销售包装所用玻璃容器主要是玻璃瓶罐。它们具有耐酸、耐碱、无毒、无味、透明、易于密封、气密性好、便于消毒灭菌、造型美观、价格低廉、能重复循环使用和废料回收利用、制造原料充足等特点。

玻璃瓶罐品种繁多，从容量为1mL的小瓶到十几升的大瓶；从圆形、方形到异形瓶与带柄瓶；从无色透明到琥珀色、绿色、蓝色、黑色的遮光瓶以及不透明的乳浊玻璃瓶等，不胜枚举。就制造工艺来说，一般分为模制瓶和管制瓶两类。模制瓶又分为大口瓶（瓶口直径在30mm以上）与小口瓶；前者用于盛装粉末状、块状和膏状物品，后者用于盛装液体，有些出口高级酒和药酒多采用异形瓶。就瓶口形式来说，又分为软木塞瓶口、螺纹瓶口、冠盖瓶、滚压瓶口、磨砂瓶口等。就盛装物来说，有酒瓶（见图3-22）、饮料瓶、罐头瓶、酸瓶、医药瓶、试剂瓶、化妆品瓶（见图3-23）等。

图3-22　玻璃酒瓶

图3-23　玻璃化妆品瓶（磨砂）

玻璃瓶罐的缺点是易碎、体重、加工制造效率低、成本高等。

3.2 运输包装容器的选用

运输包装容器是指以运输、储存为主要目的的容器。它具有保障产品安全，方便储运装卸，加速交接、点验等作用。

3.2.1 瓦楞纸箱

瓦楞纸箱是采用具有空心结构的瓦楞纸板、经成型加工制成的包装容器。它的应用范围是非常广泛的，几乎包括所有的日用消费品，如水果蔬菜、加工食品、针棉织品、玻璃陶瓷、化妆品、医药品等各种用品及自行车、家用电器、精美家具等。由于采用包括单瓦楞、双瓦楞和三瓦楞等各种类型的纸板，大型纸箱所装货物可达3000kg。从世界各国瓦楞纸箱的发展来看，它已经取代或正在取代传统的木箱包装，这是一种必然趋势。因为瓦楞纸箱较木箱包装优越，更适合物流的需要。现就运输包装的功能，来考察瓦楞纸箱的优缺点。

① 从保护功能来看，瓦楞纸箱的设计可使它具有足够的强度；富有弹性，具有良好的防震缓冲性能；密封性好，能防尘、保护产品清洁卫生等。

② 从便利功能来看，瓦楞纸箱便于实现装箱自动化；它本身重量轻，便于装卸堆垛；空箱能折叠，体积能大大缩小，便于储运等。

③ 从传达功能来看，瓦楞纸箱箱面光洁，印刷美观，标志明显。

④ 从经济合理功能来看，纸箱本身价格低，加上它体积重量要比木箱要小要轻，有利于节约运费，经废品回收，还可造纸，节约费用。

在瓦楞纸箱的采用过程中，也产生一些新问题，主要是抗压强度不足和防水性能不好，这两项都会影响瓦楞纸箱的保护功能。

瓦楞纸箱箱型结构，在国际上通用两种表示方法:一种是国际纸箱箱型标准；另一种是美日国家标准。我国采用国际标准箱型。按照国际纸箱箱型标准，纸箱结构又分为基型和组合型两大类。

3.2.2 木箱

木箱（wooden case）作为传统的运输包装容器，虽在很多情况下逐步被瓦楞纸箱所取代，但木箱在某些方面仍有其优越性和不可取代性，加上木箱（如图3-24所示）在目前还比较适合我国包装生产和商品流通条件的现状，所以在整个运输包装容器中仍占有一定的地位。常见的有以下几种。

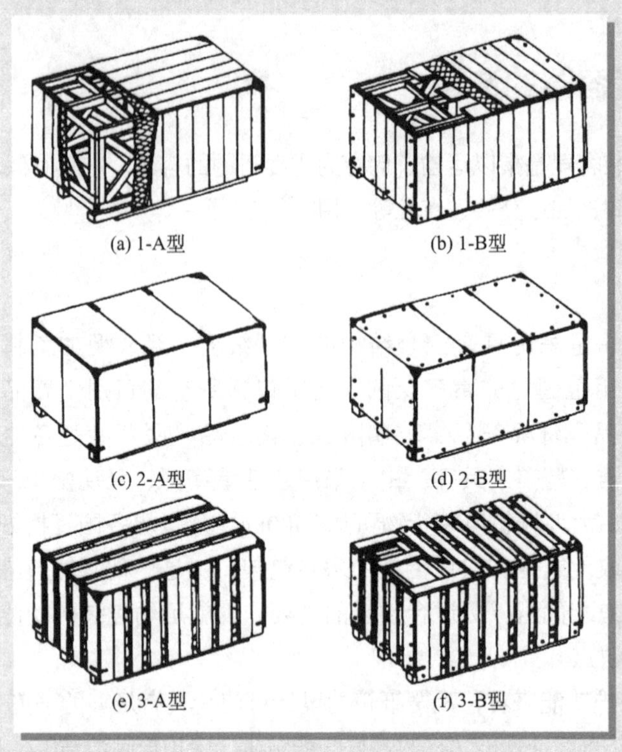

图3-24　木箱

（1）框架组合箱

框架组合箱一般由底座、侧板、堵头、顶盖四个不同式样的墙板组成。使用时，先将内装物牢固地固定在底座上面，再安侧面板和堵头挡板，最后安装顶盖。墙板可根据需要覆盖木板条、胶合板。组装方式分为钉子和螺栓两种，货物轻者采用钉子，货物重者用螺栓。

（2）钉板箱

钉板箱简称木箱。各面用木板钉制而成，具有良好的抗破裂及抗穿透性；能耐较大的码垛负荷，尤其在受潮的情况下，不会因强度下降而变形导致倒垛事故，为内装物提供有效的保护。但是木板的弹性小，缓冲防震性能差，受潮后不易干燥，拼缝留有孔隙而难以密封等。

（3）缩角木箱

这种木箱堵头的三根木带呈H形，故也称H形木箱，每个箱角形成缩角，适于装体积较小、分量较重的商品。

（4）花格木箱

花格木箱简称条板箱。它是用板条做成箱架，成为稀疏的木条箱。具有成本低、体轻、易看清商品、避免粗暴装卸等特点。适于装易碎商品。

（5）木撑合板箱

木撑合板箱的各面是由撑框结构钉以胶合板而构成，它与钉板箱的承载能力基本相同，但这种板箱有比钉板箱轻、木撑结构易于搬运、便于印刷、节省木材等优点。然而耐穿性差，强度低，箱体尺寸不宜过大。

（6）木桶

木桶（如图3-25所示）分木板桶、胶合板桶和纤维板桶。前者具有透气性好、不渗漏、无味等特点。有的桶内还涂上石蜡或衬白布层，具有防寒、结构严密、隔热、坚固的优点。胶合板桶桶盖与桶底为木板，桶身为胶合板。纤维板桶的结构与用途和胶合板桶相同，具有防潮，耐冲击等特点。

此外，还有适于装重量较轻商品（如茶叶、桃仁）的无钉箱及捆板箱、榫接木箱，以及雕刻的木盒、木筒、竹筒等，用于工艺品的销售包装（图3-26）。

图3-25　木桶

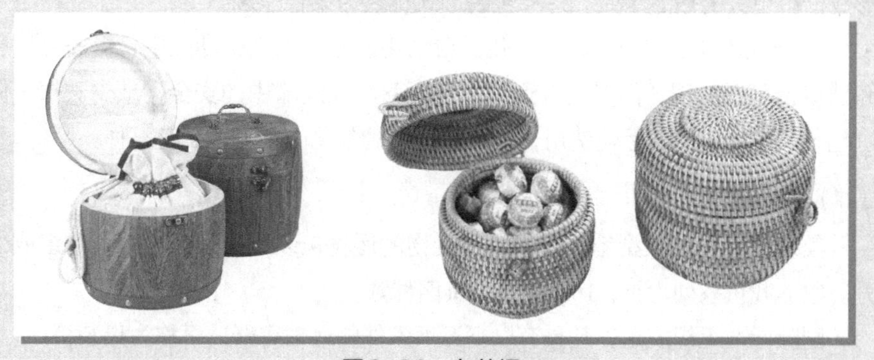

图3-26　存茶桶

3.2.3　塑料周转箱

塑料周转箱以聚乙烯、聚丙烯为原料，采用注塑成型制成。它具有质轻、强度高、耐腐蚀、经久耐用、易清洗、适合堆叠、运输方便、美观大方等特点。是一种适合短途运输，可以较长期重复使用的运输包装。同时它是一种敞开式的、不进行捆扎、用户也不必开包的运输包装。一切厂销挂钩、快进快出的商品都可采用，一般用于食品、饮料、蔬菜、禽蛋、水产品等的包装。塑料周转箱在保护产品、节约费用、提高服务质量方面起到很大作用。塑料周转箱具有体积小、清洁、美观、标记鲜明等特点。其不足之处是不宜在阳光下曝晒、密封性差、一次性投资大等。

钙塑箱又称钙塑瓦楞箱，是仿照瓦楞纸箱的形式制成的一种折叠箱，它是以聚丙烯、高密度聚乙烯等树脂为基料，碳酸钙为填料，加入适当助剂，先加工成瓦楞板，再按一定箱型、规格制成包装箱。它具有机械强度大，化学性能稳定，耐酸碱、耐腐蚀、耐油、防水、防潮、使用方便、美观大方等优点。钙塑箱是一种很有前途的包装容器，广泛用于电子仪表、精密仪器、纺织品、鞋类、瓶装商品的外包装，尤为适于水果、糕点、冷冻食品等的外包装。

在设计塑料箱时，最重要的考虑因素是容器的承受力，塑料箱是一种运输工具箱，它必须承受长时间的运输和堆放，同时保护内装物品不受损坏。塑料箱外观设计要求简洁、整齐，还要求注重人工对单个箱的搬运、操作合理性，以及箱与箱之间的堆放效果和强度。

3.2.4 集合包装

集合包装是为了适应当前世界运输、装卸工作现代化的要求，将一定数量的商品或包装件装入具有一定规格、强度和长期周转用的更大的包装容器内，形成一个更大的搬运单元，这种包装形式称之为集合包装。

集合包装可以实现运输机械化、自动化、减少工人劳动强度，提高港口装卸速度，可以实现“门对门”运输，保证商品在运输中的安全，减少破损；促进包装标准化，降低运输费用，提高装载率。常见的集合包装有三种。

（1）集装箱

集装箱是一种大型容器，它既是货物的运输包装，又是运输工具的组成部分。它的载重系列为5t、10t、20t、30t四种。

国际标准组织规定，凡具有以下五项条件的运输容器，可称为集装箱。

① 能反复使用，有足够的强度。

② 中途转运，不搬动容器内的货物，可以直接换装。

③ 可以进行快速装卸，并可以从一种运输工具直接方便地换到另一种运输工具。

④ 便于货物的装满和运输。

⑤ 具有$1m^3$以上的内容积。

集装箱按使用材料有三类。

① 铝合金集装箱　这种集装箱的特点是重量轻，铝合金的密度为钢的三分之一；外观好，在大气中自然形成的氧化膜能防止腐蚀；弹性较好，在外力作用下容易形变，去掉外力后容易复原。

② 钢制集装箱　这种集装箱最大的优点是强度大、结构牢、焊接性高、水密性好，而且成本较低，缺点是重量大，防腐性差，一般要每年进行两次涂漆，故使用率低，且寿命为铝制的二分之一。

③ 玻璃钢制集装箱　这种集装箱强度大，刚性好；其隔热性、防腐性及耐化学性等都比较好，这种集装箱着色容易，修理简便，容易清扫。但是重量大，耐久程度也有问题，尚未普遍使用。

集装箱按使用目的分主要有通用集装箱、保温式集装箱、通风式集装箱、罐头集装箱、冷式集装箱、平板式集装箱、散货集装箱、牲畜集装箱、航空集装箱等。

集装箱按结构分为内柱式与外柱式集装箱、折叠式集装箱、固定式集装箱、预制骨架式集装箱和薄壳式集装箱。

我国集装箱业发展很快，每年以30%的幅度增长。然而集装箱作为运输工具，初期投资大，需配套措施，还需有效的管理，才能达到很好的效果。

（2）集装托盘

托盘集合包装是谋求装卸与搬运作业的机械化，把若干件货物集中在一起，堆叠在运载托盘上，构成一件大型货物的包装形式。托盘集合包装区别于普通运输包装件的特点，是在任何时候都处于可以转入运动的准备状态，使静态的货物转变成动态的货物。从不同角度看，托盘集合包装既是包装方法，又是运输工具，又是包装容器；因为从小包装单位的集合来看，它是一种包装方法；从适合运输的动态来看，它是一种运输工具；从它对货物所起保护等功能来看，它又是一种运输包装容器。

托盘有木托盘和塑料托盘两种。按结构可分为箱式托盘、立柱式托盘、平板托盘和滑片托盘等。

托盘包装固定货物的方式常用的是用打包带捆扎（用薄膜热收缩或拉伸膜保护）的包裹，其承重为500～2000kg。

（3）集装袋

集装袋是一种用涂胶布、帆布、塑编袋做成的圆形大口袋，四面有吊带，底部有活口，内衬一个较大的塑料薄膜袋，用于盛装粮食、化工原料、水泥等粉粒商品。

复习思考题

1. 什么是纸制包装容器？它有哪些特点？
2. 除纸盒、纸袋外，还有哪些纸容器？各有何特点？
3. 什么是塑料包装容器？它有哪些特点？
4. 塑料包装袋是如何进行封口的？
5. 除塑料包装袋外，你见过几种塑料包装容器，试举例说明？
6. 金属包装容器有哪些特点？除金属罐外，你见过哪些金属包装容器？
7. 玻璃包装容器有哪些特点？
8. 什么是瓦楞纸箱？它有哪些特点？
9. 木质箱形容器有哪些种类和特点？
10. 什么是集合包装？表现形式如何？

04 Chapter

第4章

包装技术

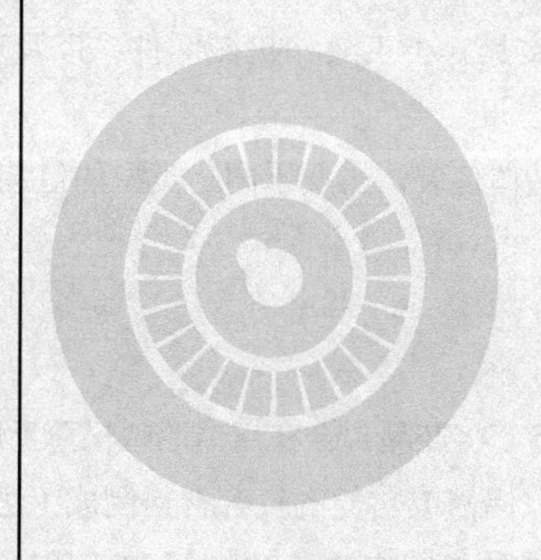

包装技术是研究包装过程中所涉及的技术机理、原理、工艺过程和操作方法的总称。包装技术是一门综合性强的学科，它涉及许多学科领域。包装技术的选择、研究和开发，应遵循科学、经济、牢固、美观和适用的原则。

产品在流通过程中会发生各种变化和损伤，为保护产品的质量和使用价值，必须充分注意流通环境中的诸因素，合理地选择包装方法。设计包装通常从销售包装与运输包装两个方面加以考虑。

销售包装技术是使产品同包装体形成一个整体，围绕商品销售中的保护功能，并兼顾其他功能而展开。主要方法有泡罩、贴体、收缩、拉伸、真空、充气、吸氧、防虫、灭菌等包装技术。

运输包装技术是将运输包装体和产品（包括小包装）形成一个有机的整体，目的是以最低的物质消耗和资金消耗，保证产品完美地送到用户手中。主要方法有缓冲、防潮、防锈、防霉等包装技术。

4.1 泡罩与贴体包装技术

泡罩包装与贴体包装又叫热成型包装（国外称卡片包装）。热塑性的塑料薄片加热成型后形成的泡罩、空穴、盘盒等均为透明的，可以清楚地看到商品的外观，同时作为衬底的卡片可以印刷精美的图案和使用说明，便于陈列和使用。包装后的商品被固定在泡罩和衬底之间，在运输和销售过程中不易损坏，从而使一些形状复杂、怕压易碎的商品得到有效的保护，这种包装既能保护商品延长保存期，又能起到宣传与扩大销售的作用。主要用于医药、食品、化妆品、文具、小工具和机械零件，以及玩具、礼品、装饰品等方面的销售包装。

泡罩包装和贴体包装，虽属于同一类型的包装方法，但原理和功能仍有许多差异。

4.1.1 泡罩包装技术

泡罩包装是指“将产品封合在用透明塑料薄片形成的泡罩与底板（用纸板、塑料薄膜或薄片、铝箔或它们的复合材料制成）之间的一种包装方法”（GB/T 4122.1—2008）。这种包装方法是20世纪50年代末德国发明并推广应用的，首先是用于药片和胶囊的包装，当时是为了改变玻璃瓶、塑料瓶等瓶装药片服用不便，包装生产线投资大等缺点，加上剂量包装的发展，药片小包装的需要量越来越大。泡罩包装的药片在服药时用手挤压小泡，药片便可冲破铝箔而出，故有人称它为发泡式或压穿式包装，如图4-1所示。

这种包装具有重量轻，运输方便；密封性能好，可防止潮湿、尘埃、污染、偷窃和破损；能包装任何异形品；装箱不另用缓冲材料以及外形美观、方便使用、便于销售等特点，此外对于药片包装还有不会互混服用、不会浪费等优点。所以这种包装方式近年来发展很快。

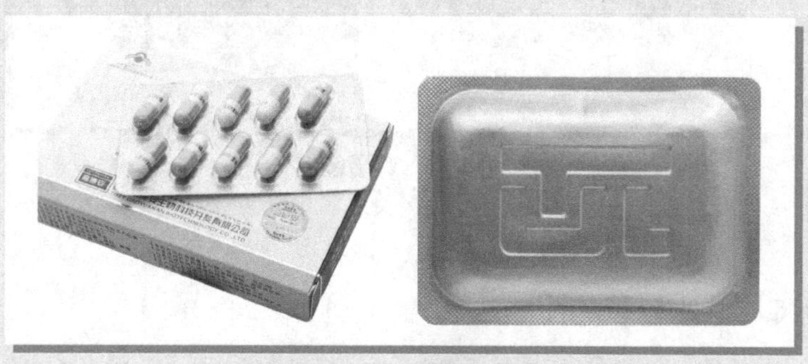

图4-1 泡罩包装

泡罩包装技术的效果具有良好的陈列性，能在物流和销售中起保护作用，可适用于形状复杂、怕压易碎的商品；可以悬挂陈列、节省货位；可成组、成套包装。特点是：

① 泡罩有一定的立体造型，在外观上更吸引人，且有较好的阻气性、防潮性、防尘性，清洁卫生，可增加货架寿命；

② 对于大批量的药品、食品、小件物品，易实现自动化流水作业；

③ 当采用有些泡罩型式时，商品取用方便，例如泡眼式药品包装。

4.1.2 贴体包装技术

贴体包装是“将使包装的透明膜紧贴在产品周围，通过抽真空，将膜似皮肤一样紧贴在产品表面，形成保护层的包装方法”（GB/T 4122.3—2010《包装术语　第3部分：防护》)。

贴体包装是“将产品放在能透气的、用纸板或塑料薄片（膜）制成的底板上，上面覆盖加热软化的塑料薄片，通过底板抽真空，使薄片（膜）紧密地包贴产品，其四周封合在底板上的一种包装方法”（GB/T 4122.1—1996）。

贴体包装与泡罩包装类似，由塑料薄片，热封涂层和卡片衬底三部分组成。它的用途有两方面：一方面是靠透明性，作为货架陈列的销售包装，典型的方式是悬挂式；另一方面是保护性，特别是包装一些形状复杂或易碎、怕挤压商品，如计算机磁盘、灯具、维修配件、玩具、礼品和成套瓷器等，如图4-2所示。

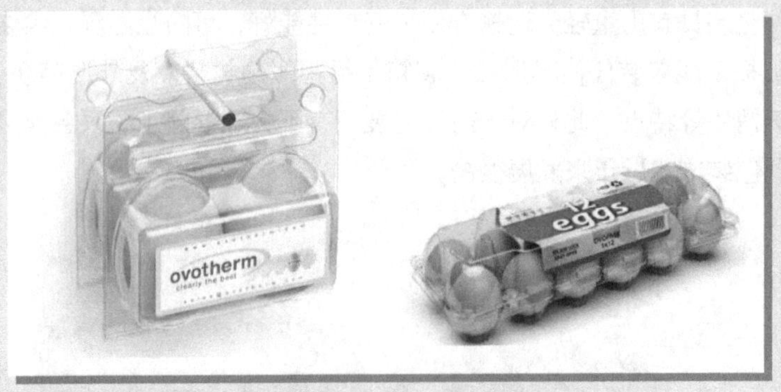

图4-2　鸡蛋包装

4.1.3　泡罩包装与贴体包装的比较

泡罩包装与贴体包装虽属同一种类型的包装，但由于它们的包装方法略有差异，所以各有其优缺点。经过比较就可根据它们的特点和商品的包装要求，择优选用。

泡罩与贴体包装的共同特点是：

① 一般是透明包装，几乎可以看到商品的全部；

② 通过衬底的形状设计和精美的印刷，可悬挂陈列，增强商品的宣传效果；

③ 可以包装成组、零件多、形状复杂的商品；

④ 与其他包装方法比较，成本较高、费人工、效率较低，采用委托包装的多。

泡罩包装与贴体包装的不同特点见表4-1。

表4-1　泡罩包装、贴体包装的不同特点

比较内容	泡罩包装	贴体包装
包装保护性	通过适当选择材料，可具有防潮性、阻气性，可真空包装	衬底有小孔，没有阻气性
包装作业性	容易实现包装自动化，流水线生产，但需要更换符合商品的模具等，所以，主要面向少品种的商品	难以实现自动化，流水线生产，生产效率低。因不需要模具，适合多品种小批量生产。包装大而重和形状复杂商品有特长
包装成本	包装材料、包装机械昂贵，特别是大而重商品小批量包装，成本高	和泡罩包装比较便宜，但人工需要比例高，小而轻的商品大批量生产比泡罩包装贵
商品效果性	美观性好	因衬底有小孔，美观性稍差
便利性	根据选择材质和构造，被包装商品可以容易地取出	一般不损坏衬底是不能取出被包商品的

4.2 收缩包装与拉伸包装技术

收缩包装是用可热收缩的塑料薄膜裹包产品和包装件，然后加热使薄膜收缩和包紧产品或包装件的一种包装方法；拉伸包装是用可拉伸的塑料薄膜在常温和张力下对产品或包装件进行裹包方法。这两种包装方法原理不同，但产生的包装效果基本一样，选择使用收缩包装还是拉伸包装应从材料、设备、工艺、能源与投资等各方面综合研究考虑，针对具体产品和工厂情况选择。它们与裹包技术有类似的地方，但所用材料和工作原理却完全不同。热收缩包装技术、热成型和贴体包装技术都是在20世纪70年代进入我国，并得到了飞速的发展和普及，被认为是20世纪发展最快的三种包装技术之一，也是一种很有发展前途的包装技术。

4.2.1 收缩包装技术

收缩包装是“用收缩薄膜裹包产品或包装件，然后使薄膜收缩包紧产品或包装件的包装方法”（GB/T 4122.3—2010《包装术语　第3部分：防护》）。

收缩包装技术是将经过预拉伸的塑料薄膜、薄膜套或袋，在考虑其收缩率等性能的前提下，将其裹包在被包装产品的外表面，并以适当的温度加热，薄膜即在其长度和宽度产生一定程度的收缩，紧紧地包裹住商品。这种方法广泛地应用于销售包装领域。

收缩包装用于销售包装的特点是：

① 收缩薄膜一般是透明的，经热收缩后紧贴于商品，能充分显示商品的色泽、造型，用于包装蔬菜、玩具、工具、鱼类、肉类等异形商品，大大增加了商品的陈列效果；

② 所用薄膜材料有一定韧性，且收缩得比较均匀，在棱角处不易撕裂，可将零散多件商品很方便地包装在一起，有的借助于浅盘可省去纸盒；

③ 对商品具有防潮防污染的作用，对食品能起到一定的保鲜作用，有利于零售，延长货架寿命；

④ 可保证商品在整个流通过程中保持密封，可防止启封、偷盗等。

收缩包装也有其不足之处：包装颗粒、粉末或形状规则的商品，就不如装盒、装袋和裹包方便；特别是需要热收缩通道，能源消耗较高；占用投资和车间面积较大，实现连续化、高速化生产比较困难；对于冷冻的或怕受热的商品不适合。

4.2.2 拉伸包装技术

拉伸包装是“将拉伸薄膜在常温下拉伸，对产品或包装件进行裹包的一种操作。多用于托盘货物的裹包”（GB/T 4122.3—2010《包装术语　第3部分：防护》）。这种方法是用具有弹性（可拉伸）的塑料薄膜，在常温和张力下，裹包单件或多件商品，在各个方向拉伸薄膜，使商品紧裹并密封。多用于托盘货物的包装。它的特点是：

① 这种包装不用加热，很适合于那些怕加热的产品如鲜肉、冷冻食品、蔬菜等；

② 它可以准确地控制裹包力，防止产品被挤碎；

③ 由于不需加热收缩设备，可节省设备投资费用，还可节省能源；

④ 薄膜是透明的，可以看到商品，便于选购，并可防盗、防火、防冲击、防振动等。

其不足是防潮性比收缩包装差，拉伸薄膜有一定的自黏性，当许多包装件堆在一起，搬运时会因黏结而损伤。

常用的拉伸薄膜有聚氯乙烯薄膜、乙烯-醋酸乙烯共聚物薄膜、线性低密度聚乙烯薄膜，其性质见表4-2。

表4-2　常用拉伸薄膜的性质

拉伸薄膜名称	拉伸率/%	拉伸强度/MPa	自黏性/g	抗戳穿强度/Pa
线性低密度聚乙烯	55	0.412	180	960
乙烯-醋酸乙烯共聚物	15	0.255	160	824
聚氯乙烯	25	0.240	130	550
低密度聚乙烯	15	0.214	60	137

4.2.3 收缩包装与拉伸包装的比较

收缩包装与拉伸包装各有利弊，我们可集中对它们作一简单的比较，见表4-3。

表4-3　收缩包装与拉伸包装的比较

序号	比较内容	收缩包装技术	拉伸包装技术
1	对产品的适应性 ① 对规则形状和异形产品 ② 对新鲜水果和蔬菜 ③ 对单件、多件产品 ④ 对冷冻的或怕热的产品	 均可 特别适合 均可 不适合	 均可 特别适合 均可 适合
2	包装商品的外观	好	差
3	裹包应力	不易控制，但比较均匀	容易控制，但棱角处应力过大易损
4	薄膜要求设备投资和包装成本	需要有多种厚度的薄膜	一种厚度的薄膜可用于不同的产品
5	① 设备投资和维修费用 ② 能源消耗 ③ 材料费用 ④ 投资回收期	需热收缩设备，投资和费用均较高 多 多 较长	不需加热设备，投资和费用低 少 比收缩包装少2.5% 短

4.2.4 热收缩与拉伸包装的选用原则

在选择拉伸或热收缩包装时，首先要考虑以下几个方面：

① 对产品与对流通环境的适应性；

② 设备投资和包装成本；

③ 包装材料来源、品种多少、库存与方便操作等。

此外，我们还要考虑生产速度、货物重量、滑动板材、防爆或冷冻条件等因素。

收缩包装通常用于不规则形状的货物，需长期在室外存放或需防水的货物；拉伸包装的应用范围广，整齐排列的货物如袋、箱、瓶、罐、板材、农副产品及器械用具等都适用。

4.3 防氧包装技术

氧是生物生存的最重要条件之一。氧气有助于物质的燃烧；氧气可与绝大多数的金属反应；在空气中氧气、水蒸气、二氧化碳等共同作用下，绝大多数的非金属物会发生复杂的化学变化；氧气是昆虫、微生物得以生存繁殖的重要条件之一。为了防止因氧气作用而降低流通商品的品质，一般可采用防氧包装（或称隔氧包装或除氧包装）。对于高分子材料制品，防氧包装既是一种防霉包装，也是一种防老化包装；对于食品，防氧包装既是一种无菌化包装，又是一种防腐包装。

防氧包装是选择气密性好、透湿度低、透氧率低的包装材料或包装容器对产品进行密封包装的方法，其主要特点是在密封前抽真空或抽真空充惰性气体或放置适量的除氧剂与氧的指示剂，将包装内的氧气浓度降至0.1%以下，从而防止产品长霉、锈蚀或氧化老化。起初防氧包装主要应用于食品、贵重药材、橡胶制品的包装，近几年来，防氧包装又扩大应用到精加工零件、电子元器件、无线电通信整机、精密仪器、机械设备、农副产品等方面的包装。防氧包装的方法主要有三种，即真空包装、充气包装，脱氧剂的防氧包装。

4.3.1 真空与充气包装

真空包装是“将产品装入气密性包装容器，抽去容器内部的空气，使密封后的容器内达到预定的真空度的一种包装方法”（GB/T 4122.3—2010）；充气包装是“将产品装入气密性包装容器，用惰性气体置换容器中原有空气的一种包装方法”（GB/T 4122.3—2010）。

真空与充气包装是为了解决同一问题而采取的两种不同的方法，都是使用高度防透氧材料，包装设备大多也是相同的，并且都是通过控制包装容器内的空气来推迟产品的变质。

（1）真空包装技术的特点

① 能抑制霉菌生长繁殖，能防止油脂氧化、维生素分解、色素变色和香味消失；

② 能加速热量的传导，提高了高温杀菌效率，还能避免包装膨胀破裂；

③ 真空包装食品冷冻后，其表面无霜，并可保持食品本色，但往往造成折皱；

④ 它用于重量轻、松泡工业品的包装，能使包装体明显缩小（约缩小50%以上），同时还能防止虫蛀、霉变。

真空包装对粉状和液态物品不适用，对易破碎、易变形及有硬尖棱角的物品不适用。

（2）充气包装技术的特点

① 用于食品包装，能防止氧化，抑制微生物繁殖和昆虫的发育，能防止香气散失、变色等，从而能大幅度地延长保存期，食品包装充气的品种参见表4-4；

表4-4　各种食品充气包装品种和作用

食品类别	食品名称	充气种类	充气作用
大豆加工品	豆豉	N_2	可减缓成熟度
	豆制品	N_2	防止氧化
壳类物及加工制品	年糕	CO_2	防止发霉
	面包	CO_2	防止发霉
	干果仁	N_2	防止氧化、吸潮、香味失散
	花生仁、杏仁	CO_2+N_2	防止氧化、吸潮、香味失散
油脂	食用油、菜油	N_2	防止氧化
水产	鱼糕	CO_2	限制微生物、霉菌的发育
	鱼肉	CO_2+N_2	限制微生物、霉菌的发育
	紫菜	N_2	防止变色、氧化、香味失散和昆虫发育
乳制品	干酪	CO_2/CO_2+N_2	防止氧化
	奶粉	N_2	防止氧化
肉	火腿、香肠	CO_2/N_2	防止氧化、变色，抑制微生物繁殖
	烧鸡	CO_2+N_2	
点心	蛋糕、点心	CO_2/CO_2+N_2	抑制微生物繁殖
	炸土豆片、油炸果	N_2	防止氧化
	夹馅面包	CO_2	抑制微生物的繁殖
饮料	咖啡、可可	CO_2	防止氧化、香味失散、微生物破坏
粉米果汁		N_2	防止氧化

② 对于粉状、液状以及质软或有硬尖棱角的产品都能包装；

③ 用于软包装，外观不折皱、美观漂亮，但不适宜进一步加热杀菌处理；

④ 用于日用工业品包装，能起防锈防霉的作用。

（3）真空与充气的比较

见表4-5。

表4-5 真空与充气的比较

方法	包装形态				产品形态						加热杀菌处理
	枕式或四边封口袋	衬袋盒	软质成型容器	硬质成型容器	固态	颗粒状	粉状	黏稠状	液态	发泡体状	
真空	○	○	×	×	○	○	×	×△	×	×	○
充气	○	○	○	○	○	○	○	○	○	○	×

注：○—适当，△—一般，×—不适应。

4.3.2 脱氧剂的防氧包装

脱氧剂包装技术是在密封的包装容器内，使用能与氧气起化学作用的吸氧剂，从而除去包装内的氧气，使内装物在无氧条件下保存，通常先将吸氧剂充填到透气的小袋中，然后再放进包装内。

脱氧剂包装技术弥补了上述真空包装技术和充气包装技术那种物理除氧不能达到100%除尽的不足，主要用于食品保鲜，如礼品点心、蛋糕、茶叶等，还用于毛皮、书画、古董、镜片、精密机械零件及电子器材等的包装。

脱氧剂包装技术的特点是：

① 完全杜绝氧气的影响，可以防止氧化、变色、生锈、发霉、虫蛀等变质现象；

② 既能把容器内氧气全部除掉，还能将外部进入包装容器内的氧气以及溶解在液体中的氧气全部除掉，所以无论粉末状食品，液态食品，还是海绵状食品都可在包装容器内长时间处于无氧状态下保存；

③ 采用脱氧剂包装技术时，方法简便，不需大型设备；

④ 脱氧剂氧化时必须有水，采用脱氧剂包装要注意防止化学反应生成物的污染，同时会造成容器1/5的收缩，成本较高。

使用脱氧剂是继真空与充气包装之后出现的一种新的防氧包装方法，与前二者相比有更多的优点和更广的应用范围，因此有人称使用脱氧剂是包装的一次革命。使用脱氧剂可以不用抽真空或充气设备，不仅可以比较彻底除掉产品微孔中的氧气，而且可以及时除掉包装作业完成后缓慢透进来的少量氧气。而真空包装和充气包装随时间的延长，缓慢透进来的少量氧气会逐渐积累而损害产品。由于除氧的彻底性和使用方法的灵活性，使脱氧剂广泛用于食品、药品、纺织品、精密仪器、金属制品、文物等的包装。包装中使用的脱氧剂的类型有铁系脱氧剂、亚硫酸盐系脱氧剂、加氢催化剂型脱氧剂、葡萄糖氧化酶脱氧剂、抗坏血酸（维生素C）脱氧剂、硫氢化物脱氧剂、碱性糖制剂以及非化学反应型光敏脱氧剂等。

4.4 防虫害包装技术

防虫包装“为保护内装物免受虫类侵害的一种包装方法。如在包装材料中渗入杀虫剂，有时在包装容器中也使用驱虫剂、杀虫剂或脱氧剂，以增强防虫效果”（GB/T 4122.1—2008《包装术语　第1部分：基础》）。防虫不仅是用包装来达到，而且需要净化生产环境，尤其需要注意包装材料与包装容器加工以及包装操作等环节的防虫。

商品在流通过程中需要在仓库中储存，而危害仓储商品的主要害虫是仓库害虫又叫储藏物害虫，简称仓虫。仓虫不仅蛀食动植物性商品和包装物，破坏商品的组织结构，使商品发生破碎和孔洞，而且在其新陈代谢中排泄的污物将粘污商品。防虫害包装的任务就是要破坏害虫的正常生活条件，扼杀和抑制其生长繁殖。

4.4.1 影响害虫生长繁殖的主要因素

（1）温度对害虫的影响

任何一种害虫都是作为生活环境中的一个组成部分而存在的，它与环境因素息息相关，互相影响，各种生态因素的变动都能影响害虫群落的改变和种群数量的增减。

害虫是变温动物，害虫体温的调节主要靠获得和散失热量。热量的获得主要来自害虫栖息地方的环境温度，热量的散失主要通过水分蒸发。它的体温很大程度上取决于周围环境的温度。因此温度对幼虫的发育速度、成虫的寿命和繁殖率以及死亡速度和迁移分布都有直接的影响。

（2）湿度对害虫的影响

湿度对害虫的影响与温度同等重要，它的作用有两个方面：一方面直接影响害虫的有水分的生理活动；另一方面影响害虫食物的含水量，起间接作用。

一般害虫体内含有大量的水分，约占体重的50%～90%，害虫体内水分主要是从食物中获得。一般仓库害虫在食物含水量低于8%时就难以生存，而且对环境湿度的变化有非常敏感的反应，特别是对低湿度的反应更为明显。

此外还有空气中的氧也对害虫有一定的影响。当空气中的氧的浓度降低到一定的程度，必然会影响虫体的呼吸作用，影响害虫的正常的新陈代谢与生长繁殖。

4.4.2 防虫害包装技术方法

防虫害包装技术是通过各种物理的因素（光、热、电、冷冻等）或化学药剂作用于害虫的肌体，破坏害虫的生理机能和肌体结构，劣化害虫的生活条件，促使害虫死亡或抑制害虫繁殖，以达到防虫害的目的。

（1）高温防虫害包装技术

高温防虫害包装技术就是利用较高的温度来抑制害虫的发育和繁殖。当环境温度上升到40～45℃时，一般害虫的活动就会受到抑制，至45～48℃时，大多数害虫将处于昏迷状态（夏眠），当温度上升到48℃以上时死亡。

高温杀虫包装技术可以采用烘干杀虫、蒸汽杀虫等方法来进行。烘干杀虫一般是将待装物品放在烘干室或烘道、烘箱内，使室内温度上升到65～110℃，也可以按照待装物品的品种规格，容易滋生害虫种类的特性来定出温度和升温时间的要求，进行烘烤处理；蒸汽杀虫是利用高热的蒸汽杀灭害虫，一般利用蒸汽室，室内温度保持在80℃左右，要处理的受害商品在室内处理15～20min，害虫可以完全被杀死。

（2）低温防虫害包装技术

低温防虫害包装技术是利用低温抑制害虫的繁殖和发育，并使其死亡。仓库害虫一般在环境温度8～15℃时，开始停止活动，-4～8℃时处于冷麻痹状态，如果这种状态延续时间太长，害虫就会死亡。-4℃是一般害虫的致死临界点。当温度降到致死临界点时，由于虫体体液在结冻前释放出热量，使体温回升，已经冻僵的害虫往往会复苏，如果继续保持低温，害虫就会真正死亡。

一般仓库害虫在气温下降到7℃时就不能繁殖，并大部分开始死亡。各种冷冻设备，如冷冻机、低温冷藏库等都能将温度降到0℃以下，足以达到防虫的目的。

（3）电离辐射防虫害包装技术

电离辐射防虫害包装技术是利用X射线、γ射线、快中子等的杀伤能力使害虫死亡或者不育，从而达到防虫害的目的。其中X射线有很高的穿透能力；γ射线的性质与一般可见光、紫外线、X射线相似，所不同的是它的能量很大，对害虫杀伤力强；快中子是一种质量和质子相近的中性粒子，不带电，穿透力特别强，辐射效应高于γ射线。害虫对电离辐射的敏感性由于虫种不同而表现不同，一种害虫的不同发育时期也有差别。在害虫产卵期，经过电离射线照射的害虫的卵发育停止，不能孵化、死亡率高；在幼虫期，电离射线的作用是使其食欲减退，发育迟缓，甚至不能化蛹；在蛹期，害虫对辐射作用的敏感性明显低于幼虫期，蛹期对射线的抗性随着蛹龄的增高而提高。受电离射线的影响，使蛹期延长，甚至不能羽化。因而羽化率降低，寿命缩短，生育线发育产生病理变化，不能繁殖后代或产生不育性卵和精子。不同的害虫对电离辐射的敏感性表现不同，同种害虫的不同发育时期也有差异。

（4）微波与远红外线防虫害包装技术

微波是指波长为1mm ～ 1m左右的电磁波，频率为300 ～ 300000MHz，也称为超高频。微波杀虫是害虫在高频的电磁场作用下，虫体内的水分、脂肪等物质受到微波的作用，其分子发生振动，分子之间产生剧烈的摩擦，生成大量的热能，使虫体内部温度迅速上升，可达60℃以上，因而致死。微波杀虫具有处理时间短、杀虫效力高、无残害、无药害等优点。但是微波对人体健康有一定影响，可以引起贫血、嗜睡、神经衰弱、记忆力减退等病症，因此操作人员不要进入有害剂量（150MHz以上）的微波范围，或采取必要的防护措施。

远红外线具有与微波相似的作用，主要是能迅速干燥储藏物品和直接杀死害虫。是一种有效的防治害虫的包装技术方法。

（5）化学药剂防虫害包装技术

通常我们所用的杀虫剂有很多种类，但到目前还没有一种杀虫剂能防治所有各类害虫。害虫也有抗药性，从而使杀虫剂的杀虫效率降低，杀虫剂杀虫机理与适用场合各不相同。

其中最常用的杀虫剂是从除虫菊中提取的除虫菊酯，是一种神经毒剂。它在较高的温度条件下会快速分解，因此对于具有较高体温的鸟类和哺乳动物等毒性较低，除虫菊酯中毒症状为兴奋、痉挛、麻痹及死亡，这是典型的神经毒剂的中毒现象。除虫菊酯具有快速击倒效能，多种害虫触及后在几秒钟内死亡。除虫菊酯对人畜几乎无毒性，使用安全。

利用化学药剂防虫，通常是将包装材料进行防虫剂、杀虫剂处理，或在包装容器中加入杀虫剂或驱虫剂，以保护内装商品免受虫类侵害，以除虫菊和丁氧基葵花香精的混合物可以使用于多层纸袋，且这种混合剂是一种安全的杀虫剂。

4.4.3 包装容器内部环境条件的控制

包装容器可分别选用高温、低温、照射或蒸熏等方式进行杀虫，还可采用真空包装、充气包装以及包装内加吸氧剂等方式，使包装内部成为害虫不能生存来达到防虫的目的。

4.5 防震包装技术

防震包装又称缓冲包装，它是指“在产品外表面周围放有能吸收冲击或振动能量的缓冲材料或其他缓冲元件，使产品不受物理损伤的一种包装方法”（GB/T 4122.1—2008《包装术语　第1部分：基础》）。它在各种包装方法中占有重要地位，是包装的重要内容之一。

4.5.1 常用防震包装材料及其性能

防震包装的作用主要是克服冲击和振动对被包装物品的影响，克服冲击所采用的方法通常叫缓冲，所用材料叫缓冲材料；克服振动而采用的方法通常叫防振、隔振，所用材料叫防振材料、隔振材料。缓冲材料与防振材料、隔振材料统称为防震材料。

（1）防震材料的分类

防震材料的种类很多，一是按外形可大致分成无定形防震材料（屑状、丝状、颗粒状、小块或小条等形状）和定形防震材料（成型纸浆、瓦楞纸板衬垫、纸棉材料、棕垫、弹簧、合成材料等）；二是按材质可分为植物纤维素类、动物纤维素类、矿物纤维素类、气泡结构类、纸类及防震装置类等。

（2）防震材料的性能

防震材料的作用是用来缓和包装件中的内装物在运输、装卸中所受外力的冲击和振动，故防震材料必须具有其特定的性能。

缓冲材料的基本特性包括冲击能量吸收性、回弹性、吸湿性、温湿度稳定性、酸碱度（pH值）、密度、加工性、经济性等。

① 冲击能量吸收性　指缓冲材料吸收冲击能量大小的能力。选择包装材料时，常用硬的材料来吸收大的冲击力，用软的材料来吸收小的冲击力。

② 回弹性　指缓冲材料变形后，回复原尺寸的能力。通俗地说，把负荷加到缓冲材料上，然后又放开时，缓冲材料能恢复的程度即回弹性。在缓冲包装中，材料的回弹性使它与包装产品之间保持密切接触。为了使包装件防冲击防震效果不致显著降低，应选用回弹性好的材料。如果采用回弹性差的材料，在储存或运输过程中发生永久性变形，必然会导致产品与缓冲材料之间或包装容器与缓冲材料之间产生间隙，产品就会在容器中跳动，这是不允许的。

③ 温湿度稳定性　即要求缓冲材料在一定温湿度范围内保持缓冲性能。一般纤维材料中纤维素材料易受湿度影响，而热塑性塑料易受温度影响，特别是温度低、材料变硬，使所包装产品承受的加速度变大。

④ 吸湿性　吸湿性大的材料对包装有两个危害，一是降低缓冲性能，二是

引起所包装的金属制品生锈和非金属制品的变形变质。纸、木丝等吸湿性强的材料不宜用于金属制品的包装；开式微孔泡沫塑料也易吸水，不宜用来包装金属制品；闭式微孔泡沫塑料则可用于金属制品包装。

⑤ 酸碱度（pH值） 即要求缓冲材料的水溶出物的pH值在6～8之间，最好为7，否则在潮湿的条件下，易使被包装物腐蚀。

⑥ 密度　对于缓冲材料，无论是成型产品还是块状、薄片状的材料，从其使用状态来看要求其密度尽量低，以减轻包装件的重量。

⑦ 加工性　指缓冲材料是否有易于成型、易于黏合等加工性能及易于进行包装作业的特性。

⑧ 经济性　合理地选择缓冲材料的目的是降低流通成本，因此缓冲包装技术应考虑其经济性。材料自身价格固然是重要的一面，但还必须把改变包装的容积及形态对运输储存费的影响等因素也考虑进去。

此外，防震包装材料还必须有较好的挠性和抗张力，必要的耐破损性、化学稳定性和作业适性。

若使一种防震材料同时具备上述所有性能，是难以做到的，我们可以根据产品的具体情况选择具备其中某些特性的材料，使之满足缓冲包装要求，还可以灵活利用各种材料的特点，搭配使用。表4-6定性比较了常用防震材料的部分特性。

表4-6　常用防震材料的特性比较

防震材料	复原性	冲击性	密度	锈蚀性	吸水性	含水性	耐菌性	耐候性	柔软性	成型性	黏胶性	温度范围	燃烧性
聚乙烯泡沫塑料	好	优	低	无	无	无	良	良	优	良	良	大	易
聚苯乙烯泡沫塑料	差	优	低	无	无	无	良	良	差	优	良	小	易
聚氨酯软泡沫塑料	好	良	低	无	大	有	良	良	优	良	良	大	易
丝状泡沫塑料	因材而异	良	低	无	因材而异	—	良	良	优	—	—	因材而异	易
聚氯乙烯软泡沫塑料	差	良	低	小	无	无	良	差	优	不可	良	小	自熄
动物纤维防震成型材	好	优	低	小	好	有	不良	差	优	优	不良	大	易
成型硬橡胶垫	无	优	高	小	大	小	不良	不良	优	良	良	小	易
木丝	差	不良	一般	小	大	小	不良	不良	良	—	—	大	易

续表

防震材料	复原性	冲击性	密度	锈蚀性	吸水性	含水性	耐菌性	耐候性	柔软性	成型性	黏胶性	温度范围	燃烧性
瓦楞纸	差	不良	一般	无	大	小	不良	良	不良	不可	良	大	易
醋酸纤维	差	良	高	无	无	无	良	良	优	优	一	小	易
金属弹簧	好	不良	高	无	无	无	良	良	差	不可	不可	大	燃

4.5.2 防震包装技法

防震包装的主要方法有四种：全面防震包装、部分防震包装、悬浮式防震包装、联合方式的防震包装。

（1）全面防震包装法

所谓全面防震包装法，系指内装物与外包装之间全部用防震材料填满来进行防震的包装方法，根据所用防震材料不同又可分为以下几种。

① 压缩包装法　用弹性材料把易碎物品填塞起来或进行加固，这样可以吸收振动或冲击的能量，并将其引导到内装物强度最高的部分。所用弹性材料一般为丝状、薄片状和粒状，以便于对形状复杂的产品也能很好地填塞，有效保护内装物。

② 浮动包装法　和压缩包装法基本相同，所不同之处在于所用弹性材料为小块衬垫，这些材料可以位移和流动，这样可以有效地充满直接受力部分的间隙，分散内装物所受的冲击力。

③ 裹包包装法　采用各种类型的片材把单件内装物裹包起来放入外包装箱盒内。这种方法多用于小件物品的防震包装。

④ 模盒包装法　系利用模型将聚苯乙烯树脂等材料做成和制品形状一样的模盒，用其来包装制品达到的防震作用。这种方法多用于小型、轻质制品的包装。

⑤ 就地发泡包装法　是以内装物和外包装箱为准，在其间充填发泡材料的一种防震包装技术。这种方法很简单，主要设备包括盛有异氰酸酯和盛有多元醇树脂的容器及喷枪。使用时首先需把盛有两种材料的容器内的温度和压力按规定调好，然后将两种材料混合，用单管道通向喷枪，由喷头喷出。喷出的化合物在10s后即开始发泡膨胀，不到40s的时间即可发泡膨胀到本身原体积的100～140倍，形成的泡沫体为聚氨酯，经过1min，变成硬性和半硬性的泡沫体。发泡的具体程序见图4-3。这些泡沫体将任何形状的物品都能包住。

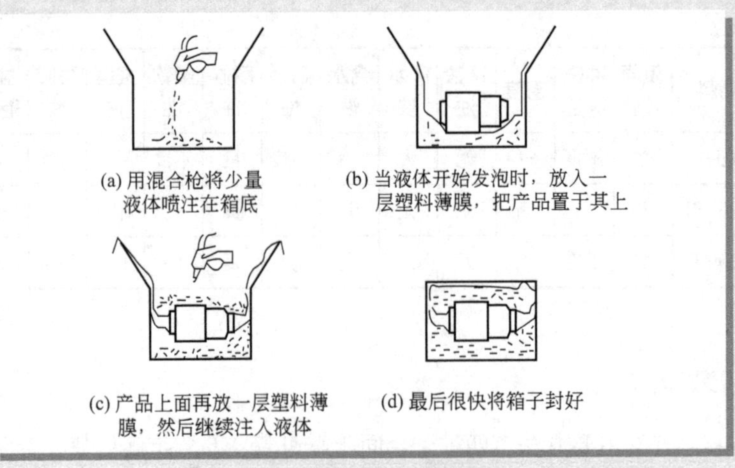

图4-3　就地发泡包装法

（2）部分防震包装法

对于整体性好的产品和有内包装容器的产品，仅在产品或内包装的拐角或局部地方使用防震材料进行衬垫即可，这种方法叫部分防震包装法。所用防震材料主要有泡沫塑料的防震垫、充气塑料薄膜防震垫和橡胶弹簧等。

这种方法主要是根据内装物特点，使用较少的防震材料，在最适合的部位进行衬垫，力求取得好的防震效果，并降低包装成本。本法适用于大批量物品的包装，目前广泛应用于电视机、收录机、洗衣机、仪器仪表等的包装上。部分防震包装法见图4-4。

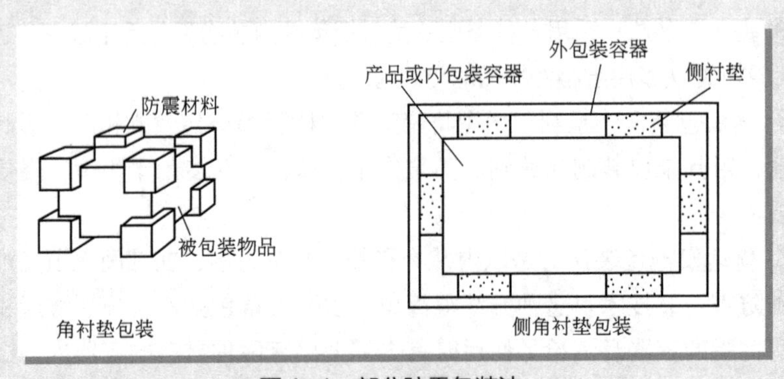

图4-4　部分防震包装法

（3）悬浮式防震包装法

对于某些贵重易损的物品，为了有效地保证在流通过程中不受损害，往往采用坚固的外包装容器，把物品用带子、绳子、吊环、弹簧等物吊在外包装中，不与四壁接触。这些支撑件起着弹性阻尼器的作用，见图4-5。

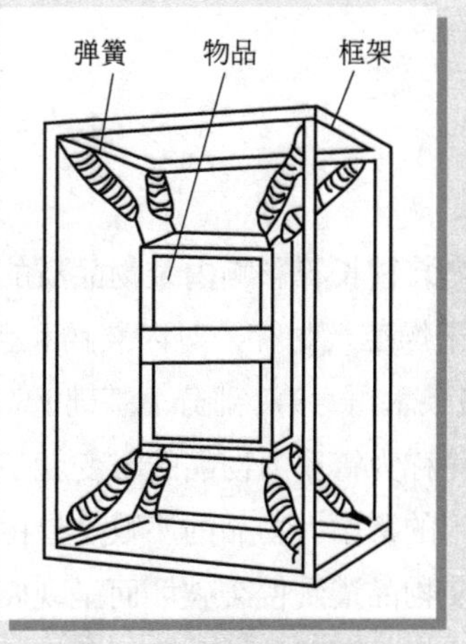

图4-5　悬浮式防震包装法

（4）联合方式的防震包装法

在实际缓冲包装中常将两种或两种以上的防震方法配合作用。例如既加铺垫，又填充无定形缓冲材料，使产品得到更充分地保护。

有时可把异种材质的缓冲材料组合起来使用，例如可将厚度相等的异种材料并联使用，也可将面积相等的异种材料串联结合使用。

4.5.3 防震包装的设计程序

这里叙述的设计程序是针对用防震缓冲垫（又称缓冲垫或防震垫）对整体产品进行防震包装的情况。

① 确定环境；

② 确定产品的易损性；

③ 选择合适的防震缓冲垫；

④ 设计和制造原型包装；

⑤ 对原型包装进行试验和修正；

⑥ 获取并确定相关资料；

⑦ 包装材料的经济性；

⑧ 需要考虑的其他保护问题；

⑨ 特殊的装运要求；

⑩ 包装封闭结构及其他特殊问题。

设计时一般先考虑冲击和振动因素，影响设计的因素还有压缩、湿度等，这些因素为修正因素，在包装初步定型后再进行一次修正。

此外，采用什么结构的抗震缓冲垫，要以既安全又经济为原则，并具有全面防震结构和部分防震结构。

4.6 防霉腐包装技术

防霉包装指“防止内装物长霉影响内装物品质的一种包装方法。如对内装物进行防潮包装，以及干燥空气封存，对内装物和包装材料进行防霉处理等”（GB/T 4122.1—2008《包装术语　第1部分：基础》）。

物品的霉变和腐败简称为霉腐。物品的霉变就是指霉菌在物品上经过生长繁殖后，出现肉眼能见到的霉菌。物品的腐败是指由细菌、酵母霉菌等引起物品中营养物质的分解，使物品遭到侵袭破坏而呈现腐烂现象。防霉腐包装技术就是在充分了解霉腐微生物的营养特性和生活习性的情况下，采取相应的措施使被包装物品处在能抑制霉腐微生物滋长的特定条件下，延长被包装物品质量保持期限。

产品发生霉腐是因为感染上了霉腐微生物，这是必要条件；其次是含有霉腐微生物生长繁殖所需的营养物质；其三是必须有适合霉腐微生物生长繁殖的环境条件，如温度、湿度、空气等。

4.6.1 影响物品霉腐的主要因素

霉腐微生物在物品上，不断从物品中吸取营养和排除废物，所以在其大量繁殖的同时，物品也就逐渐遭到分解破坏，因此霉腐微生物在物品上进行物质代谢的过程也就是物品霉腐发生的过程。物品霉腐一般经过以下四个环节：受潮、发热、霉变和腐烂。物品的霉腐与物品的生产、包装、运输、储存过程中的许多环境因素影响有关，如环境湿度、环境温度、空气、化学因素、辐射、压力等。

（1）物品的组成成分对物品霉腐的影响

物品的霉腐是由于霉腐微生物在物品上进行生长繁殖的结果，不同的霉腐微生物生长繁殖所需的营养结构不同，但都必须有一定比例的碳、氮、水、能量的来源，以构成一定的培养基础。

不同的被包装的物品，含有不同比例的有机物和无机物，能够提供给霉腐微生物的碳、氮源以及水分、能量不同。有的菌体能够正常生长繁殖，而另外的一些霉菌则会不适应而使其生长受到抑制，故物品受到霉腐的形式、程度都不同。所以不同组成成分的物品对物品的霉腐的影响是起决定性作用的。

（2）物品霉腐的外界因素

霉腐微生物从物品中获得一定的营养物质，但要繁殖生长还需要适宜的外界条件。

① 环境湿度和物品的含水量　水分是霉腐微生物生长繁殖的关键。霉腐微生物是通过一系列的生物化学反应来完成其物质代谢的，这一过程也必须有水的参与。

当物品含水量超过其安全水分时就容易霉腐，相对湿度愈大，则愈易霉腐。各类常见的霉菌使物品霉腐的相对湿度条件如表4-7所示，因此防止商品霉腐要求物品安全水分控制在12%之内，环境相对湿度控制在75%以下。

表4-7　各类霉菌使物品霉腐的相对湿度和物品含水量

霉　菌	物品含水量/%	相对湿度
部分霉菌	13	70～80
青霉	14～18	80以上
毛霉、根霉、大部分曲霉	14～18	90以上

② 环境温度　霉腐微生物因种类不同，对温度的要求也不同，但温度对微生物的生长繁殖有着重要的作用。霉菌为腐生微生物，生长温度范围较宽，约为10～45℃，它属于嗜温微生物。温度对霉菌最主要的影响是对菌体内各种酶的作用，温度的高低，影响酶的活性。

③ 空气的影响　霉菌的生长繁殖还需要有足够的适量的氧气，在霉腐微生物的分解代谢过程中（或呼吸作用），微生物都需要利用分子状态的氧或体内氧来分解有机物并使之变成二氧化碳、水和能量。

④ 化学因素　化学物质对微生物有三种作用：一是作为营养物质；二是抑制代谢活动；三是破坏菌体结构或破坏代谢机制。不同的化学物质对菌体的影响不同，这些化学物质主要有酸类、碱类、盐类化合物、氧化物、有机化合物以及糖类化合物等。

⑤ 其他因素　除以上几种主要的影响因素外，物品在储存、流通过程中，还会受到紫外线、辐射、微波、电磁振荡以及压力等其他几种因素的作用，这些都将影响霉腐微生物的生命活动，影响物品的霉变和腐败。

4.6.2 商品防霉包装技术方法

商品在流通过程中，不但种类、规格、数量繁多，而且要经过许多环节。在商品流通的各环节都有被霉腐微生物污染的机会，如果周围有适宜的环境条件，商品就会发生霉腐。因此为了保护商品安全地通过储存、流通、销售等各个环节，必须对易霉腐商品进行防霉腐包装。防霉腐包装技术当前主要有以下几种。

(1) 化学药剂防霉包装技术

化学药剂防霉腐包装技术主要是使用防霉防腐化学药剂将待包装物品、包装材料进行适当处理的包装技术。有的将防霉腐剂直接加在某个工序中；有的是将其喷洒或涂抹在商品表面，有的需浸泡包装材料再予包装。但是这些处理都会使有些商品的质量与外观受到不同程度的影响。利用防霉防腐剂的杀菌机理主要是使菌体蛋白质凝固、沉淀、变性；有的是用防霉防腐剂与菌体酶系统结合，影响菌体代谢；有的是用防霉防腐剂降低菌体表面张力，增加细胞膜的通透性，而发生细胞破裂或溶解。通常可作为防霉腐剂的有酚类（如苯酚）、氯酚类（如五氯酚）、有机汞盐（如油酸苯基汞）、有机铜类（如环烷酸铜皂）、有机锡盐（如三乙基氯化锡）以及无机盐（如硫酸铜、氯化汞、氟化钠）等。防霉防腐剂有两大类，一类是用于工业品的防霉剂，如多菌灵、百菌清、灭菌丹等。另一类是用于食品的防霉腐剂，如苯甲酸及其钠盐、脱氢醋酸、托布津等。

(2) 气相防霉包装技术

气相防霉腐包装技术是使用具有挥发性的防霉防腐剂，利用其挥发产生的气体直接与霉腐微生物接触，杀死这些微生物或抑制其生长，以达到商品防霉腐的目的。而且由于气相防霉腐是气相分子直接作用于商品上，对其外观和质量不会产生不良影响。但要求包装材料和包装容器具有透气性弱、密封性能好的特点。气相防霉腐剂有多聚甲醛防霉腐剂和环氧乙烷防霉腐剂。多聚甲醛是甲醛的聚合物，在常温下可徐徐升华解聚成有甲醛刺激气味的气体，能使菌体蛋白质凝固，以杀死或抑制霉腐微生物。环氧乙烷防霉腐剂中环氧乙烷能与菌体蛋白质、酚分子的羧基、氨基、羟基中的游离的氢原子结合，生成羟乙基，使细菌代谢功能出现障碍而死亡。

(3) 气调防霉包装技术

气调防霉腐是生态防霉腐的形式之一。霉腐微生物与生物性商品的呼吸代谢都离不开空气、水分、温度这三个因素。只要有效地控制其中一个因素，就能达到防止商品发生霉腐的目的，如只要控制和调解空气中氧的浓度，人为地造成一个低氧环境，霉腐微生物生长繁殖和生物性商品自身呼吸就会受到控制。气调防霉腐包装就是在密封包装的条件下，通过改变包装内空气组成成分，以降低氧的浓度，造成低氧环境来抑制霉腐微生物的生命活动与生物性商品的呼吸强度，从而达到对被包装商品防霉腐的目的。气调防霉腐包装技术的关键是密封和降氧。

(4) 低温冷藏防霉包装技术

低温冷藏防霉腐包装技术是通过控制商品本身的温度，使其低于霉腐微生物生长繁殖的最低界限，控制酶的活性。它一方面抑制了生物性商品的呼吸氧化过程，使其自身分解受阻，一旦温度恢复，仍可保持其原有的品质；另一方面抑制霉腐微生物的代谢与生长繁殖来达到防霉腐的目的。

（5）干燥防霉包装技术

微生物生活环境缺乏水分即造成干燥，在干燥的条件下，霉菌不能繁殖，商品也不会腐烂。干燥防霉腐包装技术是通过降低密封包装内的水分与商品本身的含水，使霉腐微生物得不到生长繁殖所需水分来达到防霉腐目的。因为干燥可使微生物细胞蛋白质变性并使盐类浓度增高，从而使微生物生长受到抑制或促使其死亡。霉菌菌丝抗干燥能力很弱，特别是幼龄菌种抗干燥能力较弱。可通过在密封的包装内置放一定量的干燥剂来吸收包装内的水分，使内装商品的含水量降到其允许含水量以下。

一般高速失水不易使微生物死亡；缓慢干燥霉菌菌体死亡最多，且在干燥初期死亡最快。菌体在低温干燥下不易死亡，而干燥后置于室温环境下最易死亡。

（6）电离辐射防霉包装技术

能量通过空间传递称为辐射，射线使被照射的物质产生电离作用，称为电离辐射。

电离辐射的直接作用是当辐射线通过微生物时能使微生物内部成分分解而引起诱变或死亡。其间接作用是使水分子离解成为自由基，自由基与液体中溶解的氧作用产生强氧化基团，此基团使微生物酶蛋白的—SH基氧化，酶失去活性，因而使其诱变或死亡。射线可杀菌杀虫，照射不会引起物体升温，故可称其为冷杀菌。

电离辐射防霉腐包装目前主要应用β射线与γ射线，包装的商品经过电离辐射后即完成了消毒灭菌的作用，经照射后，如果不再污染，配合冷藏的条件，小剂量辐射能延长保存期数周到数月。大剂量辐射可彻底灭菌，长期保存。但有的食品经照射后品质可能变劣或得以改善。

（7）紫外线、微波、远红外线和高频电场

① 紫外线　紫外线也是一种射线有杀菌作用，是日光杀菌的主要因素。紫外线穿透力很弱，所以只能杀死商品表面的霉腐微生物。此外，含有脂肪或蛋白质的食品经紫外线照射后会产生臭味或变色，不宜用紫外线照射杀菌。紫外线一般是用来处理包装容器（或材料）以及非食品类的被包装物品，将这些要灭菌的对象在一定距离内经紫外线照射一定时间即杀死商品表面和容器表面的霉腐微生物，再予包装则可延长包装有效期。

② 微波　微波是频率为300～300000MHz的高频的电磁波。含水和脂肪成分多的物体易吸收微波的能量，吸收后转变为热能。微波的杀菌机理是微生物在高频电磁场的作用下，吸收微波能量后，一方面转变为热量而杀菌，另一

方面菌体的水分和脂肪等物质受到微波的作用，它们的分子间发生振动摩擦而使细胞内部受损而产生的热能，促使菌体死亡。微波产生的热能在内部，所以热能利用率高，加热时间短，加热均匀。

③ 远红外线　远红外线是频率高于3×10^{6}MHz的电磁波，其作用与微波相似，其杀菌机理主要是远红外线的光辐射和产生的高温使菌体迅速脱水干燥而死亡。

④ 高频电场　高频电场的杀菌机理是含水分高的商品和微生物能“吸收”高频电能转变为热能而杀菌。只要商品和商品上的微生物有足够的水分，同时又有一定强度的高频电场，消毒瞬间即可完成。

4.6.3 防霉包装设计

为确保产品在生产、流通、销售过程中不发生霉变，要从经济合理的包装结构与包装工艺方法等方面来实现。

（1）防霉包装的等级的确定

根据包装的产品在出厂后两年内生霉情况，我国规定的防霉包装等级见表4-8。

表4-8　防霉包装等级

包装等级	适用条件	要求
Ⅰ级	在两年内经常处于GB/T 4797.3所规定B4区中或相应的环境条件下（如：海边、坑道等）。在运输过程中常处于GB/T 4798.2所规定的2B1区或有霉菌生长条件的2B2、2B3区域内	经28d霉菌试验，均未发现霉菌生长
Ⅱ级	经常处于GB/T 4797.3所规定的B2、B3区或相应于B2、B3区的环境条件下	经28d霉菌试验后，内包装密封完好，产品表面及内包装薄膜表面均未发现霉菌生长；外包装（以天然材料组成）局部区域有霉菌生长，生长面积不应超过内外表面的10%，且不应因长霉影响包装的使用性能
Ⅲ级	适用于GB/T 4797.3规定的B1区与GB/T 4798.2中规定的2B1区或相应环境条件下	经28 d霉菌试验后，产品及内外包装允许出现局部少量长霉现象；试验样品长霉面积不应超过其内外表面的25%
Ⅳ级	不适于湿热季节在GB/T 4797.3所规定的B2、B3及B4区之间或相应环境条件下进行长时间的运输和储存	进行28d霉菌试验后，试验样品局部或整件出现严重长霉现象，长霉面积占其内外表面积25%以上。若试验延长至84d，试验期内包装材料机械性能下降，产生霉斑影响外观

（2）包装材料选用的基本原则

① 与产品直接接触的包装材料，不允许对产品有腐蚀作用，也不允许使用有腐蚀性气体的包装材料。

② 尽量选用吸水率、透湿度较低的包装材料，同时该材料应具有一定的耐霉性。

③ 使用耐霉腐性能差的包装材料时，需进行相应的防潮、防霉处理。食品包装材料或容器必须进行防潮处理。

④ 包装容器及其材料必须干燥。

⑤ 包装容器内使用硅胶作为干燥剂时，应选用吸水率大于33%的细孔型硅胶。

⑥ 包装食品的材料或容器必须与食品相容并进行卫生处理。

（3）包装方式选用

产品的包装方式主要分为密封的防霉腐包装和非密封的防霉腐包装。

对于外观与性能要求高的机电产品，可以选用：①抽真空，置换惰性气体的包装，此时包装结构的气密性要好；②放置挥发性防霉剂的防霉腐包装；③包装内部具有干燥空气的封存包装以及除氧的封存包装。这几种包装方式都必须采用透湿度低、透氧率低的材料或复合材料，以确保容器的气密性，属于密封的防霉腐包装。

（4）包装工艺条件的确定与要求

产品的防霉除需采用防霉包装结构材料外，合理的包装工艺也是十分重要的。提高包装的防霉性能，还应注意包装生产的环境条件。

① 控制生产环境的温度和湿度　一般物品当其含水量少于12%，环境湿度在70%以下时孢子难以发芽生长，霉菌难以生长繁殖；温度降低，霉菌生长繁殖率降低。因此产品包装生产车间应保持低温、低湿。

② 保持卫生　进行文明、整洁生产，可防灰尘、油渍、昆虫尸体以及污物进入包装容器，即不给霉菌留下营养物质。

③ 库房应保持干燥、卫生　库房应装有适当的隔层，以阻止潮气从地下或四周侵入。堆放物与墙壁间留有通道，且货堆间保持适当距离，以便通气与清理污物。

4.7 防潮包装技术

空气中的水蒸气随季节、气候、湿源等各种条件的不同而变化，且在一定压力和温度下水蒸气还可凝结为水。在商品流通过程中，商品不可避免地要受大气中潮气及其变化的影响。大气中的潮气是引起商品变质的重要因素。有些易吸潮的产品如医药品、农药、食盐、食糖等会潮解变质；有些含有水分的果品和食品会因水分散失而变质；还有很多食品、纤维制品、皮革等会受潮变质甚至发霉变质；金属制品受潮气影响而生锈等。

防潮包装是指“防止因潮气侵入包装件而影响内装物品质的包装方法”（GB/T 4122.3—2010《包装术语　第3部分：防护》)。如用防潮包装材料密封产品，或在包装容器内加适量干燥剂以吸收残存潮气和通过包装材料透入的潮气，也可在密封包装容器内抽真空等。

4.7.1 包装材料及包装容器的透湿性

一般气体都有从高浓度区向低浓度区扩散的性质，水蒸气也不例外。当包装材料或容器的某一面所处环境中的水蒸气浓度高（湿度大）时，而另一面的水蒸气浓度低（湿度小）时，水蒸气就将从浓度高的一面向浓度低的一面渗透。要彻底断绝这种渗透，只有采用较厚的金属和玻璃容器，而目前广泛采用的防潮材料（如塑料薄膜等），都不能完全阻止渗透。水蒸气透过包装材料或容器的速度，一般符合气体扩散定律，与材料或容器的有效面积成正比，与材料或容器两侧水蒸气的压力梯度成正比。

包装材料或容器的防潮性能，在很大程度上取决于所采用防潮材料或容器的透湿性能，这种性能通常采用透湿度的概念表示。包装材料的透湿度指的是在单位面积、单位时间内所透过水蒸气的质量，其单位为g/（$m^2 \cdot 24h$）。透湿度的值受测定条件和方法的影响很大。

测定防潮包装容器的透湿度采用称重法。即将内部干燥的防潮包装容器放在温度为40℃ ±3℃、相对湿度为87% ～ 93%、气流速度为1m/s的环境中，30d内进入包装容器内的水汽质量。也可以采用像防潮包装材料一样测定的方法测定。

材料或容器的透湿度大，则防潮性能低，透湿度小则防潮性能高，具有一定厚度的金属和玻璃的透湿度可视为零。对于某些多层纸（也是层叠材料）来说情况就不同了，从湿度高和湿度低的不同两面所测出的透湿度不同。这种两个方向透湿度不同的材料，叫做两面性透湿性材料。这种材料的双面或一面的透湿度受材料两侧湿度的影响，采用这种材料叠合时，为使其总透湿度最小，需要把湿度较大的一面置于低湿度一侧。这种两面性透湿材料，对于湿度较高的内装物有非常重要的意义。在内装物湿度较高的情况下，在包装件运输和保存期间，外界气温和湿度会经常发生变化，为防止内装物水分的增加，使用这种具有两面性透湿的防潮材料是比较有利的。因为从包装内部向外方向的透湿度比反方向的透湿度大。为了提高包装材料的防潮性能，降低其透湿度，往往采用多层不同种类的材料进行复合，制成复合薄膜。常见复合薄膜的透湿度见表4-9。

表4-9 几种复合薄膜的透湿度

序号	复合薄膜组成	透湿度/ [g/ (m^2 · 24 h)]
1	玻璃纸 ($30g/m^2$) /聚乙烯 (20~60μm)	12~35.3
2	防潮玻璃纸 ($30g/m^2$) /聚乙烯 (20~60μm)	10.5~18.6
3	拉伸聚乙烯 (18~20μm) /聚乙烯 (10~70μm)	3.3~9.0
4	聚酯 (12μm) /聚乙烯 (50μm)	5.0~9.0
5	聚碳酸酯 (20μm) /聚乙烯 (27μm)	16.5
6	玻璃纸 ($30g/m^2$) /纸 ($70g/m^2$) /偏二氯乙烯 ($20g/m^2$)	2.0
7	玻璃纸 ($30g/m^2$) /铝箔 (7μm) /聚乙烯 (20μm)	<1.0

4.7.2 防潮包装技术的选择

防潮包装技术的选择要根据内装物的形状、性质、防潮要求来确定。

(1)包装等级的选用

选择防潮包装技术的一条重要原则是：既要防止产生不足包装，又要防止产生过分包装，因为防潮不足会使产品在储运流通过程中发生损坏，造成不必要的经济损失；同样过分包装在总体经济上亦如不足包装一样，会带来经济上的负担。为了使防潮适度，应正确地根据产品性质、储运地区的气候条件和储运期限来区分防潮等级。然后进行合理选用。防潮包装国家标准GB/T 5048有如下分级，见表4-10。

表4-10 防潮包装等级

等级	要求		
	防潮期限	温湿度条件	产品性质
1级包装	1~2年	温度大于30℃，相对湿度大于90%	对湿度敏感、易生锈长霉和变质的产品，以及贵重、精密的产品
2级包装	0.5~1年	温度20~30℃，相对湿度70%~90%	对湿度轻度敏感产品，较贵重、较精密的产品
3级包装	0.5年内	温度小于20℃，相对湿度小于70%	对湿度不甚敏感

在选择包装等级时，应首先分别根据产品的性质、储运环境气候特征和估计需要的储运期限，确定包装等级；然后从所谓确定的三种等级中选择最高的等级作为防潮包装件设计的等级；最后根据所选择的等级来选择防潮阻隔层材料的透湿度及容器。国家标准中推荐优先采用的防潮阻隔材料的等级标准见表4-11。

表4-11　防潮包装材料和容器的透湿度

防潮包装等级	薄膜/[g/（m^2·24 h）]	容器①/[g/（m^2·30 d）]
1级包装	<1	<20
2级包装	<5	<120
3级包装	<15	<450

① 在温度为（40±1）℃，相对湿度为80%～90%的条件下测量。

（2）防潮包装方法

对于上述三类防潮包装等级，都可采用不同类型的包装方法来实现。如何选用防潮包装方法，不能仅根据防潮需要这一要素，还需根据其他因素如所要求的销售包装和运输包装形式所要求的机械强度、封口方法等来通盘考虑，选用保护性、经济性、操作便利性等均较优越的防潮包装类型和方法。

为满足各个等级防潮包装的技术要求，特别注意以下的事项。

① 防潮包装的有效期限一般不超过两年，在有效期内，防潮包装内空气相对湿度是在25℃时不超过60%（特殊要求除外）。

② 产品以及进行防潮包装的操作环境应干燥、清洁，温度不高于35℃，相对湿度不大于75%，且温度不应有剧烈的变化，以免产生凝露。产品含水多，可在35℃ ±3℃以及小于或等于35%相对湿度的条件下干燥6h以上（干燥食品除外）。

③ 产品若有尖突部，应预先采取包扎等措施，以免损伤防潮包装容器。

④ 防潮包装操作应尽量连续进行，一次完成包装操作，若需中间停顿作业时，应采取临时的防潮措施。

⑤ 产品运输条件差，易发生机械损伤，此时应采用缓冲衬垫卡紧、支撑或固定，并尽量将上述附件放在防潮层的外部，以免擦伤防潮包装容器。

⑥ 包装附件以及产品的外包装件等也应保持干燥，并充分利用它们来吸湿。碎纸或纸箱含水率不得大于12%，刨花、木材或木箱含水率不得大于14%，否则应进行干燥处理。

⑦ 尽量减小防潮包装的总表面积，使包装表面积与其体积之比达到最小。

由于被包装的物品种类繁多、性能各异，有的商品对水十分敏感，少量的水分得失即会影响商品的品质。而有的商品可以承受较大的湿度（含水量）的变化范围，此时就可以降低防潮包装的要求，降低包装成本，减少不必要的费用。因此在实施包装前，要预先对商品进行了解，确定其包装的等级，然后进行包装。

4.7.3 防潮包装的形式

不言而喻，防潮包装应采用密封包装。可以根据产品性质与实际流通条件，恰当地选择包装方式。防潮包装形式多样，可供选择的方式有绝对密封包装、真空包装、充气包装、贴体包装、热收缩包装、泡罩包装、泡塑包装、油封包装、多层包装、使用干燥剂的包装。

4.8 防锈包装技术

金属和合金制品极易受水分、氧气、二氧化碳、二氧化硫、盐分、尘埃等的影响而造成变色和各式各样的腐蚀，称之为锈蚀或生锈。按腐蚀介质的不同，可分为大气锈蚀、海水腐蚀、地下锈蚀、细菌锈蚀等。在包装工程中遇到最多的是大气锈蚀。锈蚀对于金属材料和制品有严重的破坏作用。

防锈包装是“防止内装物锈蚀的一种包装方法。如在产品表面涂刷防锈油（脂）或用气相防锈塑料薄膜或用气相防锈纸包封产品等”（GB/T 4122.1—2008《包装术语　第1部分：基础》）。用包装的方法来防锈，是指当包装件中的产品投入使用时，该防锈包装材料可以顺利地除去。

4.8.1 影响金属制品锈蚀的因素

除了少数贵重金属（如金、铂）外，各种金属都有与周围介质发生作用的倾向，因此金属锈蚀现象是普遍存在的。影响金属制品锈蚀的因素有许多，既有金属制品本身的特征因素，也有金属制品的储存环境因素的影响，分述如下。

（1）温度与相对湿度对金属锈蚀的影响

空气中水分对金属生锈的影响是相对湿度的大小，而不是绝对湿度的大小，因为水膜的生成是随相对湿度而转移的。温湿度高的地区金属容易生锈，因为这种条件有足够的相对湿度形成足够的水膜，温度高也加速了金属的锈蚀。在高温低湿地区，因金属表面不能形成水膜，不易形成腐蚀电池，温度虽高但不会引起明显腐蚀。但当绝对湿度不变而温度有较大变化时，温度升高金属不易生锈，然而温度降低后反而会引起生锈，这是因为降温后相对湿度升高的缘故。

在某一相对湿度下，金属即使长期放在空气中，锈蚀仍很缓慢，然而如果超过这一相对湿度时，金属就会生锈。这一使金属腐蚀速度突然加大的相对湿度，称为临界相对湿度。临界相对湿度随金属的种类、金属表面的状态以及环境气氛的不同而有所不同。一般说来，金属的临界相对湿度在70%左右。当相对湿度低于临界相对湿度时，无论在什么温度情况下金属几乎不生锈。而当相对湿度在临界相对湿度以上时，金属就会产生锈蚀，并且温度每升高10℃，锈蚀速度约提高两倍。

（2）氧气作用对金属的腐蚀

在大气中氧的含量约占大气总量的五分之一。当金属吸附大气中的水分形成很薄的水膜时，氧气很容易溶解在水膜中并渗透水膜。在水滴边缘的金属表面上，氧容易达到高浓度，此处电位也高，因而形成阴极，进行着取得电子的还原过程；越往水滴中心，其浓度越低，因此水滴中心区电位低，因而形成阳极，进行着金属溶解的氧化过程。金属制品在存放过程中往往发现重叠面锈蚀，特别在接触面的边缘部分腐蚀更为严重。这是因为各部分接触的空气多少不一，使氧气不均匀所致，通常把这种现象叫氧的浓差腐蚀。

（3）二氧化硫的作用对金属的腐蚀

工业大气中各种有害气体杂质对金属锈蚀的程度也与湿度有很大关系。大多数情况下含有各种工业气体的干燥大气对金属并没有多大影响，但只要微量的湿气存在，锈蚀活性会很快上升。在大气污染物质中，SO_2对金属的腐蚀影响最大，它很容易在金属表面催化作用下氧化生成SO_3，并在液膜中生成H_2SO_4，促进金属腐蚀。例如，硫酸与铁反应生成硫酸亚铁，而硫酸亚铁又在氧的作用下生成硫酸铁，硫酸铁又水解生成硫酸，继续促进腐蚀。

（4）氯化钠作用对金属的腐蚀

在沿海地区或在海运过程中的产品将接触海洋大气，影响侵蚀强度的主要因素是积聚在金属表面的盐粒或盐雾数量，盐的沉积量与海洋气候环境、距离海面的高度和远近及暴露时间有关。如从含盐量与海面距离大小而变动为例。据测定距海面0.5～0.8m时，空气中含氯化钠为0.38mg/L；距海面800m时，空气中含氯化钠为0.001mg/L。因此，对同种金属在其他条件相同的情况下，距海面越近则空气中含氯化钠越多，对金属的腐蚀也越大。

（5）灰尘作用对金属的腐蚀

大气流动产生的风速会使地面上的尘土飞扬，而灰尘的成分因地点不同而异。经监测，灰尘的成分如下：

SiO_2	60%～75%	CaO_2	2.5%～3%
Al_2O_3	11%～17%	K_2O	3%以下
Fe_2O_3	5.5%～7%	Na_2O	2%以下

灰尘中有些成分易吸湿，这样的灰尘若落在金属表面，则在相对湿度不大的环境条件下，就会使沾附灰尘的部位湿度增大，造成金属制品的局部腐蚀。

（6）有机气体作用对金属的腐蚀

非金属材料是各种工业产品不可缺少的材料，使用量很大，但大多数非金属材料在使用中，都或多或少地逸放出有机气体挥发物。如木材、塑料、油漆等所放出的有机气体，易于在金属制品的周围形成一种“微气候”（含有甲酸、乙酸、醛、酚、氨等），加速金属的腐蚀作用，对金属制品与包装材料的相容性必须加以注意，一定选取不腐蚀金属的材料作为防锈包装材料。

4.8.2 防锈蚀包装技术方法

金属制品防锈的方法很多，根据防锈时期的长短可分为“永久性”防锈和“暂时性”防锈。“永久性”防锈方法在金属产品的防锈包装中不能普遍采用；而“暂时性”防锈并不意味防锈期短，而是指金属产品经运输、储存、销售等流通环节到消费者手中使用这个过程的“暂时性”。“暂时性”防锈材料的防锈期可达几个月、几年甚至十几年。

防锈包装技术是按清洗、干燥、防锈处理与包装等步骤逐步进行的。

（1）清洗

清洗是尽可能消除金属制品表面的油迹、汗迹、灰尘、加工残渣等。清洗的方法主要有浸洗、擦洗、喷淋和超声波清洗等，通常根据清洗物的大小、形状繁简、批量大小等条件而选择清洗方法。清洗时选择清洗剂是很重要的，常用的清洗剂有：碱性溶剂，如氢氧化钠、碳酸钠、磷酸钠、水玻璃等；表面活性剂，如肥皂、合成洗涤剂等；有机溶剂，如石油系列溶剂（汽油、煤油等）、烃类溶剂（三氯乙烯、丙酮、乙醇等）。

（2）干燥

干燥是指清除在清洗后残存的水和溶剂。干燥应进行得迅速可靠，否则将使清洗工作变得毫无意义。金属制品清洗后，表面常附着溶剂与水分，应立即进行干燥处理，特别是有些制品除锈后，其金属表面处于极易生锈的状态，应尽快进行干燥。

干燥方法有压缩空气吹干、烘干、红外线干燥、擦干、滴干、晾干和脱水干燥。压缩空气吹干是用经过净化处理的压缩空气来吹干；烘干是将产品或零部件放在烘房或烘箱内烘干；红外线干燥是用红外灯或远红外线装置直接进行干燥，此法效果好且适合大量生产；擦干是用干净的布或棉纱擦干，但要注意不要将纤维物、指纹等留在金属表面；滴干、晾干适用于用石油系列溶剂清洗的制件；脱水干燥适用于用水基金属清洗剂清洗的制件。

（3）防锈处理

防锈处理是指清洗、干燥后，选用适当防锈剂对金属制品进行处理，是将腐蚀抑制剂以某种形式使用到金属表面上来防锈。通常采用防锈油脂、气相防锈和可剥离性塑料。

防锈油脂能在金属表面形成隔膜，借此隔离外界种种腐蚀介质。由于单纯的机械油膜在金属上吸附力不强，不易形成坚固的油膜，且油脂中还易吸收和溶解部分水和氧，机械油膜的防锈作用微弱。当油料中加入缓蚀剂时，因缓蚀剂多属表面活性剂，能在金属与防锈油脂的界面上定向吸附，一端与金属表面紧密吸附，而另一端则与基础油吸附，以致在金属表面形成牢固的吸附膜，达到隔绝水分、氧及其他锈蚀介质的目的，起到防锈作用。

防锈油脂分为防锈油和防锈脂两类。防锈油常采用浸涂、刷涂、喷涂等方法；防锈脂则采用热刷涂、热浸涂、热喷涂等方法。防锈油脂作为防锈涂层，不失为适应面广泛，价格便宜的防锈方法，但它有施工时污染环境，影响金属制品外观和使用时要除膜等缺点。

气相防锈是采用挥发性缓蚀剂，在密封包装条件下对金属表面进行防锈的技术。气相缓蚀剂在常温下缓慢地挥发、扩散到金属表面，起阳极钝化作用，以阻滞阴极的电化学过程，有些带较大非极性基的有机阳离子定向吸附在金属表面上形成憎水性膜，既屏蔽了腐蚀介质的作用，又降低了金属的电化学反应能力，有的与金属表面结合成稳定的综合物膜，增加了金属的表面电阻，从而保护了金属。

气相缓蚀剂可制成气相防锈纸、气相防锈塑料薄膜、气相防锈油、气相防锈剂（粉末、丸、片）等。气相防锈纸一般采用包扎和衬垫产品两种方法，气相塑料薄膜除包扎、衬垫产品外，还可将其焊成袋，采用装或罩的办法包装产品。

气相防锈有不影响制品外观、使用时不需除膜、防锈期长（有效期达3～5年，甚至达10年以上）的特点，但它对手汗锈抑制能力差。许多气相缓蚀剂不能用于多种金属组件，且有刺激性怪味。

可剥离性塑料就是在可塑性树脂中加上腐蚀抑制剂而制成的。它可在金属表面上形成塑料薄膜，在薄膜的防潮性和薄膜中所含有的防锈剂的共同作用下，发挥出防锈效果。当需要使用制品时，只要把薄膜的一端剥开，就可将它剥离掉。可剥离性塑料有热熔融型（热型）和溶剂型（冷型）两种（见表4-12）。热熔融型（热型）可剥离性塑料在180℃左右加热熔融后，将金属制品浸泡进去，能形成厚度1～2mm的薄膜，溶剂型（冷型）可剥离性塑料在常温下用刷涂或喷雾等方法使金属表面形成厚度0.2～0.8mm的皮膜。冷型与热型相比，处理简便且价格便宜，但因形成的皮膜较薄，容易形成气孔，故其效果不及热型。

选择合适的防锈处理时，必须综合考虑下列几个方面的需要：制品特点（组成、形状、结构和加工精度）提出的要求；防锈程度和期限的要求；对处理的难易程度和方法的要求；使用时清除防锈材料的难易程度和方法的要求；防锈处理后包装的要求和经济性要求。总之，在选择防锈处理时，要特别注意将制品的特点和防锈剂的特性结合在一起考虑。

表4-12　可剥离性塑料

种类		成分	备注
加热熔融型（热型）	Ⅰ	乙基纤维素（25%～30%）、防锈油（45%～70%）、增塑剂、稳定剂及其他	加热180～190℃皮膜呈微黄色透明
	Ⅱ	醋酸纤维酯、丁酸纤维酯（43%）、防锈油（9%）、抗氧化剂、流动性下降剂及其他	加热170～180℃皮膜呈无色透明
溶剂溶液型（冷型）		氯乙烯、醋酸乙烯共聚物溶剂、增塑剂、稳定剂、颜料及其他（防锈颜料、铬酸铅）	喷射覆盖、皮膜不透明，呈绿色、暗绿色等

（4）包装及其方法的选择

包装是防锈包装技术的最后阶段，从防锈角度看，包装的目的是为了防止外部冲击造成防锈皮膜的损伤，防止防锈剂的流失而污染其他物品。防锈包装的效果应从单个包装、内包装和外包装来统一考虑。

在选择一个合理的防锈包装方法时，需要把包装对象制品的种类性质、流通储运环境、运送过程中的搬运状况以及包装材料费用、操作费用和时间等经济性都考虑进去。当然防锈期限是一项最重要因素。表4-13列出了防锈包装等级（GB/T 4879）。

表4-13　防锈包装等级

等级	条件		
	防锈期限	温度、湿度	产品性质
1级包装	2年	温度大于30℃，相对湿度大于90%	易锈蚀的产品，以及贵重、精密的可能生锈的产品
2级包装	1年	温度在20～30℃之间，相对湿度在70%～90%之间	较易锈蚀的产品，以及较贵重、较精密可能生锈的产品
3级包装	0.5年	温度小于20℃，相对湿度小于70%	不易锈蚀的产品

注：1.当防锈包装等级的确定因素不能同时满足本表的要求时，应按照三个条件的最严酷条件确定防锈包装等级。亦可按照产品性质、防锈期限、温湿度条件的顺序综合考虑，确定防锈包装等级。

2.对于特殊要求的防锈包装，主要是防潮要求更高的包装，宜采用更加严格的防潮措施。

在具体进行防锈包装时，需要特别注意包装材料的选择，如选用包装纸、隔离材料、容器、缓冲材料、衬垫材料、粘胶带和捆绳等应干燥无吸湿性，没有异物附着，不含有酸性组成成分或可溶性盐类。对于直接接触金属表面的里层包装材料和缓冲材料来说，尤为重要。防锈包装用于单个包装（内部包装）的主要材料应是玻璃纸、羊皮纸、粘胶纸、蜡纸、皱纹防水纸、聚乙烯加工纸、聚偏二氯乙烯加工纸、金属箱胶贴纸等，作为缓冲材料也应使用聚乙烯屑、碎玻璃纸、防水性石蜡胶和泡沫塑料等。

复习思考题

1. 什么是包装技术？包装按包装技术与方法可分为哪几类？
2. 了解泡罩包装与贴体包装的异同点及其选用原则。
3. 了解收缩包装与拉伸包装的异同点及其选用原则。
4. 充气包装中，我们常用哪几种气体？分别说明该气体的好处。
5. 脱氧剂的种类有哪些？简要说明它们各自的工作原理。
6. 影响物品虫蛀的因素有哪些？
7. 防虫害包装技术有哪些？防虫包装设计的要点是什么？
8. 了解防震包装的设计思路。
9. 目前常用的防霉腐包装技术有哪几种？试分别理解其作用机理。
10. 掌握防潮包装、水分的扩散速度、透湿率、透湿度等基础概念。
11. 分别简要说明影响金属锈蚀的因素有哪些。

05 Chapter

第5章

包装性能试验

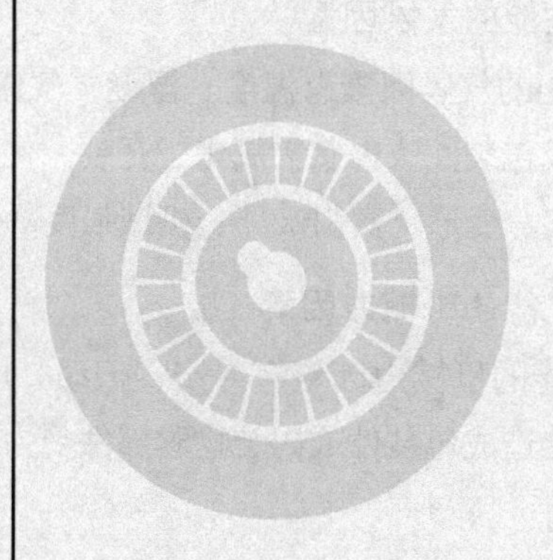

为了考察不同环境因素对商品包装在流通过程中的影响，据实践经验，已制订出一系列模拟实际储运流通过程状态的试验考核方法，来模拟或重现流通过程中的危险，从而判断包装件在流通环境导致损坏的原因。这些模拟试验可应用在下列评价活动中：

① 评价或筛选包装容器的材料、结构和工艺；

② 比较不同包装容器、结构的防护功能；

③ 确定特殊包装容器防护措施的适宜性；

④ 确定包装件或包装容器的性能指标和进行质量控制等。

包装性能试验按国家标准进行。

5.1 流通条件对试验的影响

5.1.1 影响包装性能的环境因素

现代流通的观点，把流通分为“商流”和“物流”。商流是指商品所有权和使用权的转移；物流则是指商品在空间的转移（包括包装、运输、装卸、搬运和储存等）。本章讲的流通主要指物流。商品在流通过程中受环境影响可能会发生各种物理、化学变化，从而会影响产品的品质和数量。为了检查包装件对流通环境的适应性，需要对包装件在实验室进行试验。试验结果应与运输、装卸、搬运和储存过程中包装件的实际损坏结果相吻合。因而必须分析影响包装性能的环境因素。

（1）影响包装性能的气候因素

影响包装性能的气候因素有温度、湿度、气压、淋雨、冰雪、风力等。这些气候因素会造成包装件或内装物氧化、开裂、化学分解、老化、软化、发脆、结冰、变潮、收缩、变形、密封破坏、机械强度降低等。

（2）影响包装性能的机械力因素

影响包装性能的机械力因素有冲击、振动、压力、滚动、跌落、堆码等。这些机械力因素会造成包装件或内装物零部件受力过大，发生位移、结构损坏、变形或断裂等。

（3）影响包装性能的生物因素

影响包装性能的生物因素有微生物、昆虫、啮齿类动物。这些生物因素会造成包装件或内装物强度下降、金属腐蚀、外观质量变差等。

（4）影响包装性能的化学因素

影响包装性能的化学因素有硫化物、氮化物、氢化物、氧化物、卤化物、有机物等大气中的废气和有害气体等。这些因素会使包装件或内装物产生化学、物理变化，从而腐蚀金属及其制品。包装性能试验的任务是用试验的方法研究环境条件参数和商品特性，并采用适当的包装防护技术，以确保商品的安全。

5.1.2 试验时温度、湿度的调节

5.1.2.1 温度、湿度调节的意义

进行温度、湿度调节处理试验原理如下。

在对同类包装件或包装容器进行质量检查，或对产品进行质量认证时，一般取标准大气条件（通常温度为20℃，相对湿度为65%）进行温湿度调节处理，然后再进行相应的单项试验，以保证试验结果的可比性，提高试验结果的再现性和重复性。

在模拟包装件储运地区的温度、湿度气候条件的情况时，由于世界范围内的气候条件南北是相异的，因而对包装件的影响相差很大。为了规范化，我国国家标准（GB/T 4857.2—2005《包装运输包装件基本试验　第2部分：温湿度调节处理》）规定了12种典型的有代表性的温度、湿度调节处理条件（见表5-1）。这样，包装件在不同气候地区储运时就可以从这些标准温、湿度条件中选择一种接近其实际储运地区的温度、湿度条件，来对包装件进行调节处理，并在此条件下进行有关机械或气候因素作用的试验，这样就能使试验结果符合或接近实际真实情况。

表5-1　调节处理的典型温度、湿度条件

条件	温度（公称值）		相对湿度（公称值）（RH）/%
	/℃	/K	
1	−55	218	无规定
2	−35	238	无规定
3	−18	255	无规定
4	+5	278	85
5	+20	293	65
6	+20	293	90
7	+23	296	50
8	+30	303	85
9	+30	303	90
10	+40	313	不受控制
11	+40	313	90
12	+55	328	30

若包装件的实际流通领域比较广阔，途经的气候范围或区域比较大，则可选定一种以上的温、湿度调节处理条件来对试验样品进行调节处理，但这时需要准备一组以上的样品组，对各样品进行相应单项（机械的或气候的）试验，以检查包装件在不同气候或机械环境下的性能。

5.1.2.2 温度、湿度调节处理注意事项

第一，在进行温度、湿度调节处理时，应将试验样品放在温度湿度调节处理箱（室）的工作空间内，根据运输包装件的特性及在流通过程中可能遇到的环境条件，选定表5-1中温湿度条件和调节处理时间。

（1）允许温度误差

条件1、2和11，温度误差为 ±3℃；条件4，误差为 ±1℃；其他条件，误差为 ±2℃。

注意：①当使用条件4时，必须保证不出现凝露；②所列出的温度误差未必就是那些能维持所要求的相对湿度所必需的湿度误差，为了达到所要求的相对湿度误差，对温度误差的要求还要更严格一些。

（2）相对湿度误差

如果已预先规定好相对湿度（见表5-1），则在温湿度调节处理期间的任何1h内的平均相对湿度不得超过规定相对湿度的5%；相对湿度的连续波动是可能出现的，但不得超过规定值的 ±5%；偶尔的偏差是允许的，但出现的频率、幅值和持续时间不得对运输包装件的调节处理产生不利的影响。

注意：①相对湿度的平均值应从1h以上的时间内至少10次测量的平均数求得，或通过仪器的连续记录求出。② 提出 ±5%相对湿度的误差是代表了一个设计好的温湿度调节处理箱（室）内可以预计到的总变化幅度。大多数的运输包装件对大气湿度变化的响应比温湿度调节处理箱（室）内相对湿度的波动要慢一些。如果在试验过程中的任何1h里所测得的工作空间内的平均相对湿度，是在规定相对湿度的 ±5%之内，那么即使发生较大波动对运输包装件含水量也不致有大的影响。

（3）温度、湿度调节处理时间

温度、湿度调节处理时间为4h、8h、16h、24h、48h、72h；或者7d、14d、21d、28d。

第二，测量温度和相对湿度的仪器灵敏度要高，性能稳定，温度的测量精度应能准确到0.1℃，相对湿度准确到1%；并能做连续记录，若每次测试记录的间隔不大于5min，则也认为该记录是连续的。在达到上述测量精度要求的同时，记录仪器要有足够的响应速度，以准确记录每分钟4℃的温度变化以及每分钟5%的相对湿度变化。

第三，在进行包装件的温度、湿度调节处理时，必须将包装件架空放置，使其顶面、四周及至少有75%的底面积能自由地与温、湿度调节处理的空气相接触。

第四，关于温度、湿度调节处理试验必须具备的条件应符合国家标准GB/T 4857.2—2005《包装　运输包装件基本试验　第2部分：温湿度调节处理》的规定，其试验方法也按上述标准规定来进行。

5.1.3 包装性能试验的设计

包装性能试验设计的总要求是使产品在试验中的损坏与在实际流通过程中观察到的损坏的类型与程度相同。

为了使试验做得既好又省，在进行试验之前应充分考虑下述因素：在流通过程中危害的种类、大小与主次；采取哪一项试验来重现这些由于应力破坏作用而形成的程序；试验应采用的条件和时间；试验的成本；试验样品的数量；以往试验的数据。

设计试验大纲的步骤是首先查明流通系统中的每个环节，确定这些环节中所包含的危害因素。其次要确定模拟这些危害因素需要进行的试验项目，包括做出合适的包装件温湿度调节处理；确定包装件的状态、插入的障碍物和试验的严酷程度等。如果某种特定危害发生的概率不大，则相应于这种危害的试验可以取消。最后是对特定的包装件和有关的流通过程的组合确定试验强度基本值，以及根据危害因素出现的前后次序合理地安排试验顺序。

5.1.4 包装件的部位标示

容器受力部位的不同，可能导致不同的损伤情况。为了避免弄错受力点和损伤的联系，所以在试验前应对包装件或容器各种基本形状的面、角和边进行编号，给以标志，以示区别部位。对此，国家标准GB/T 4857.1—1992《包装运输包装件试验时各部位的标示方法》中分别做了规定，试验时应按照该标准的规定对包装件进行标示。

（1）平行六面体包装件

① 面的编号。面的编号是将包装件按照运输时的位置放置，使它一端的表面对着标注人员。包装件上表面标示为1，右侧面为2，底面为3，左侧面为4，近端面为5，远端面为6。如果包装件上有接缝时，则将该接缝垂直地置于标注人员右方放置，近端面为5。如果遇到运输状态不明确或包装件有几个接缝时，允许任选一端作为5，并以此为基本点来确定其他各面。

② 棱的编号　棱是两面相交形成的直线，并用两面的号码来表示。如第1面和第2面构成的棱，其编号就是1-2，余者类推。

③ 角的编号　角是包装件或容器三个面相交构成的，故以三个面的号码来表示。例如面1，面2和面5所构成的右上角的编号为1-2-5角。平行六面体试件编号见图5-1。

（2）圆柱体包装件

圆柱体包装件位置编号的标示方法（见图5-2）是这样的：将圆柱体垂直放置，在上圆面上作两条相互垂直交叉的直径，与圆周线相交成四个端点，可自标注人员的对面起，按顺时针方向分别用1、3、5、7编号表示，再通过这四个端点，向底作四条垂线，与底面相交的端点，分别对应编号为2、4、6、8。这样四条圆柱体的平行线编号分别为1-2、3-4、5-6、7-8。将圆柱体划分为四个部分，加上圆柱上圆面与底面，可标出六个区。

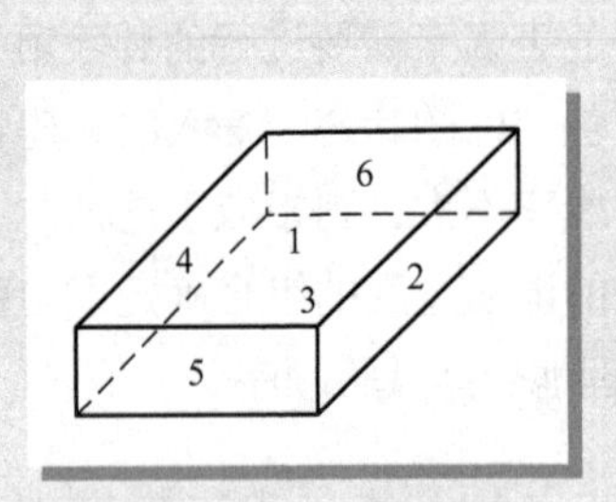

图5-1　平行六面体包装件

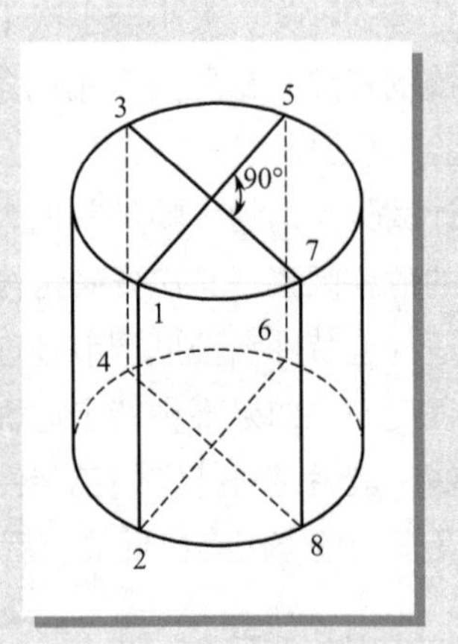

图5-2　圆柱体包装件

当圆柱体包装件表面有制造接缝（一条或几条）时，通常将一条接缝放在编号为5-6位置上，其余部分编号仍按上述方法顺序标示并连成线。

（3）袋状包装件

袋状包装件部位标示的方法（图5-3），是先将袋卧放，如包装件上有边缝或纵向缝时，应将其中一条边缝置于标注人员的右侧，或将纵向缝朝下；若无制造接缝，可以选择一个起始线，标注人员面对袋底部。这样，袋的上表面标示为1，右侧面为2，下面为3，左侧面为4，袋底（即面对标注人员的端面）为5，袋口（装填端）为6。

（4）其他形状的包装件

其他形状包装件，可根据包装件的特性和形状，按上述的3种方法之一进行标示。

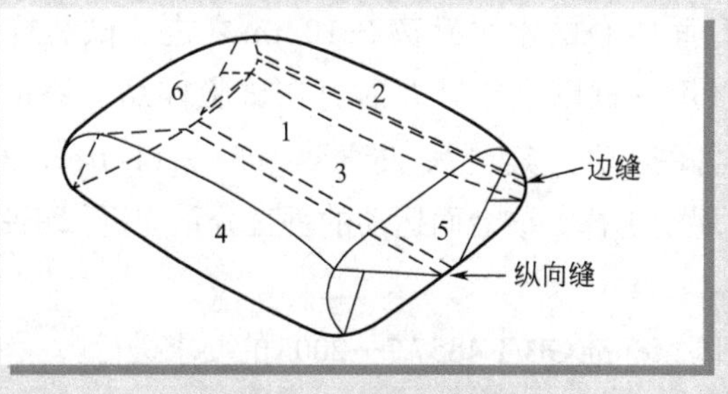

图5-3　袋状试件

5.2 包装性能试验方法

包装性能试验包括包装件的振动试验、跌落试验、冲击试验、压力试验、堆码试验、喷淋试验、浸水试验、起吊试验、滚动试验和低气压试验等。

5.2.1 包装件的振动试验

包装件振动试验设备是由振动盘和加振装置构成的试验机。该设备可以进行上下和水平两方向的振动试验。振动波形是正弦波形；振动盘质轻有刚性，并设有固定试件的装置。

试件可以包装实物，也可以装入与其相似的物品，但应与出厂产品包装完全相同。试件的数量应在同批产品中，至少抽取3件以上进行试验。另外还必须按规定条件进行温度、湿度处理。

振动台应具有充分大的尺寸、足够的强度、刚度和承载能力。将其架在一个机械结构上，该结构应能保证振动台台面在振动时保持水平状态。其最低共振频率应高于最高试验频率。振动台应平放，与水平之间的最大角度变化为0.3°。振动台可配备：①低围框，用以防止试验样品在试验中向两端和两侧移动；②高围框或其他装置，用以防止加在试验样品上的载荷振动时移位；③用以模拟运输中包装件的固定方法的装置。

（1）正弦振动（定频）试验

包装产品在运输过程中，由于旋转动力机械的运动常常产生周期性的定频振动，传递到包装件而对其产生影响。正弦振动（定频）试验是用来考核或评定包装件在正弦振动（定频）情况下的强度，及包装对内装物的保护能力，能否起到减振、缓冲的作用，以保证产品在储运中的安全。试验采用两种方法。

将试验样品按预定的状态放置在振动台台面上。试验样品底面中心（或重心）与振动台台面中心的水平距离在10mm之内。试验样品可以固定在振动台上，也可以用围框围住，必要时可在试验样品上添加载荷。使振动台在3～4.6Hz之间振动，其最大加速度为5～11m/s^2，振动持续时间按GB/T 4857.18的规定选择。该台面运动的垂直分量应近似正弦运动，允许振动台有旋转运动。

试验方法按国家标准GB/T 4857.7—2005的要求进行。

（2）正弦振动（变频）试验

由于共振而发生损伤的试验。当流动过程中某个频率与包装件固有频率合拍时，位移幅值（或加速度幅值）就可能显著增大，使包装件或内装物发生共振而损坏。由于实际产品的结构是相当复杂的，其整体有一个共振频率，各局部还存在很多不同的局部共振频率，当外界振动频率与其中某一频率相同就会发生局部共振。采用共振损伤试验，使振动数按一定周期进行变动。

振动试验的试验条件和试验方法应按国家标准GB/T 4857.10—2005的要求进行。

5.2.2 包装件的跌落试验

跌落试验是用来检查和评定运输包装件在搬运和装卸过程中受到垂直冲击时的耐冲击强度，及包装对内装物的保护能力。

试验是模拟包装件在搬运和装卸过程中搬起后将其跌落于地面时的情况，即提起试验样品至预定高度，然后使其按预定状态自由落下，与冲击台面相撞。

试验设备用的冲击台台面为水平面，试验时不移动、不变形并为一个整块物体，质量至少为试验样品质量的50倍；台面要有足够大的面积，以保证试验样品完全落在冲击台面上；冲击台面上任意两点的水平高度差不得超过2mm；冲击台面上任何100mm^{2}的面积上承受10kg的静负荷时，其变形量不得超过0.1mm；提升装置在升降过程中，不应损坏试验样品；支撑试验样品的装置在释放前应能使试验样品处于所要求的预定状态；释放试验样品的过程中，应使试验样品不碰到装置的任何部件，保证其自由落下。

对于平行六面体形状的试验样品，应包括角、棱、端面、侧面、底面等状态的跌落；对于圆柱体形状的试验样品，应包括使试验样品重力线通过面、线、点的跌落；对于袋形或包等试验样品，应包括使试验样品的重力线通过面、端面、侧面的跌落。

不管包装件是平行六面体形状，还是圆柱体或袋状的，其跌落高度取决于包装件的质量和运输方式。一般按表5-2所列关系值来选用，大型包装件按表5-3所列关系值来选用。

表5-2　跌落高度与包装件质量和运输方式的关系

运输方式	包装件质量/kg	跌落高度/mm
公路、铁路、航空	< 10	800
	10～20	600
	20～30	500
	30～40	400
	40～50	300
	50～100	200
	> 100	100
水运	< 15	1000
	15～30	800
	30～40	600
	40～45	500
	45～50	400
	> 50	200

表5-3　大型包装件跌落高度与其质量的关系

包装件质量/kg	跌落高度/mm		包装件质量/kg	跌落高度/mm	
	1级	2级		1级	2级
500～1000	350	250	5000～10000	150	120
1000～2000	250	200	10000～20000	120	100
2000～5000	200	150			

跌落试验的试验条件应按国家标准GB/T 4857.5—1992的要求进行。

跌落试验注意事项如下。

① 温度和湿度的调节处理　温度和湿度的变化会明显影响某些材料的缓冲性能，使缓冲效果急剧恶化。因此进行包装件跌落试验前，必须对包装件进行温、湿度调节处理。

② 危险货物的跌落试验　装有危险货物的包装件必须符合各种不同强制性的法令和规章、特殊的性能要求和装卸要求，对内装物的完整性还要给予额外的保证，检验强度应做相应提高。

③ 跌落试验的次数　跌落试验的次数取决于可能出现的垂直冲击的危险性的大小。

5.2.3 包装件的冲击试验

包装件的冲击试验主要是进行水平冲击试验，是用于检查和评定包装件所能承受的水平冲击力，以及对内装物的保护能力。

水平冲击试验是将试验样品按预定状态，以预定的速度与一个同速度方向垂直的挡板相撞，也可以在挡板表面和试验样品的冲击面、棱之间插入合适的障碍物，以模拟在特殊情况下的冲击。

水平冲击试验设备由钢轨、台车、挡板组成。两根平直钢轨平行固定在水平平面上；台车应有驱动装置并能控制台车的冲击速度，台车台面与试验样品之间应有一定的摩擦力，使试验样品与台车在静止到冲击前的运动过程中无相对运动，在冲击试验时样品相对台车应能自由移动；挡板冲击表面应平整，有足够的硬度和强度，其尺寸应大于试验样品受冲击部分的尺寸，并安装在轨道的一端，其表面与台车运动方向成90°±1° 的夹角。

冲击速度的大小应根据试验的目的，内装物的特点（质量、特性等），运输装卸条件等因素，在1.5m/s，1.8m/s，2.2m/s，2.7m/s，3.3m/s，4.0m/s中选取。在确定该值时可根据运输条件参照表5-4选取。

表5-4　冲击速度与运输方式的关系

运输条件	冲击速度/（m/s）	
	基本值	变化范围
一般公路运输	1.5	1.5～2.0
铁路运输	1.8	1.8～4.0

冲击试验还有斜面冲击试验和吊摆冲击试验。

冲击试验条件应按国家标准GB/T 4857.11—2005的要求进行。

5.2.4 包装件的压力试验

压力试验是将试验样品置于试验机两平行压板之间，然后均匀施加压力，记录载荷和压板位移，直到试验样品发生破裂，或载荷或压板位移达到预定值为止。用以评定包装件或包装容器承受外部压力时的耐压强度及包装对内装物的保护能力。

压力试验的主要设备是压力机、压板及负荷记录装置。压力机可采用电机驱动、机械传动和液压传动。加压时应能使一个压板或两个压板以10mm/min±3mm/min的相对速度进行匀速移动，逐渐施加压力；压板应平整，当压板水平放置时，板面的最低点与最高点之间的水平差不超过1mm。压板的尺寸应超出与其接触的包装件相对面的全部面积。压板还必须坚硬，负荷记录装置的相对误差不超过施加负荷的2%。压力与位移的关系可以通过电感式位移传感器、拉压力传感器、载波放大器和函数记录仪获得。

由于包装件或包装容器所能承受的压力与温湿度有密切关系，在进行压力试验前应进行温湿度调节处理。

压力试验可以对包装件或包装容器分别进行。压缩方向有对面、棱、对角三种试验方法。根据目的要求，进行全部或一部分试验。

① 试件放在压缩盘中间位置上，承受的负荷要均衡。

② 为了使试件与压板接触良好，要施加220N的初始载荷。并将这一点作为应变基点来调整自动记录装置。

③ 按规定速度增加负荷到预定负荷时，检查包装容器或内装物压缩破坏情况。

压力试验条件应按国家标准GB/T 4857.4—2008的要求进行。

5.2.5 包装件的堆码试验

堆码试验是在包装件或包装容器上放置重量，评定包装件或包装容器在堆码时的耐压强度或对内装物的保护能力。这种试验还可以用来研究包装件在受到特殊负荷情况下的性能。例如，当垛底的包装件放在花格板托盘上时，或当堆码在上面的负荷偏斜时等特殊负荷情况。

试验用的水平台面应平整坚硬，任意两点的高度差不超过2mm，如为混凝土地面，其厚度应不少于150mm，加载平板置于试件顶部的中心时，其尺寸至少应比包装件的顶面各边大出100mm，加载平板应足够坚硬以保证能完全承受载荷而不变形。

试验时将包装件放在一个水平平面上，并在上面施加均匀载荷，使之经受类似于堆码时的压力，并按运输包装件的实际储运情况来选择负荷，即根据储运过程中的堆码持续时间来确定相应的试验条件，一般按表5-5来选定相应的堆码高度和持续时间的试验基本值。

表5-5 堆码试验的基本值与储运方式的关系

储运方式	储运条件		试验基本值	
	堆码高度/m	持续时间	堆码高度/m	持续时间
公路	1.5～3.5	1～7天	2.5	1天
铁路	1.5～3.5	1～7天	2.5	1天
水运	3.5～7	1天～4周	3.5	1～7天
储存	1.5～7	1天～4周	3.5	1～7天

最大堆码高度一般可根据储运条件在1.50m、1.80m、2.50m、3.50m、5.00m、7.00m中选择。对于大型运输包装件的堆码试验，有顶部承载试验和侧端面承载试验两种。堆码试验与温度、湿度密切相关，尤其是纸箱，其强度受温度、湿度影响更大，因此在堆码试验之前应先进行温度、湿度调节处理。其条件决定于包装件的流通领域。堆码试验条件最好是与温度、湿度调节处理所用的条件相同。若不可能，应在包装件离开此大气条件5min之内进行。

堆码试验条件应按国家标准GB/T 4857.3—2008的要求进行。

5.2.6 包装件的喷淋试验

喷淋试验是用于检查或评定运输包装件对淋雨的抗御性能及包装对内装物的保护能力。喷淋试验原理是：将经过温度、湿度处理的包装试验样品放在试验场上，在稳定的温度条件下，按预定的喷水量（或喷水速度）、预定的时间进行喷淋。

喷淋的温度条件和时间应根据流通环境条件选取，时间一般在5min、15min、60min中选取。喷淋装置应满足（100±20）L/（m^2·h）速率的喷水量，喷出的水要求充分均匀，喷嘴与试验样品顶部之间能够至少保持2m的距离。

喷淋试验条件应按国家标准GB/T 4857.9—2008的要求进行。

5.2.7 包装件的浸水试验

浸水试验用于检查和评定包装件浸于液态水中时的抗御能力，及包装对内装物的保护能力。

浸水试验的原理是：将经过温度、湿度处理的试验样品按预定的时间完全浸入水中，让水渗透或浸入包装件。然后从水中移出试验样品，并在预定的大气条件下和时间内进行沥水和干燥。

试验样品一般应是实际的运输包装件，但在一定条件下，内装物也可以是被包装产品的模拟物，模拟物的尺寸和物理性能应当尽可能接近实际内装物。

供试验用的水箱应具有足够的容积，样品顶面沉入水面以下的距离不小于100mm。

浸水前和沥干时的温度、湿度条件应当一致，还有浸泡时间和沥干时间都应根据实际储运环境条件来选取。一般浸泡时间可在5min、15min、30min、1h、2h、4h中选取。沥干时间可在4h、8h、16h、24h、48h、72h，或1周、2周、3周、4周中选取。

浸水试验条件应按国家标准GB/T 4857.12—1992的要求进行。

5.2.8 包装件的起吊试验

起吊试验是用来检查或评价质量≥500kg的包装件在流通过程中经过多次起吊时的功载强度，及包装对内装物的保护能力。

包装件在起吊时，起吊应力通过绳索作用在包装容器的顶侧部和底部，而在实际运输储存堆垛时，其顶盖及顶侧所受到的堆积负载较之在起吊时顶盖、顶侧受到绳索作用的动负荷，往往是比较小的。因此，一些大型包装件在运输和储存中，堆垛时不会受到损伤，而在装卸过程用绳索起吊时，因受到提升、降落、左右晃动时的动负荷可能造成损伤。起吊试验即是模拟流通过程中起吊，由包装件本身重量造成的动负荷，通过绳索作用于包装容器的顶侧部与底部。

5.2.9 包装件的滚动试验

滚动试验是用来检查或评定包装件在受到滚动冲击时的耐冲击强度，及包装对内装物的保护能力。

在流通过程中，对那些没有刷写“向上”标记的包装件，特别是那些一个人提或者搬比较困难，而又可以在地上翻动的包装件，搬运装卸工人可能将其翻倒滚动。原理是将试验样品放置于一个平整而坚固的平台上，并加以滚动使其每一测试面依次受到冲击。其试验顺序见表5-6。

试验设备用的冲击台台面为水平面，试验时不移动，不变形并为一个整块物体，质量至少为试验样品质量的50倍；台面要有足够大的面积，以保证试验样品完全落在冲击台面上；冲击台面上任意两点的水平高度差不得超过2mm，但如果与冲击台面相接触的试验样品的尺寸中有一个尺寸超过1000mm时，则台面上任意两点水平高度差不得超过5mm；冲击台面上任何100mm^{2}的面积上承受10kg的静负荷时，其变形量不得超过0.1mm。

表5-6　滚动翻倒试验的顺序

<table>
<tr><th>序号</th><th>支持棱边</th><th>被冲击面</th><th>说明</th></tr>
<tr><td>1</td><td>3～4</td><td>4</td><td rowspan="8">如果包装件有一个表面的尺寸较小，则有时发生一次松手后连续出现两次上述冲击情况，此时可视为分别出现两次冲击，试验仍继续进行</td></tr>
<tr><td>2</td><td>4～1</td><td>1</td></tr>
<tr><td>3</td><td>1～2</td><td>2</td></tr>
<tr><td>4</td><td>2～3</td><td>3</td></tr>
<tr><td>5</td><td>3～6</td><td>6</td></tr>
<tr><td>6</td><td>6～1</td><td>1</td></tr>
<tr><td>7</td><td>1～5</td><td>5</td></tr>
<tr><td>8</td><td>5～3</td><td>3</td></tr>
</table>

一般来说，该试验对象是指搬运装卸次数较多的包装件。对体积大、重量较重，在装卸搬运中很稳定的包装件，则不必进行滚动试验。

滚动试验条件应按国家标准GB/T 4857.6—1992的要求进行。

5.2.10 低气压试验

低气压试验是用来考核或评定包装件在航空运输时，处在飞行高度不超过3500m的飞机非增压舱内和飞行高度超过3500m的飞机非增压舱内运输包装件耐低气压影响的能力，及包装对内装物的保护能力。对上述同样海拔高度上地面运输（公路、铁路等）的包装件，这一试验方法也同样适用。

低气压试验的原理是：将试验样品置于低气压试验箱（室）内，然后将该试验箱（室）关闭，并使其内空气压力降至相当于3500m海拔高度的气压（约相当于65kPa），且在此气压下保持需要预定的时间，以检查包装件适应低气压的能力，然后使其恢复到常压，如有必要，在此期间也可将温度控制在相同高度时所具有的温度。对于包装件置于超过3500m的飞机非增压舱内运输时，则试验箱（室）内的气压值应降低到与其高度相当的自然气压值进行试验，不同海拔高度相对应的气压值参见表5-7。上述试验的条件和方法可根据国家标准GB/T 4857.13—2005的要求进行。

表5-7 海拔高度与气压的对应关系

海拔高度/m	压力/kPa	海拔高度/m	压力/kPa
4 000	61.5	12 000	19.0
6 000	47.0	15 000	12.0
8 000	36.0	18 000	7.5
10 000	26.5	20 000	5.5

5.2.11 倾翻试验

倾翻试验用于评定运输包装件倾翻时承受冲击的能力和包装对内装物的保护能力。适用于在储运过程中包装件的放置底面尺寸相对于高度较小的情况，一般情况下用于最长边与最短边尺寸之比不小于3 ： 1的包装件。

试验设备用的台面为水平面，有足够的质量和刚性，试验时不移动、不变形并为一个整块物体、质量至少为试验样品质量的50倍；台面要有足够大的面积，以保证试验样品完全落在冲击台面上；冲击台面上任意两点的水平高度差不得超过2mm；冲击台面上任何100mm^{2}的面积上承受10kg的静负荷时，其变形量不得超过0.1mm。

试验时将试验样品按预定状态放置在冲击台面上，在其重心上方的适当位置，逐渐施加水平力使其沿底棱自由倾翻。倾翻试验条件应按国家标准GB/T 4857.14—1999的要求进行。

复习思考题

1. 什么是包装测试？其目的和内容有哪些？
2. 包装件的流通过程包括哪几个环节？如何选择测试方式和测试顺序？
3. 在流通过程中包装件会受到哪些因素的影响？
4. 为什么包装测试前要进行温度、湿度调节处理？
5. 包装件的部位如何标示？如何编制测试大纲？
6. 包装性能试验方法有哪些？如何进行试验？

06 Chapter

第6章

包装机械设备

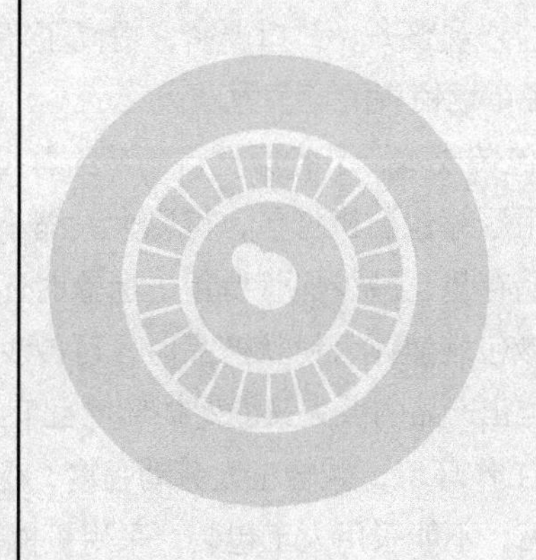

包装机械是指完成全部或部分包装过程的机器。包装过程包括充填、裹包、封口、捆扎等主要包装工序，以及与其相关的前后工序，如开箱、洗瓶、堆垛和拆卸等。此外还包括在包装件上盖印和计量等附属设备。

从广义而言，现代包装机械的含义和领域很广，包括各种自动化和半自动化的包装机械、运输包装机械、包装容器的加工机械、装潢印刷机械等。这些相互密切联系的机械设备，组成了现代化的包装机械体系。

6.1 概述

包装机械化是现代包装工业发展的必由之路，包装机械是使产品包装实现机械化、自动化的根本保证，它为包装工业提供先进的技术装备，在现代工业生产中起着相当重要的作用。

6.1.1 包装机械的功能

包装机械和其他自动机械一样，它的功能主要体现在以下几个方面。

① 实现包装机械化和自动化，从而大大提高生产效率

② 可以提高包装质量，增强保护内装物的可靠性　传统的手工包装无法使成千上万件包装和内装物保持在同一个包装质量水平，采用机械包装，就可以根据设计要求，按照需要的式样、大小，做到规格化、标准化包装，从而保证包装质量符合国家标准。如采用包装机械包装药品、食品时，避免了产品与人手的直接接触，且在空气中停留时间短，加强了产品的保护与卫生；由于计量准确，产品包装的外观整齐、封口严密，提高了产品的包装质量并可延长产品的保质期，增强了市场销售的竞争力。

③ 可以降低包装成本，节省原材料，节约总投资费用　如棉花、烟草等的松散产品，当采用压缩包装机打包，可以大大缩小体积，节省包装材料，还节省了仓容，增大储存量，减少保管费用，运输时还可以多装，从而节省运输费用；采用包装机械包装液体、粉状产品时，可减少液体产品外涌、粉尘产品飞扬等，这样既能防止产品的散失又能保护环境且节约原材料，降低产品成本。

④ 可以改善工作环境，减轻工人劳动强度，保证劳动保护，防止环境污染　如粉尘或有毒产品，不能采用人工包装，采用机械包装，不仅速度快、质量好、效率高，而且可以减少或防止污染，又改善了劳动条件，避免工人与有毒有害产品直接接触，使操作安全。

⑤ 可以节约基建投资　用包装机械来包装产品，产品、包装材料与包装容器的供给都比较集中，包装工序安排比较紧凑，可充分利用高度空间，减少了人工包装产品所需的占地面积，这样可以节约基建投资。

⑥ 可以促进包装工业的发展　由于包装作业的机械化，要求包装材料、容器等有新的发展，从而促进包装工业的发展。

6.1.2 包装机械的种类与构成

6.1.2.1 包装机械的种类

包装机械设备可分为三大类。

第一类，包装材料或容器的加工制造机械设备。如制瓶、制罐机械，塑料容器加工机械等。

第二类，装潢印刷机械设备。包装印刷机械的范围较广，机械种类和型号比较复杂，有制版机械、印刷机械、印后加工机械等。

印刷机的种类很多，有各种分类方法，主要是：

按印版类型分为凸版印刷机、平版印刷机、凹版印刷机、孔版印刷机；

按印刷幅面大小分为微型八开印刷机、小型四开印刷机、对开印刷机、全张印刷机、双全张印刷机；

按印刷面分为单面印刷机、双面印刷机；

按印刷色数分为单色印刷机、多色（双色、四色、五色、六色、八色）印刷机；

按印刷纸张形式分为单张纸印刷机、卷筒纸印刷机；

按印刷过程施加压力的形式概括为平压平型印刷机、圆压平型印刷机、圆压圆型印刷机。

第三类，产品包装机械设备。指完成全部或部分包装过程的机器。

（1）按包装机械的功能分类

包装机械按其功能可分为充填机、封口机、裹包机、多功能包装机、贴标机械、清洗机、干燥机械、杀菌机械等。

另外还有一些功能不同的机械设备，如捆扎机、打包机、集装机、拆卸机、堆码机等。分述如下。

捆扎机是指使用线、绳等结扎材料缠绕产品或包装件一圈或多圈，然后收紧并将两端通过热效应熔融或使用包扣等材料连接的机器。按结扎方法可分为纵向、横向、环形结扎机。

有些松泡产品（如棉花、棉布）在包装时，如经压缩打包，成为有规则有形状的包装件。完成压缩打包的机器称为打包机。

将若干个产品或包装件集装在一起，形成一个合适的搬运单元的机器，称为集装机。按集装方式分为托盘集装机、无托盘集装机。

将集合包装件拆开、卸下、分离等的机器，称为集装件拆卸机。

将预定数量的包装件或产品，按一定规则进行堆积的机器，称为堆码机。

辅助包装机械设备是指凡是完成对产品、包装材料、包装件有一定作用，而又不能编入上述各种包装机械和设备的，都归属于辅助包装机械设备。如手动封箱器、手动捆扎器、输送装置、计量机、开箱机、涂胶器、打印装置、回收物破碎机与分选机等。

（2）按包装机械的自动化程度分类

① 全自动包装机　它指自动完成主要包装工序和其他辅助包装工序的机器。

② 半自动包装机　指由人工供给包装材料（容器）和内容物，但能自动完成其他包装工序的机器。

（3）按包装产品的类型分类

① 专用包装机　指专门用于包装某种产品的机器。

② 多用包装机　指通过更换或调整有关机构，用于包装两种或两种以上产品的机器。

③ 通用包装机　指在指定范围内适用于包装两种或两种以上不同类型产品的机器。

当然包装机械除了上述按功能分类外，还可以按机器自动化程度的不同，将其分为半自动包装机和自动包装机；按机器应用范围的不同，将其分为专用、多用和通用包装机等。

6.1.2.2　包装机械的构成

包装机械尽管种类繁多，应用范围广泛，但就其基本结构和原理而言，一般都是由原动机、传动机构、工作机械、控制系统和机身等部分组成。

① 动力部分　包装机械的原动机，一般都是由电动机或者附加有液压泵和压缩机的电动机驱动的。

② 传动机构　传动机构因不同机型而异，但主要传动零件不外乎齿轮、凸轮、棘轮、皮带、链条、螺杆等。

③ 工作机构　是整个包装机械的核心部分，常采用活动机械构件或机械手来实现，也即由机械、电动或气动元件配合起来执行的。

④ 控制系统　各机构间的自动循环是由控制系统协调的。控制方法有电控制、气动控制、光电控制和射流控制，其中最普遍的是机电控制。

⑤ 机身　是整个机械的刚性骨架，所有的机构或装置都安装在它上面。机身必须稳固、重心要尽可能低，才有利于机械运转平稳。

6.1.3　包装机械的特点

包装机械应用于食品、医药、化工及军事等多种行业，具有以下特点。

（1）种类繁多

由于包装对象、包装工艺的多样化，使包装机械在原理与结构上存在很大差异，即使是完成同样包装功能的机械，也可能具有不同的工作原理和结构。例如颗粒药片包装可以采用热成型-充填-热封口包装机或对塑料瓶采用计数充填机和旋盖机等完成。

（2）更新换代快

由于包装机械不断地向高速化发展，机械零部件极易疲劳，并且随着社会的进步对包装机械的要求也越严格，为满足市场需求，包装机械应及时更新换代。

（3）电机功率小

由于进行包装操作的工艺力一般都较小，所以电动机所需的功率也较小，单机一般为0.2 ～ 20kW。

（4）多功能性

包装机械不属于经常性消耗产品，是生产数量有限的专业机械，为提高生产效率、方便制造和维修、减少设备投资，目前包装机械大都具有通用性及多功能性。

6.2 包装印刷机械

包装印刷机械是用于生产包装印刷品的机器、设备的总称，它是现代包装印刷中不可缺少的设备。随着现代科技的发展，包装印刷机械发展非常迅速，其控制精度越来越高，运行速度越来越快，自动化程度也越来越高。

包装印刷机械的种类繁多，按其不同的特点，有不同的分类方式，如按印版的结构不同，包装印刷机有凸版印刷机、平版印刷机、凹版印刷机、孔版印刷机和其他特种印刷机等。这些类型的印刷机按其自身的结构、印刷幅面、印刷纸张的形式、印刷色数、印刷面、印刷方式等分为不同的类型，如单面四色四开胶印机、双面八色轮转胶印机、高速八色轮转凹印机等。

6.2.1 包装印刷机的基本组成

虽然包装印刷机种类繁多，特性也各不相同，但它们的基本组成是相同的，即都由输纸装置、印刷装置、干燥装置、收纸装置、控制装置等构成。

6.2.1.1 输纸装置

输纸装置是将待印刷的承印物传输给印刷装置的设备，现代印刷机都采用自动输纸方式。单张纸印刷机和卷筒纸印刷机的输纸装置采用不同的工作方式。

（1）单张纸印刷机的输纸装置

单张纸印刷机的自动输纸装置有摩擦式和气动式两种输纸方式。现在主要采用气动输纸方式，即利用气泵先由吹气嘴把压缩空气吹入纸堆上面的几张纸之间，再由吸纸嘴把纸堆表面的纸张吸起与纸堆分离，送纸吸嘴向前移动输出纸张，纸张再经过输纸板送到规矩装置进行定位。

（2）卷筒纸印刷机的输纸装置

卷筒纸印刷机的输纸装置传输的是纸带，其输纸装置上一般装有1～3个卷筒纸，印刷时，输纸装置将纸带输出，经传纸辊送入印刷装置。

6.2.1.2 印刷装置

印刷机的印刷装置包括装版部分、上墨部分、印刷部分及其他附属装置。

（1）装版部分

装版部分时印刷机中承载印版的装置。

印版的板材不同，装版部分对印版的承载方式也不同。凸版印刷机中是将凸印版用粘贴的方法安装在版台或版滚筒上，平版印刷机中是将印版卷成圆筒状安装在印版滚筒上，凹印机中则是在制版时直接将图文制作在铜印版滚筒上。

（2）上墨部分

上墨时将油墨从墨斗中输出，并均匀地涂布在印版表面。凸版印刷机和胶印机中，有墨斗辊将少量油墨从墨斗中传出，传给传墨辊，再传给串墨辊、匀墨辊，使油墨均匀后，再由着墨辊向印版版面上墨。凹版印刷机中，印版滚筒在墨斗中高速旋转，再由刮墨刀刮去多余的油墨。

（3）印刷部分

印刷部分就是通过一定的压力将印版上的图文转移到承印物上，其基本结构和工作方式随印刷方法的不同而不同，如凸印和凹印中，印刷部分由印版滚筒和压印滚筒组成，胶印中则由印版滚筒、橡皮滚筒、压印滚筒组成，而丝网印刷机中则由印版和刮板组成。

（4）其他装置部分

在胶印过程中，版面保持适当的水分是印刷能否正常进行的关键，所以，在胶印机的印刷装置中还有给水部分，它由水斗、水斗辊、传水辊、串水辊、着水辊组成，其工作方式与上墨部分相似。

此外，在印刷装置中还应有规矩部件、卷筒纸轮转印刷机上还配有折页机、纸带减震器等。

6.2.1.3 干燥装置

为防止印刷过程中印刷品背面蹭脏和保证油墨的良好转移，印刷到纸张上的油墨应尽快干燥，所以现代印刷机中都配备有各种干燥装置，而且随着现代印刷速度的不断提高，对干燥速度的要求也越来越高。在轮转印刷中，一般采用热风干燥方式，因为轮转印刷使用热固性油墨，它含有大量溶剂，利用煤气火焰或热风能使油墨瞬时干燥。也有采用红外线或紫外线的干燥方式，使油墨迅速凝固干燥。

6.2.1.4 收纸装置

收纸装置用于将印刷、干燥后的印刷品堆放整齐，它主要由收纸台和自动理纸装置构成，收纸台可自动下降，以保持纸堆的高度，自动理纸装置则使纸张整齐地堆放在收纸台上。卷筒纸印刷机印刷后的印刷品还需进行裁切和折页处理。

6.2.2 凸版印刷机

凸版印刷机的印刷方式是直接印刷，即印刷时印版上的图文直接转印到承印物上的印刷方式。凸版印刷机按压印形式不同分为平压平型凸版印刷机、圆压平型凸版印刷机和圆压圆型凸版印刷机。

6.2.2.1 平压平型凸版印刷机

平压平型凸版印刷机是压印机构和装版机构均呈平面型的印刷机，其主要结构如图6-1所示，印版装在版盘上，印刷时，压盘和印版全面接触并施加压力。压盘的下面有一支点，以支点为中心压盘自由开闭，初开时输纸、闭时印刷，再开时收纸、输纸连续动作完成一次印刷。平压平型凸版印刷机的刷墨装置比较优良，又采用直接印刷的方法，所以印品质量好，压力均匀，墨层厚实，色彩鲜艳，但印刷时需要施加较大压力，且印刷速度很慢，只适宜印刷幅面较小的印刷品，如印刷封面、插图和各种彩色图片、香烟盒、产品样本等。

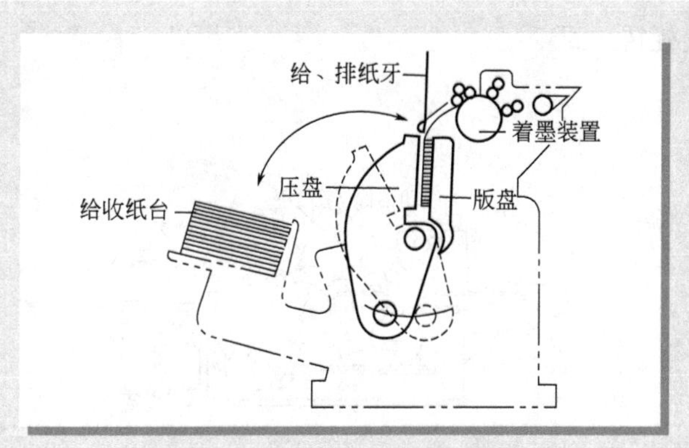

图6-1 平压平型凸版印刷机结构

6.2.2.2 圆压平型凸版印刷机

圆压平型凸版印刷机是压印机构呈圆形，装版机构呈平面型的凸版印刷机。印刷时压印滚筒的圆周速度与版台的平移速度相等，压印滚筒叼纸牙咬住纸张并带着旋转，当压印滚筒与印版呈线接触时加压，完成印刷，版台往复一次，完成一个印刷过程。根据版台和压印滚筒的运动形式不同，圆压平型凸版印刷机又分为停回转式、一回转式、二回转式、往复旋转式等多种形式。

（1）停回转式印刷机

印刷机的印版装于版台上作往复平移运动，在印刷过程中，版台前进时，压印滚筒旋转，完成印刷；版台返回时，压印滚筒抬起停止转动，并进行收纸、给纸、着墨。停回转式印刷机按输纸和收纸方式的不同又分为平台式和高台式凸印机，平台式凸印机的主要结构如图6-2所示，从压印滚筒的上侧或下侧给纸，而在给纸台的对面设置收纸台。高台式凸印机的主要结构基本上和平台式凸印机相同，但从压印滚筒的上侧给纸，而在给纸台的下侧设置收纸台。

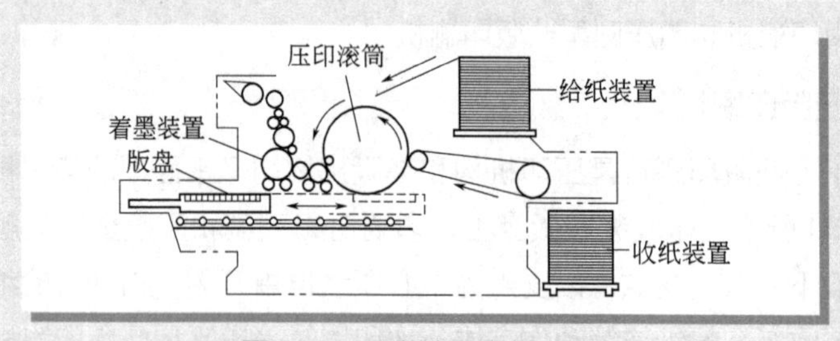

图6-2 平台式凸印机结构

（2）一回转式印刷机

一回转式印刷机的主要结构如图6-3所示，在印刷过程中，版台往复运动一次，压印滚筒旋转一周。

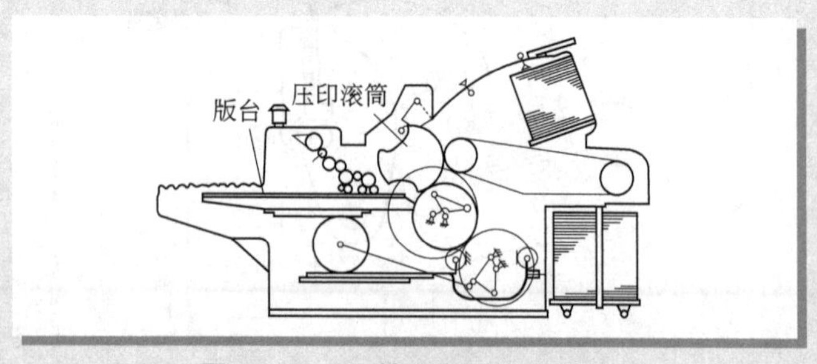

图6-3 一回转式印刷机的结构

（3）二回转式印刷机

二回转式印刷机的主要结构如图6-4所示，版台前进时，压印滚筒旋转一周；版台在返回行程时，压印滚筒抬起，并继续旋转一周，即印版往复一次，压印滚筒旋转两周。

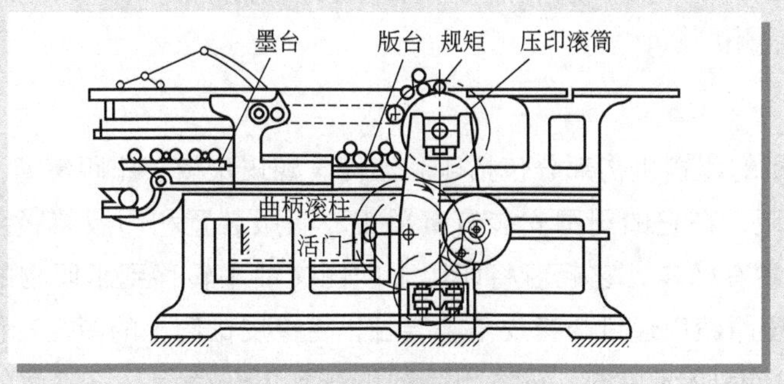

图6-4　二回转式印刷机结构

（4）往复旋转式印刷机

压印滚筒每往复旋转一次，完成一个印刷过程的印刷机。版台作往行程时完成印刷，作返回行程时滚筒旋转方向相反并抬升离开印版。

.2.2.3 圆压圆型凸版印刷机

圆压圆型凸版印刷机的压印机构和装版机构均呈圆筒形，压印滚筒上的叼纸牙咬住纸，当印版滚筒与压印滚筒滚压时，印版上的图文便转移到纸张上。圆压圆型凸版印刷机亦称为轮转印刷机，主要用于报纸、杂志、书籍的印刷。

6.2.3 平版印刷机

现代平版印刷多采用胶印，胶印机的种类很多，如可以按纸张幅面、印刷色数、承印物的形式、滚筒排列方式、压印方式等分别分为不同的类型。

胶印机基本结构形式如图6-5所示，由以下五大部分组成。

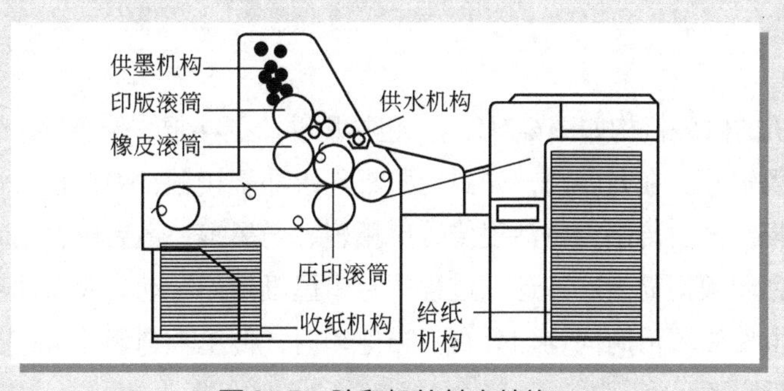

图6-5　胶印机的基本结构

6.2.3.1 给纸机构

胶印机给纸机构由存纸和送纸装置组成。就单张纸胶印机而言，存纸的纸台可以自动升降，印刷输纸时，纸张通过纸张分离机构分离，并传送到输纸台（即送纸机构），输纸台上还有自动控制装置和套准装置，以控制输纸的错误、歪斜等。卷筒纸胶印机的给纸机构将卷筒纸带保持张力不变的前提下连续不断地传送到印刷机构。

6.2.3.2 印刷机构

胶印机的印刷机构部分包括印版滚筒、橡皮滚筒、压印滚筒，印版滚筒上安装印版，在它的周围安装有着墨辊、润版装置和印版装版装置，橡皮滚筒上包卷有橡皮，它起着将印版上的图文油墨转移到承印物的中间媒介的作用，压印滚筒通过与橡皮滚筒接触，将橡皮滚筒上的图文转移到承印物上，其上装有咬纸装置，它将印完的纸送到下一色组。三滚筒的排列方式依胶印机印刷方式的不同而不同，图6-6所示为部分种类胶印机的滚筒排列方式。

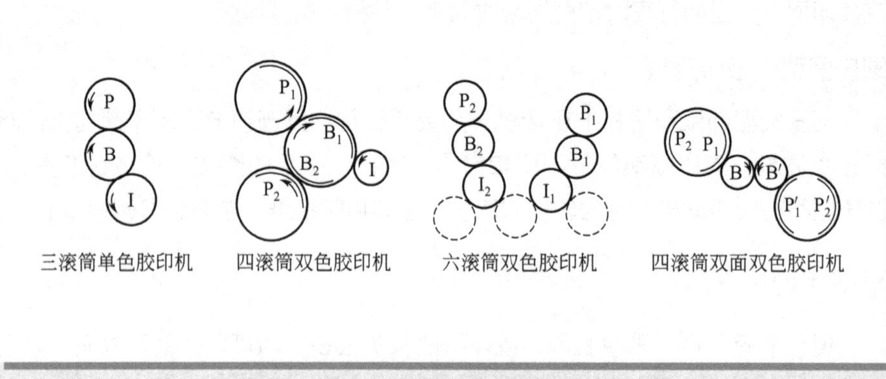

图6-6 胶印机滚筒排列方式示意

P—印版滚筒；B—橡皮滚筒；I—压印滚筒

6.2.3.3 供墨机构

胶印机的供墨机构如图6-7所示，包括墨斗、墨斗辊、传墨辊、匀墨辊、串墨辊和着墨辊等。在开印前，先由传墨辊与墨斗辊接触，墨斗辊将油墨从墨斗传给传墨辊，再由传墨辊将油墨传给串墨辊、匀墨辊，最后由着墨辊均匀地将油墨传递到印版滚筒上。在这一过程中，串墨辊轴向窜动，改变油墨的轴向分布；匀墨辊使油墨沿周向均匀分布。当停印时，传墨辊与墨斗辊停止接触，着墨辊与印版脱开。

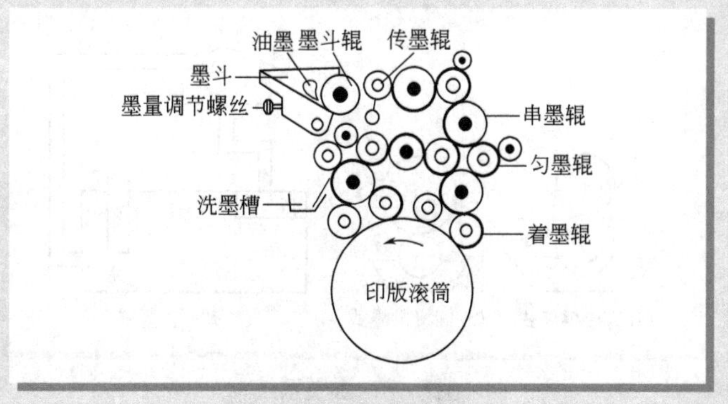

图6-7　胶印机供墨机构

6.2.3.4　润湿机构

胶印机润湿机构如图6-8所示，包括水斗、水斗辊、传水辊、匀水辊、着水辊等，主要起着将水均匀地传递到印版上，使印版均匀地润湿的作用。

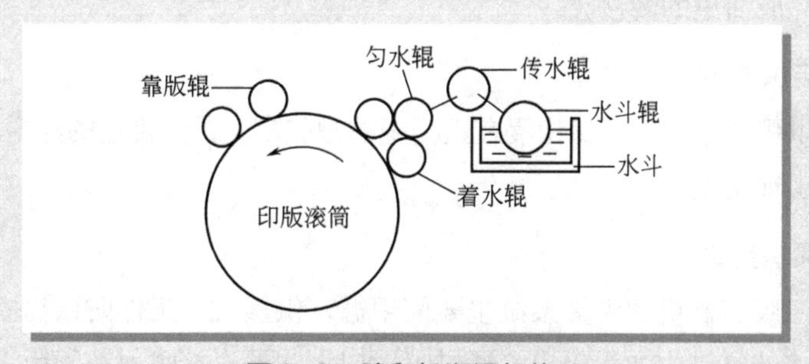

图6-8　胶印机润湿机构

6.2.3.5　收纸机构

胶印机收纸机构由收纸链条、收纸板等组成，链条上的咬纸牙将印好的成品从压印滚筒的咬纸牙上接出，通过链条传动到收纸板。

6.2.4　凹版印刷机

凹版印刷机种类也很繁多，但基本组成是相同的，都由输纸部分、着墨部分、印刷部分、干燥部分、收纸部分组成，其中输纸和收纸部分与胶印机类似。

6.2.4.1　着墨装置

凹版印刷机的着墨装置由输墨装置和刮墨装置组成，输墨装置有直接供墨式、间接供墨式和循环供墨式，如图6-9所示。

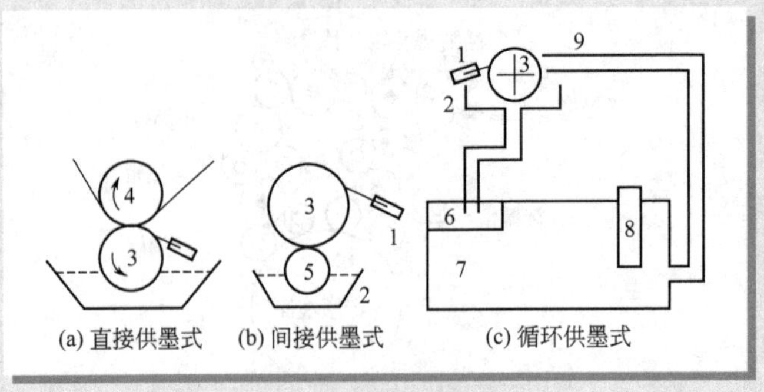

图6-9 供墨系统

1—刮墨刀；2—墨槽；3—印版滚筒；4—压印滚筒；5—橡胶墨辊；6—过滤装置；7—封闭墨槽；8—墨泵；9—喷射口

（1）直接供墨式

直接供墨式中印版滚筒的1/4 ～ 1/3浸在墨槽中，当版辊旋转时完成油墨的涂布，依靠刮墨刀把印版上多余油墨刮去，承印材料从压印滚筒和印版滚筒之间传输，完成油墨的转移。

（2）间接供墨式

间接供墨式中印版滚筒由浸在墨槽中的橡胶辊供墨，传递的墨量较难控制，印品容易出现色差。

（3）循环供墨式

现代凹版印刷机的供墨系统主要使用循环供墨式。工作时，油墨循环装置中的墨泵将储墨箱中油墨吸出，通过喷射口将油墨直接喷射在印版滚筒上，刮墨刀刮去图文以外的油墨，当墨槽中的油墨超过一定量后通过排墨口经滤网回到储墨箱中去，这个过程是封闭循环进行的。储墨箱上装有油墨黏度自动控制器，来保证油墨的黏度在印刷过程保持相对稳定。

刮墨装置由刀架、刮墨刀片和压板组成。

6.2.4.2 印刷装置

凹版印刷机的印刷装置由印版滚筒和压印滚筒组成，印版滚筒通过表面凹下的网穴来传递油墨到承印物表面，压印滚筒的作用是压迫承印材料紧贴于印版滚筒表面上，使网穴中的油墨吸附到承印材料上形成图文。

6.2.4.3 干燥装置

凹印机中的干燥装置，常见有红外线干燥、电热干燥和蒸汽干燥等。在机组式凹版印刷机机组间、最后一色与收卷装置之间均设有干燥装置，分别称为色间干燥装置和终干燥装置（顶桥干燥装置）。色间干燥装置的作用是保证承印材料进入下一印刷色组前，前色油墨尽可能固着；顶桥干燥装置的作用是保证承印材料在复卷或分切堆叠前，所印色墨完全干燥，以免产生粘连。

6.2.5 丝网印刷机

6.2.5.1 丝网印刷机的特点

丝网印刷机品种繁多，分类方式各不相同，下面介绍几种主要形式丝网印刷机的特点。

① 平面丝网印刷机　是采用平面型网版的丝网印刷机，如图6-10所示。这种丝网印刷机的承印物为单张平面型，如各类纸张、纸板、塑料薄膜、金属板、织物等，是最常用的机型。

② 圆型网丝网印刷机　是采用圆筒型金属网版的丝网印刷机，如图6-11所示。刮墨板固定在圆网内，上墨通过自动上墨装置从网内上墨。印刷时，承印物作水平移动，圆网作旋转运动。圆网的转动和卷筒承印物的移动是同步的。刮墨板将墨从印版蚀空的部分刮出转印到承印物上，形成印刷品。圆网型丝网印刷机可实现连续印刷。

③ 曲面丝网印刷机　是适用于印刷各种承印物材料如圆柱或圆锥形的金属、塑料、玻璃、陶瓷的容器或其他成型的物体，如图6-12所示，印版为平面型，刮墨板固定在印版的上方。印刷时，承印物与印版作同步移动，承印物的转动一般是通过旋转滚轴来完成的。

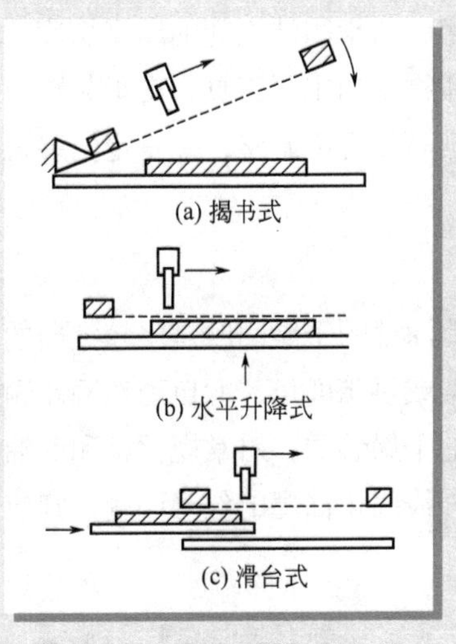

图6-10　平面丝网印刷方式

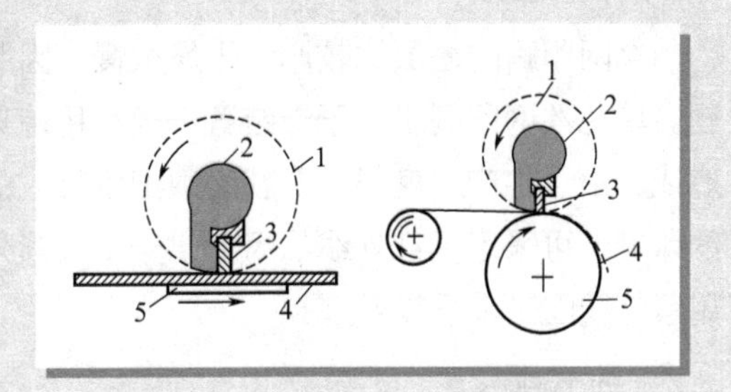

图6-11　圆型网丝网印刷方式

1—网版；2—供墨滚；3—刮墨刀；4—承印物；5—印刷台

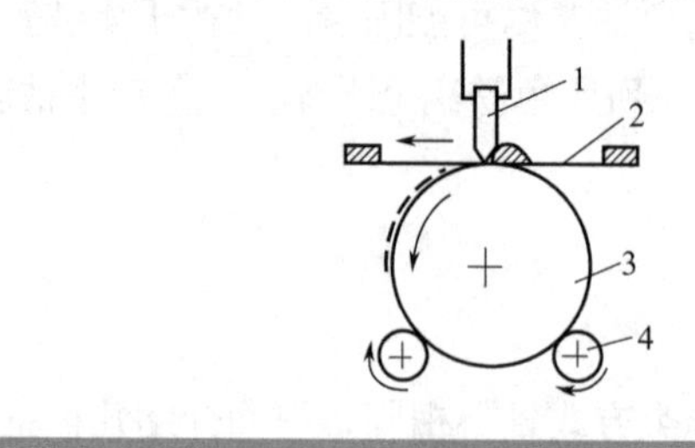

图6-12　曲面丝网印刷方式

1—刮板；2—网版；3—承印物；4—支撑滚

6.2.5.2　丝网印刷机的构成

丝网印刷的特点决定了一般丝网印刷机的结构比普通印刷机要简单，速度也要低得多，丝网印刷机一般主要由给料部分、印刷部分、干燥部分、收料部分和动力部分等组成。

（1）给料、收料部分

给料部分和收料部分一般与常规印刷的印刷机基本相似，也有单张料或卷筒料的给料和收料之分，承印材料通过辊筒传动或手工实现给料和收料，特殊的丝网印刷机还可以输送立体承印材料。

（2）印刷部分

印刷部分是丝网印刷机的主体。主要由网版、刮墨刀和支承装置所组成。网版有平网、圆网和异形网多种形式，印版可以通过夹持器与网版固定，并有前后、左右和高度的调整装置，以保证丝网印版与承印件之间的印刷精度。刮墨刀是丝网印刷机将网版上的油墨传递到承印物上的主要工具，支承装置为固定承印物用，有平网式、圆网式和座式等，其高度可以调整，并有定位装置和真空吸附设施，以保证彩色套印精度。

（3）干燥部分

丝网印刷的墨层比较厚，干燥很慢，因此油墨的干燥问题是比较突出的问题。单色丝网印刷机的干燥装置一般采用晾架或烘箱即可，而自动丝网印刷生产线，由于生产速度很快，就必须配备相应的干燥装置，对常规丝网印刷油墨的印刷，可采用远红外线热风管烘干；对紫外线固化油墨的丝网印刷，则应采用紫外线固化烘干装置。

（4）动力部分

动力部分主要是负责全机的传动，包括电机、电气控制装置以及辊筒、皮带、链条、齿轮、凸轮和蜗轮蜗杆等传动装置。

6.2.6 数字印刷系统的基本构成与工作原理

6.2.6.1 数字印刷系统的基本构成

数字直接印刷系统是一个全数字化的印刷生产系统，虽然采用不同的成像技术的数字直接印刷系统的构成有所不同，甚至差别很大，但对一般的数字直接印刷系统而言，基本都包含以下几个子系统，如图6-13所示。

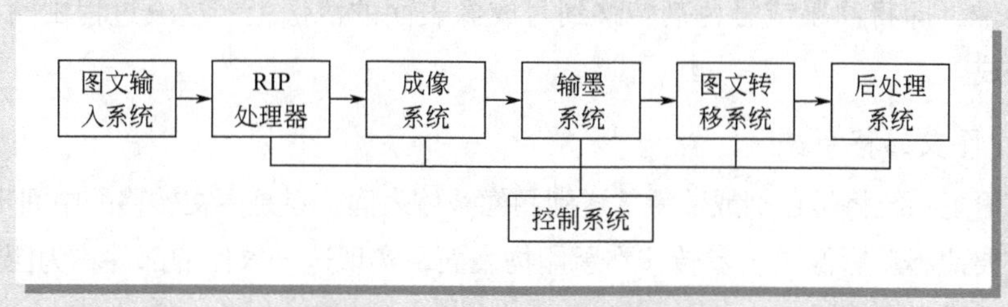

图6-13 数字印刷系统的构成

（1）图文信息输入系统

数字直接印刷系统所印刷输出的图文信息是由其图文信息输入系统完成的，它可由数字读入（输入）接口直接读入印前图文处理系统传输来的数字化文件信息，或者由扫描输入部件（扫描仪）对模拟原稿的数字化完成，扫描仪可内置在数字印刷机上。对内置扫描仪的数字印刷系统来说，原稿可在数字印刷机上直接数字化，产生的数字文件可以扩充到现有数据文件中，使描述印刷作业的数据文件更完整，也可以直接用于印刷。扫描仪产生的数字文件也可利用系统控制中心的图像处理模块做必要的处理和修正后再印刷输出。

（2）栅格图像处理系统

所有数字直接印刷系统的生产过程均由栅格图像处理器控制，栅格图像处理器是数字印刷系统必不可少的功能部件，它用于将数字形式描述的页面内容转换为点阵描述，并控制成像装置和印刷单元的动作。

（3）成像系统

除喷墨复制工艺可直接形成可视图像外，其他数字印刷工艺绝大多数都需要图文载体（可成像表面）成像，建立视觉不可见的潜像。所以绝大多数数字印刷系统需要有执行成像操作的功能部件，称为成像系统或成像装置。成像系统中用于记录图文信息的零件、物体或材料称为图像载体，它是成像部件中的关键元件，例如以静电照相成像为基础的数字印刷系统使用的光导鼓，起着与模拟印刷中印版类似的作用。图像载体与印版的主要区别，是图像载体存储的图文信息是临时性的，墨粉转移后成像结果就失去使用价值，因此只能是成像一次使用一次，即使对页面内容相同也是如此；印版则具有永久性保存图文信息的能力，只要在印版的耐印力范围内就可多次重复使用，这是传统印刷工艺可获得稳定而可靠的印刷质量的主要原因。

（4）输墨系统

数字直接印刷系统在成像装置上所成的影像是不可见的潜像，它并不能直接转移，所以需进行显影，即对图像载体表面的潜像输墨，使之转化为墨粉影像，即将油墨或呈色剂转移到可成像表面的潜像上，这一过程由输墨系统完成。

（5）图文转移系统

输墨系统将呈色剂或油墨输送到图像载体表面，只是图文转移的中间步骤，还需要使墨粉影像进一步转移到承印物表面，实现这一操作的部件称为图文转移系统或定像装置。

（6）后处理系统

油墨或呈色剂转移到承印物表面上后，一般并不能固定在承印物表面，即不能形成稳定的影像，所以还需对转移到承印物上的油墨（或呈色剂）做固化和干燥处理。此外为了建立连续的数字印刷过程，每转印一次或印刷完成后，需对图文载体（或其他中间载体）表面作清除和再次成像准备等。实现这些功能的部件可称为后处理系统或后处理装置。

此外，在数字直接印刷系统中，还需要控制系统来对印刷成像的全过程进行控制和调节，包括何种数字印刷控制信息的输入、机械器件的运转、纸张的走纸状态等，都有控制需要监视和控制。

6.2.6.2 数字印刷的图文转移系统

在数字直接印刷系统中，将成像载体表面的墨粉影像转移到承印物，即图文转移这一过程，相当于传统印刷中的印刷过程，而且数字印刷的图文转移系统对成像载体上的墨粉影像的转移仍采用压力实现。

（1）图文转移系统的构成方式

图文转移系统构成方式有圆压圆和圆压平两种。所谓圆压圆的图文转移系统，是成像鼓为圆筒形的，压印部件也为滚筒型，配对后组成圆压圆的图文转移方式。而圆压平的图文转移系统是成像部件或转印部件之一构造为带形元件，且另一种部件采用鼓形表面，则配对后成为圆压平转移方式，即成像元件为鼓形而压印元件为带形，如图6-14（a）所示，相当于传统胶印中的平压圆方式，或者成像元件为带形而压印元件为鼓形，如图6-14（b）所示，相当于传统胶印中的圆压平方式。

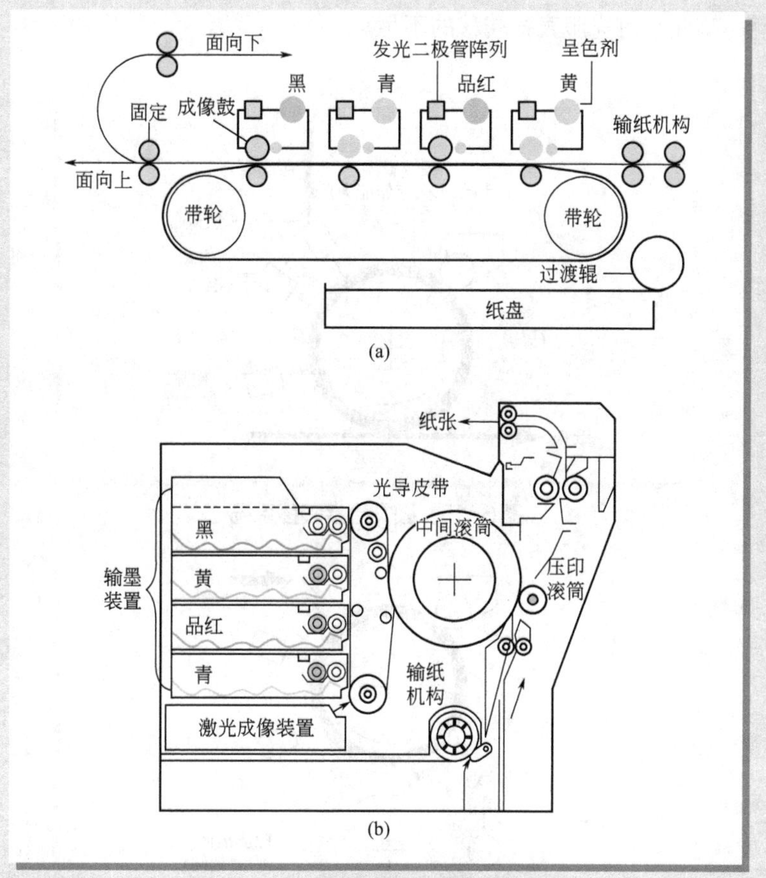

图6-14　圆压平图文转移系统结构

（2）图文转移方式

根据将成像载体上的墨粉影像直接转移到承印物，还是先转移到中间载体再转移到承印物，图文转移系统的图文转移方式又分为直接图文转移和间接图文转移。

直接图文转移是将成像载体上的墨粉影像直接转移到承印物上，如图6-15所示，这种转移方式的优点是系统结构简单，但缺点是成像和转印需通过同一表面实现，导致成像表面易损耗。如果采用油墨（呈色剂）需要加热熔化后再定像的工艺，则会因为热量在熔化呈色剂颗粒的同时也加热了纸张，不仅使纸张变形，还会引起纸张的表面涂层粘到成像部件上。

间接图文转移系统配置有图文中间载体，如图6-16所示，成像载体上的墨粉影像首先转移到中间载体，再由中间载体转移到承印物，成像载体并不直接与承印物接触。因此在转移过程中，对呈色剂的加热是在中间载体上进行的，即呈色剂颗粒的熔化发生在中间载体表面，转印到纸张的过程发生在熔化后，因此它可克服直接转移的不足。

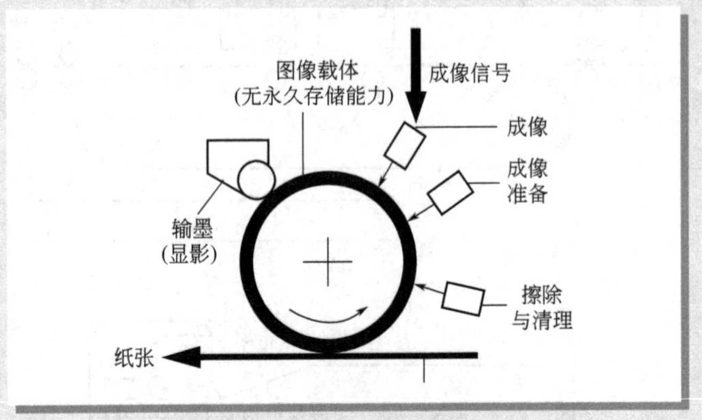

图6-15　图文直接转移系统

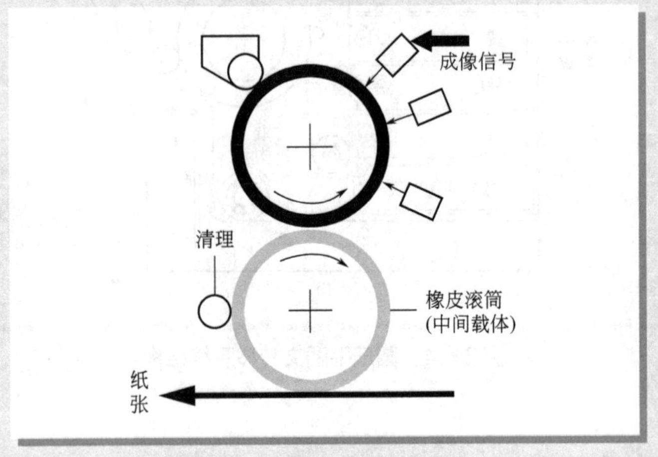

图6-16　图文间接转移系统

6.2.6.3　数字直接印刷机的系统类型

从印刷的角度看，数字直接印刷系统中最关键的部件是成像系统和图文转移即印刷系统，这两个系统的配备不一样，数字印刷系统的系统结构也是不一样的。对彩色数字印刷机而言，彩色印刷的实现可由印刷装置通过多次印刷完成，也可由多个印刷装置分别印刷各色而成，因此数字直接印刷系统有多路系统结构和单路系统结构两种。

（1）多路系统结构

多路系统的数字印刷机只有一个印刷装置，与多个输墨装置配合使用实现各分色版印刷，即采用多路系统结构的印刷机只需要一个成像装置。如果要实现彩色印刷，则纸张需多次通过由压印滚筒和成像表面（或中间载体表面）形成的间隙。为此，压印滚筒或类似部件上应带有抓纸机构，保持纸张在固定的位置上。如图6-17所示为佳能CLC300静电照相成像数字印刷系统，它是一个多路单张纸印刷系统，四色硒鼓（输墨装置）均匀地分布在圆盘上，压印滚筒上有抓纸机构。

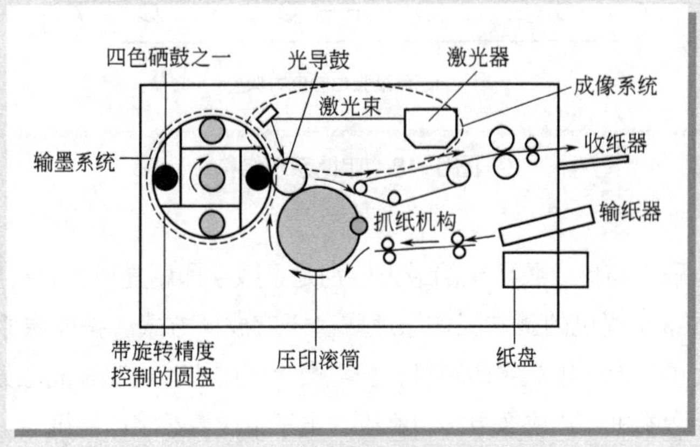

图6-17　佳能多路系统

多路系统的优点是制造成本低，因为只需一个成像装置，而成像装置又是数字印刷系统中构成设备生产成本的主要部分。其主要缺点是由于印张、中间载体或可成像表面必须多次与相同印刷装置接触来接收油墨，因此所需要的时间长，印刷速度慢，无法形成连续的作业流，生产能力很低。

（2）单路系统结构

单路系统的数字印刷机每一色版的印刷都由一个独立的印刷装置完成，即这种系统中有多个印刷单元，且每个印刷单元均包含一个成像装置，它能将所有的颜色一次性转印到承印物上，相当于传统胶印机的多个印刷机座。印刷时，纸张只需一次通过多个由压印滚筒和成像表面（或中间载体）组成的间隙，就能完成彩色印刷。每个印刷单元中不仅有成像装置，也有相应的输墨装置和清理装置等。如图6-18所示，单张纸由皮带输送系统供应，直线走纸，图文转印发生在中间滚筒和纸张之间，皮带输送系统不仅承担着为系统供纸的任务，也起压印作用。成像装置可采用静电照相技术，也可采用离子成像或磁成像技术，成像结果记录在光导鼓或其他类似部件的表面。

单路系统的制造成本较高，但优点是印刷速度快，在成像速度相同的前提下，一单路系统的生产能力是多路系统的四倍，容易形成连续的印刷作业流。显然，单路系统的生产能力取决于成像装置的记录速度，而输墨装置和其他部件的工作速度需与成像速度匹配。

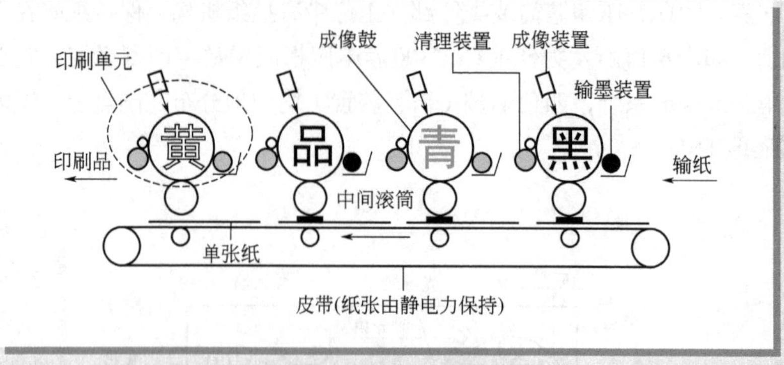

图6-18　单路系统结构

数字印刷机与传统胶印机的最大区别是，数字印刷是机上直接成像印刷方式，所以数字印刷机的基本工作原理取决于其成像方式。按成像原理的不同，数字印刷机可分为喷墨数字印刷机、静电数字印刷机、电凝聚成像数字印刷机、磁成像数字印刷机、热成像数字印刷机、电子束成像数字印刷机等。

6.3 包装机械

6.3.1 包装机械常用装置

（1）给料装置

包装加工过程中，须先将内装物送到机器的料仓中，再借助给料装置，将内装物送往计量装置计量后完成定量包装。物品的给料方式有重力式、振动输送式、带式输送式、链条输送式、螺旋输送式、泵送式、转轮及滚道输送式等。

① 重力给料装置　是一种简便的给料方式，位于包装机上部料仓中的内装物，在重力作用下即能向低位流送。流送过程中应防止结拱与搭桥等堵塞现象。

② 振动输送给料装置　这种装置是以振动输送机作为内装物的给料装置。它是运用振动技术，对松散颗粒内装物进行中、短距离输送而给料的。这种装置的优点是耗能少，能送高温物，并可同时进行内装物的分选、定向、冷却或干燥多种作业，能防止尘土飞扬和杂物掺入；缺点是振动噪声大，输送物有局限性。

③ 带式输送给料装置　是一种广泛用的连续输送机，适用于输送散粒物品、块状物品及成件物品，其形式有单条输送带的输送机、多条带组合的输送

机、串联或并列组合的输送机等。

④ 液态及黏稠性物料输送装置　输送各种液态或黏稠性物料均采用泵、管道及阀门等组成的管路系统。液体物料自储藏罐通过泵的抽吸加压，沿输送管道系统输送到包装机的储料箱中，尔后再注入包装容器内。

（2）计量装置

物品定量包装时，必须根据内装物的不同而采用相适应的计量装置。

① 计量装置　容积计量法是根据一定体积内的松散状态粉粒物品，为某个定量值这一基本原理进行计量的。常用的容积计量装置有量杯计量、转鼓计量、螺杆计量、膛腔式计量等装置。

② 称量装置　指用衡器对包装物品进行计量的装置，其适应范围较广。在包装机械中常用它进行粉末、细颗粒及不规则的小块等松散物品的包装定量。称量衡器秤是制造精确，计量精度高的称量装置，适用于对价值高的物品进行计量包装。

③ 连续称量等分截取计量装置　这种装置由称量检测装置（电子秤）、电子调节系统、物品截送装置、供料及其控制系统、等分截取装置等部分组成。适用于松散、散堆密度不稳定，且允许波动幅度较大又无一定规律的物品进行计量包装。

④ 规则形体物品的包装计量　规则形体的物品，如香皂、糖果、书籍等，由于其形体与量值的均一性好，给包装计量带来很大方便。

⑤ 液体物料的包装计量装置　液体物料有纯液体、液汁、溶液或乳浊液等，它们与松散态的细粉粒物品比较，液体物料具有流动性好、密度比较稳定等特性，其包装计量要比松散态细粉粒物品容易。常采用液位控制定位法、计量杯定量法和定量泵定量法等容积式定量法。

（3）包装容器与包装材料的供给装置

包装时，物品经定量装置计量后，即装填入包装容器中或送到裹包材料片上，由包装机完成作业。包装容器或裹包材料可用手工供给或自动供给。包装材料或包装容器的自动供给，用专门的自动供给装置系统来实现。自动供给装置必须按包装工艺要求及包装机工作节奏，协调地将包装容器或包装材料逐渐送达到要求的位置上。

① 刚性包装容器的供给装置　刚性包装容器是用金属薄板、玻璃、陶瓷及塑料（更准确地称为半刚性）等制造的容器。特点是具有特定的结构形体、刚性强、稳定性好、质地致密、重量较大等，其容器有瓶、罐、筒、盒等。刚性包装容器的供给装置系统通常由容器输送装置、定距分隔装置及转送装置等组

成。容器输送装置承接包装生产线上送来的容器，向自动包装机运送，经定距分隔装置将包装容器分隔开并使之定距排列，再由传送装置把容器依次定时地转送到包装机的装料工作台上。

② 袋类包装容器的供给装置　袋类包装容器是一种应用广泛的包装容器，大多用纸、塑料薄膜、复合材料或纤维织物等制成。它具有包装适应性好、成本低、原材料丰富、废弃包装易于处理等特点。包装袋结构形式有扁平袋、中式信封袋、枕式袋、圆柱形袋、方柱形袋等。依其供给情况，袋装包装机分为附设有制袋装置的袋装包装机和无制袋装置的袋装包装机两大类。前一类包装机能直接用包装材料制袋，供本机装载、计量内装物而完成包装；后一类包装机必须设置包装袋供给装置，以便将专用制袋机制成的包装袋送到装料工位。

③ 单页包装材料的供给装置　有些物品常采用裹包方式包装。裹包用的包装材料一般为单页材料，也有卷盘材料。包装生产中除了直接用来裹包的单页材料外，还有商标、标签、封签等也常为单页式。这些单页包装材料在完成其前期加工后，都按要求的尺寸裁切，经整理成叠后才供包装机使用。

④ 卷盘式包装材料的供给装置　卷盘式包装材料的应用日益广泛，常用的有纸卷、玻璃纸卷、塑料薄膜及复合材料等。卷盘包装材料在包装生产中缩短了辅助工作时间，减少了包装工时，提高了生产率，降低了包装成本，而且包装质量也提高了。应用卷盘材料包装时，输送过程中需将包装材料舒展成带，再按包装要求的长度进行裁切，而后送到指定位置上。为此，卷盘包装材料的供给装置结构上一般应包括：卷盘包装材料的支承装置、引导装置、牵引输送装置及裁切装置等。对于用作外包装或对位置有严格要求的，还必须有定位检测装置和自动控制装置。

⑤ 纸盒和纸箱的供给装置　在包装生产中，一般纸盒作内装容器，纸箱则用作外包装容器。纸盒的制备大多用印有商标及说明图文的薄纸板，经压制折印，裁切而成盒坯，供制盒机或直接供包装机制成包装盒；纸箱的制备是用瓦楞纸板经印刷、压制折印、切坯成箱后再经折合备用。包装时其供给装置是根据以盒坯或箱坯，还是以叠合盒片或箱片应随供给包装机而异。

（4）充填或灌装装置

内装物的充填或灌装是指将经计量装置定量好的物品，引导充填或灌装到包装容器中的装料作业过程。

① 松散物品的充填和灌装装置　松散物品主要是指粉末状、非规则形体的细颗粒及小块状物品，以及液态物料等。其充填或灌装方式有重力式、真空式、等压式和强制加压式等。

重力式充填灌装是包装中应用广泛的方式，如液体、粉末、颗粒、固体块状物等的包装均得到了应用。充填或灌装时，物品所在的贮料箱或计量装置处于高位，装料容器在其下方。重力式充填或灌装的控制装置将物品自贮料箱或计量装置中在重力作用下排出，经导管或装填漏斗的引导而装填进包装容器中。

真空自动充填或灌装是在自动包装机的充填或灌装系统中，设置机械真空装置。借助真空装置的作用使包装装载容器在进行流体物料的充填或灌料时间内，保持一定程度的真空，在贮料箱与待装料容器内之间存在的压强差作用下，促使流体物料自贮料箱通过阀门而装灌到容器中。

含有溶气的饮料食品充填和灌装时，必须先建立贮液箱和装料瓶之间的等压，使之相应于饮料中气体溶解的饱和压力，然后再进行装料灌注；但对牙膏、香酯、果酱等黏稠度高、流动性差的膏状物料，必须采取强制的方法，即必须施加机械压力进行充填或灌装。

② 装箱包装的装填装置　装箱包装是对经过初次包装及中间包装后的物品进行再次包装，将它们按规定的要求装入包装箱中作大包装的包装过程。目的在于储运保管的方便和保护商品。装箱时，内装物的组合视其原包装特性及包装的要求而定。由于内装物的多式多样，初次包装容器的性能以及装箱时排列组合的不同，因而装箱的方式就多样。一般而言有重力装填法、机械推送装填法和机械手装填法等几种方式。

（5）包装件的封口装置

包装件的封口装置随封口方法的不同而异。

① 刚性容器的封口装置　刚性类容器的封口装置系统包括：盖或塞等封口元件的供给装置；装载了包装物品的罐、瓶、盒的输送装置；将盖、塞等封口元件加在瓶、罐、盒上以及实现封口连接的装置等。瓶、罐类容器的封口有滚压卷边、旋盖、轧压或扣压等不同的工艺方法。

② 袋类容器的包装封口装置　袋类容器的封口方式和装置与容器材质直接相关。如，纸质材料必须用粘接材料或其他材料来实施封接；塑料及有塑料膜层的复合材料制造的袋类，一般采用热熔封接方式进行直接封口，也可以用粘接材料或机械性封接方法实施封口的封接。故袋类容器封口装置依材质不同，因而封接工艺也不同。

③ 裹包包封机械装置　裹包包装是一种常见的软性包装方式，能适应包装的物品范围很广。裹包用的柔性材料品种较多。裹包包封机械装置由折叠器具和折叠执行机械所组成，有多种多样的结构形态，常见的有底部裹包接缝，两端作折叠包封的裹包结构；冲模式折叠裹包结构；折叠成包装盒式裹包结构；卷包式裹包结构；扭接式裹包结构等。

④ 包装盒的封口装置　包装盒结构有多种，如盒盖、盒体分为两件的金属盒；封舌式的纸盒；以热成型或包装过程中成型的塑料盒等。盒的材质与结构不同，封口方式与装置则各异。金属盒封口有扣盖式和旋盖式。扣盖式封口在盒装料后，将盒盖与盒体对位扣合而成。旋盖封口同于瓶类旋盖封口；热熔性塑料及其复合材料膜片以热成型法制成的盒体与盒盖，可采用扣压盖机械封口或热熔接封口；封舌式的纸盒封口视盒的封舌及封盖结构的不同有插盖封接式，盖间插接式、粘接式及封签粘贴式，其折合及封接用一定的机械装置完成。

⑤ 包装箱的封箱装置　包装箱是一种对已经进行了各种形式的包装后再作集合排列包装的外包装容器。包装箱类型品种繁多，有各种木箱、铁皮箱及纸板箱等。现代包装箱中以纸板箱的应用居首位，其中以瓦楞纸板箱的用量为最多。各种包装箱的封箱方式差别很大，木包装箱用钉及金属制件进行封箱；瓦楞纸箱主要应用粘接封箱和捆扎封箱，在纸箱内装入内装物之后，先折合封盖，再进行封箱连接作业。纸箱封盖的折合作业与纸盒折合封舌、封盖作业所用机械装置相类似，可用活动折合机构及固定折合板条完成。纸箱的粘接封箱装置中有直接用粘接剂进行封箱的机械装置，用粘接胶带粘贴封箱连接机械装置，热融封接封箱机械装置和捆扎封箱装置等。

（6）转位和定位机械装置

① 转位机械　周期脉动式多工位自动包装机的转位传送，要按照包装加工工艺要求，实现 转位 → 停止 → 转位 → 停止 的周期脉动规则运动。实现这种运动的转位机械是步进式运动机构，其运动规则应合乎自动包装和转位运动的需要，能实现周期转位的步进运动机构有转轮式转位机构、摩擦自锁式转位机构、连杆式转位机构、槽轮转位机构、凸轮式转位机构、不完整齿轮及星形轮转位机构等。

② 定位机构　周期脉动式多工位自动工作机，大多数的加工是在工作台转位后的停息时间进行。为保证工作机构对被加工物品顺利进行加工，要求工作台转位后，应准确停在要求位置上，并要求在加工物品受到工作机构的加工力作用时，仍能保持在准确位置上。对定位机构设置的要求，首先是定位准确、可靠，确保工作台转位后停在所需位置上。

6.3.2 主要包装机械

（1）充填机

将产品按预定量充填到包装容器内的机器称为充填机。充填液体产品的机器称为灌装机。

① 容积式充填机　将产品按预定容量充填到包装容器内的机器称为容积式充填机。适合于固体粉料或稠状物体充填的容积式充填机有量杯式、螺旋式、气流式、柱塞式、计量泵式、插管式和定时式等多种。

② 称量式充填机　将产品按预定重量充填至包装容器内的机器称为称量式充填机。充填过程中，事先称出预定重量的产品，然后充填到包装容器内。对于易结块或黏滞的产品，如红糖等，可采用在充填过程中产品连同包装容器一起称量的毛重式充填机。

③ 计数充填机　将产品按预定数目充填至包装容器内的机器称为计数充填机。按其计数方法不同，有单件计数与多种计数两类。

（2）封口机

封口机是指将盛有产品的包装容器封口的机器。

① 热压封口机　用热封合的方法封闭包装容器的机器称为热压封口机。封口时被封接面被热板压在一起，待被封接材料在封接温度下充分黏着后，卸压冷却而完成封口操作。这种封口方法主要用于复合膜和塑料杯等。

② 带封口材料的封口机　带封口材料的封口机的封口不是通过加热，而是通过加载使封口材料变形或变位来实现封闭的。常见的有压纹封口机、牙膏管封口的折叠式封口机、广口玻璃瓶的滚压封口机，压轮将金属盖与包装容器结合部互相卷曲勾合，以封闭包装容器的机器。

③ 带封口辅助材料的封口机　这种封口机是采用各种封口辅助材料来完成包装容器的封口。常见的有缝合机、订书机、胶带封口和黏结封口等。

（3）裹包机

裹包机是用挠性包装材料完成全部或局部裹包产品的机器。裹包机有覆盖式、折叠式、接缝式、扭结式、底部折叠式、枕式、半裹式、托盘套筒式和缠绕式等。

① 折叠式裹包机　用挠性包装材料裹包产品，并将末端伸出的裹包材料折叠封闭的机器叫折叠式裹包机。如卷烟、香皂、饼干和口香糖的裹包等。

② 扭结式裹包机　这种裹包机是将末端伸出的无反弹性的柔性包装材料进行扭结封闭。主要用于糖果的裹包。

③ 收缩包装机　将产品用具有热缩性的薄膜裹包后再进行加热使薄膜收缩裹紧产品的机器叫收缩包装机。具有适用性广、包装性能好、生产效率高、市场销售好等特点，便于自动化生产。

④ 拉伸裹包机　这种裹包机是使用拉伸薄膜，在一定张力上裹包产品。用于将堆集在托盘或浅盘上的产品连同托盘或浅盘一起裹包。它具有热收缩裹包

机的特点，不要加热，节省能源。

6.3.3 多功能包装机

在一台整机上可以完成两个或两个以上包装工序的机器。实现一机多用是现代包装机的发展趋势。

（1）筒装成型-充填-封口机

这种包装机是将片状包装材料经折叠制成筒形袋，然后进行充填和封口的机器。

① 立式制袋充填包装机　立式制袋充填包装机的特点是被包装物料的供应筒设置在制袋器内侧，适用于松散体、胶体或液体的包装。被包装物料的流动性、密度、颗粒度、形态等物性，对包装的速度与质量均有很大影响。供料筒或漏斗的尺寸、形状、位置、材料、粗糙度等，应适应于不同物料的特性。包装材料的尺寸（特别是厚度）精度、强度、延伸率等，应满足高速包装机的要求。

② 卧式制袋充填包装机　卧式制袋充填包装机的制袋与充填都沿水平方向进行。可包装各种形状的固态或颗粒状物料，如点心、面包、药品、香肠、玻璃制品、小五金、日用化工用品等，包装尺寸可在很宽的范围内调节，包装速度可达500袋/min。

（2）四边封口式制袋装置

四边封口式袋子的制袋过程是由两卷薄膜经导辊引至双边纵封辊进行纵封，物料由纵封辊凹形缺口之间装入，横封器与切断刀连续回转，完成四边封口操作。

（3）真空或充气填装机

在包装容器内盛装产品后抽出容器内部空气，达到预定真空度，并完成封口工序的机器叫真空包装机。容器盛装产品后，用氮、二氧化碳等气体置换容器中的空气，并完成封口的机器称充气包装机。它们主要用于包装易氧化、霉变或受潮变质的产品，如延长食品包装的有效期，防止精密零件或仪器生锈等。

（4）热成型-充填-封口机

这种包装机采用热塑性片状材料，在加热条件下进行深冲成型为包装容器，然后进行充填，用纸、铝箔、复合材料等片状材料，靠黏合剂与容器边缘进行热压封口。

这种包装机是为包装药片或胶囊而设计的。服药时挤压小泡，药片便可冲破铝箔而出，故称为发泡或压出式包装。这种包装具有重量轻、运输方便、密封性能好，能包装任何异形品，装箱不另用缓冲材料，外形美观、便于销售，方便使用等优点。

6.3.4 其他包装机械

（1）集装机

将产品或包装件形成集合包装的机器。集装机主要是为运输包装服务的，其作用是将若干个包装件或产品包装在一起，形成一个合适的搬运单元或销售单元。常用的集装机有结扎机、捆扎机、堆码机和集装件拆卸机。

集装件拆卸机是指将集合包装件拆开、卸下、分离等的机器。

（2）清洗机

指采用不同的方法清洗包装容器、包装材料、包装辅助材料、包装件，达到预期清洁度的机器称为清洗机。它主要用于前期工作过程。常用的清洗机有干式清洗机、湿式清洗机、机械清洗机。在特殊情况下，还有采用电离分解或通过超声波产生机械振动清除不良物质的清洗机。

（3）干燥机

干燥机是指用不同的干燥方法，减少包装容器、包装辅助物以及包装件上的水分，达到预期干燥程度的机器。常见的有：通过加热和冷却，以除去水分的热式干燥机；通过离心分离、振动、压榨、擦净等机械方法达到干燥的机械干燥机；通过化学物理作用来干燥物品的化学干燥机。

（4）杀菌消毒机

消毒机是指清除产品、包装容器、包装辅助物、包装件上的微生物，使其降低到允许范围内的机器。无菌包装由于不必冷冻储存、冷藏运输与销售，可以大量节省包装费用（尤其是流通费用）与能源。消毒机常常作为多功能包装机的一个组成部分，完成消毒（杀菌）的作用。

杀菌机常用的有热杀菌机、超声波杀菌机、电离杀菌机、化学杀菌机等。

（5）贴标机

贴标机是在包装件或产品上加上标签的机器。贴标机应用较广，品种繁多，主要与所用的标签材料和黏合剂有关。

复习思考题

1. 包装机械的作用是什么?
2. 包装机械是怎样进行分类的?
3. 包装机械主要由哪些部分组成?
4. 试述一般包装印刷机的基本构成及各部分的作用。
5. 与其他类型的印刷机比较，胶印机的主要特点是什么?
6. 数字印刷机与传统胶印机的主要区别是什么?
7. 包装机械有哪些常用装置?
8. 什么是多功能包装机? 它有哪些类型?
9. 自动包装线主要由哪些部分组成?

07 Chapter

第7章

包装标准化

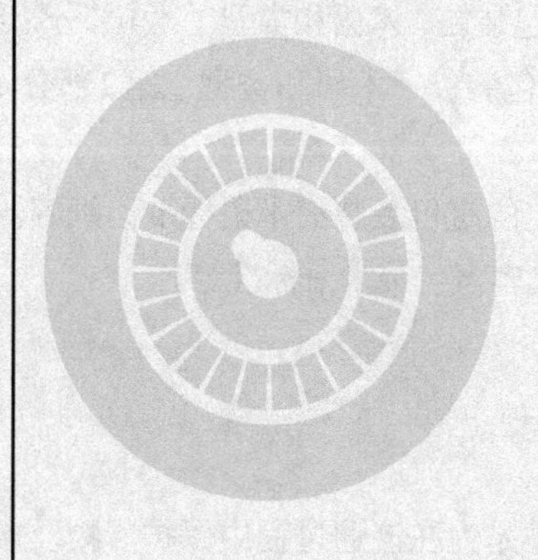

包装标准化是商品包装研究的目标之一，也是商品包装经营管理现代化的一个重要标志。包装标准是包装评价的依据，是实现合理包装的手段。本章探求包装标准化包括其范围、体系等方面的内容。

在我国，根据标准适应领域和有效范围，划分为国家标准、部颁标准（专业标准）和企业标准三级。

包装标准是围绕着具体实现包装的科学、合理化而制订的各类标准，包装标准化是以包装为对象开展标准化活动的全过程。探求包装标准化是商品包装使用价值研究的目标之一，也是商品包装经营管理现代化的一个重要标志。

包装标准是整个包装行业都应共同遵守的法规，它所涉及的范围主要包括以下内容。

7.1 包装术语标准

包装术语的标准是有关一般包装的术语和定义的规定。现有标准有：

《包装术语 第1部分：基础》（GB/T 4122.1—2008）

《包装术语 第2部分：机械》（GB/T 4122.2—2010）

《包装术语 第3部分：防护》（GB/T 4122.3—2010）

《包装术语 第4部分：材料与容器》（GB/T 4122.4—2010）

《包装术语 第5部分：检验与试验》（GB/T 4122.5—2010）

《包装术语 第6部分：印刷》（GB/T 4122.6—2010）

《包装术语 包装与环境》（GB/T 23156—2010）

《包装术语 包装袋 术语和类型 第1部分：纸袋》（GB/T 17858.1—2008）

《包装术语 包装袋 术语和类型 第2部分：热塑性软质薄膜袋》（GB/T 17858.2—2010）

正在组织制定的有包装装潢术语标准、纸容器包装术语标准、塑料容器包装术语标准、玻璃容器包装术语标准等。

7.2 包装标志标准

包装标志标准是为在流通过程中保护货物及搬运者的安全，对普通货物和危险货物所规定的指示性图示和标志。目前已建立有：

《危险货物包装标志》（GB 190—2009）

《包装储运图示标志》（GB/T 191—2008）

《运输包装收发货标志》（GB 6388—1986）

《乘客及货物类型、包装类型和包装材料类型代码》（GB/T 16472—2013）

《包装储运图示标志》(GB 191—1990)。

7.3 包装系列尺寸标准

包装系列尺寸标准是为了流通合理化，对体系化的直方体包装或圆柱体包装所规定的底面尺寸。目前已建立有：

《硬质直方体运输包装尺寸系列》(GB/T 4892—2008)

《圆柱体运输包装尺寸系列》(GB/T 13201—1997)

《袋类运输包装尺寸系列》(GB/T 13757—1992)

《包装单元货物尺寸》(GB/T 15233—2008)

《运输包装件尺寸与质量界限》(GB/T 16471—2008)

《集装袋运输包装尺寸系列》(GB/T 17448—1998)

7.4 运输包装件试验方法标准

运输包装件基本试验方法标准是为了包装货物免遭物流环境作用而损失，对运输包装件所制定的一系列模拟物流环境的试验方法。目前已建立有：

《包装　运输包装件　试验时各部位的标志方法》(GB/T 4857.1—1992)

《包装　运输包装件　基本试验　第2部分：温湿度调节处理》(GB/T 4857.2—2005)

《包装　运输包装件　基本试验　第3部分：静载荷堆码试验方法》(GB/T 4857.3—2008)

《包装　运输包装件　基本试验　第4部分：采用压力试验机进行的抗压和堆码试验方法》(GB/T 4857.4—2008)

《包装　运输包装件　跌落试验方法》(GB/T 4857.5—1992)

《包装　运输包装件　滚动试验方法》(GB/T 4857.6—1992)

《包装　运输包装件　基本试验　第7部分：正弦定频振动试验方法》(GB/T 4857.7—2005)

《包装　运输包装件　基本试验　第9部分：喷淋试验方法》(GB/T 4857.9—2008)

《包装　运输包装件　基本试验　第10部分：正弦变频振动试验方法》(GB/T 4857.10—2005)

《包装　运输包装件　基本试验　第11部分：水平冲击试验方法》(GB/T 4857.11—2005)

《包装　运输包装件　浸水试验方法》(GB/T 4857.12—1992)

《包装　运输包装件　基本试验　第13部分：低气压试验方法》（GB/T 4857.13—2005）

《包装　运输包装件　倾翻试验方法》（GB/T 4857.14—1999）

《包装　运输包装件　基本试验　第15部分：可控水平冲击试验方法》（GB/T 4857.15—2017）

《包装　运输包装件　基本试验　第17部分：编制性能试验大纲的一般原理》（GB/T 4857.17—1992）

《包装　运输包装件　编制性能试验大纲的定量数据》（GB/T 4857.18—1992）

《包装　运输包装件　流通试验信息记录》（GB/T 4857.19—1992）

《包装　运输包装件　碰撞试验方法》（GB/T 4857.20—1992）

《包装　运输包装件　单元货物稳定性试验方法》（GB/T 4857.22—1998）

《包装　运输包装件　随机振动试验方法》（GB/T 4857.23—2003）

《大型运输包装件试验方法》（GB/T 5398—2016）

《软包装件密封性能试验方法》（GB/T 15171—1994）

7.5 防护包装技术标准

防护包装技术标准是为了保护货物免遭物流环境作用而损失，对包装的一些特殊技术和方法所做的种种规定。目前已建立有：

《防霉包装》（GB/T 4768—2008）

《防锈包装》（GB/T 4879—2016）

《防潮包装》（GB/T 5048—2017）

《防水包装》（GB/T 7350—1999）

《防护用内包装材料》（GB/T 12339—2008）

《气相防锈包装材料选用通则》（GB/T 14188—2008）

7.6 包装材料试验方法标准

《包装　缓冲材料　蠕变特性试验方法》（GB/T 14745—2017）

《包装材料试验方法　相容法》（GB/T 16265—2008）

《包装材料试验方法　接触腐蚀》（GB/T 16266—2008）

《包装材料试验方法　气相缓蚀能力》（GB/T 16267—2008）

《包装材料试验方法　透湿率》（GB/T 16928—1997）

《包装材料试验方法　透油性》（GB/T 16929—1997）

7.7 包装容器及试验方法标准

《包装容器　钢桶》（GB/T 325，包括GB/T 325.1—2008，GB/T 325.2—2010，GB/T 325.3—2010，GB/T 325.4—2015，GB/T 325.5—2015）

《运输包装用单瓦楞纸箱和双瓦楞纸箱》（GB/T 6543—2008）

《框架木箱》（GB/T 7284—2016）

《塑料编织袋通用技术要求》（GB/T 8946—2013）

《塑料编织袋通用技术要求》（GB/T 8946—2013）

《普通木箱》（GB/T 12464—2016）

《包装容器　竹胶合板箱》（GB/T 13144—2008）

《包装容器　钢提桶》（GB/T 13252—2008）

《包装容器　纸桶》（GB/T 14187—2008）

《包装容器　工业用薄钢板圆罐》（GB/T 15170—2007）

《包装容器　固碱钢桶》（GB/T 15915—2007）

《包装容器　方桶》（GB/T 17343—1998）

《硬包装容器透湿度试验方法》（GB/T 6981—2003）

《软包装容器透湿度试验方法》（GB/T 6982—2003）

《包装　包装容器　气密试验方法》（GB/T 17344—1998）

7.8 包装管理标准

包装管理是为了进行包装质量、设计、回收等管理而做出的各种规定。目前已建立的包装标准有：

《包装设计通用要求》（GB/T 12123—2008）

《包装标准化经济效果的评价和计算方法标准》（GB 857—89）

《包装废弃物的处理与利用》（GB/T 16716）含：

《包装与包装废弃物　第1部分：处理和利用通则》（GB/T 16716.1—2008）

《包装与包装废弃物　第2部分：评估方法和程序》（GB/T 16716.2—2010）

《包装与包装废弃物　第3部分：预先减少用量》（GB/T 16716.3—2010）

《包装与包装废弃物　第4部分：重复使用》（GB/T 16716.4—2010）

《包装与包装废弃物　第5部分：材料循环再生》（GB/T 16716.5—2010）

《包装与包装废弃物　第6部分：能量回收利用》（GB/T 16716.6—2012）

《一次性可降解餐饮具降解性能试验方法》（GB/T 18006.2—1999）

《包装回收标志》（GB/T 18455—2010）

《塑料制品的标志》（GB/T 16288—2008）

《一般货物运输包装通用技术条件》（GB/T 9174—2008）

7.9 包装标准的构成体系

包装标准一般由概述部分、正文部分和补充部分构成。其结构形式如图7-1所示。

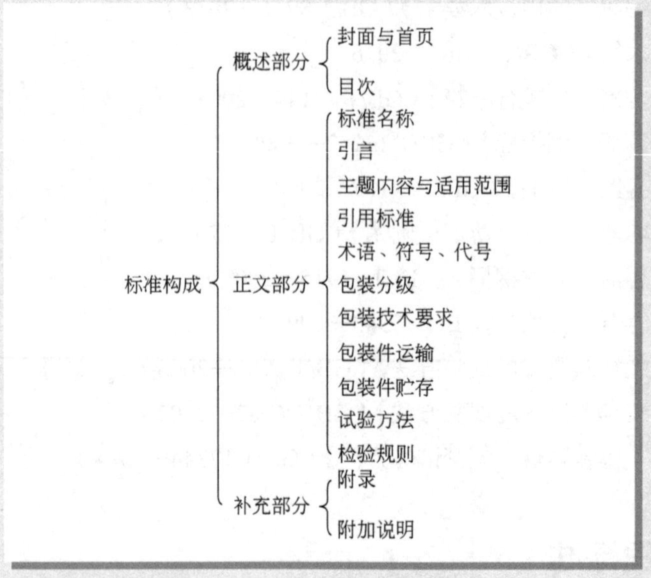

图7-1 包装标准结构形式

概述部分是各类标准都具有的。标准的封面、首页及以后各页的格式、字号、字体，均应符合GB/T 1《标准化工作导则》、GB/T 20000《标准化工作指南》、BG/T 20001《标准编写规则》、GB/T 20002《标准中特定内容的编写》；条文不多的标准可以不写在目录里。

技术内容部分是标准的核心。标准的名称应能简单明确地表示标准的主题；引言包括标准的适用范围；名词、术语、符号和代号在同一标准中要前后统一，与其他有关标准中的规定也应一致，同一术语、符号应始终用来表达同一概念；技术要求是保证产品的使用性能而对制造质量所做的规定，是决定产品质量和使用特性的关键性指标，包括对材料要求、使用性能、耗能指标、外观与工艺要求等。

一个标准可以有若干附录，附在正文后面。附录分两种：一种是补充条件，是对标准技术特性所做的补充，相当于技术内容的一个组成部分；另一种是参考件，是为了使用者能正确地理解和应用标准而提供的参考资料。如标准中重要规定的依据、正确使用标准的说明等。

7.10 积极采用国际标准

采用国际标准是指把国际标准的内容，经过分析研究，不同程度地纳入我国标准，并贯彻执行。

国际标准一般具有较高的水平、权威和广泛的代表性，又是世界各国均可采用的共享技术，被许多国家公认并直接采用作为本国国家标准。《中华人民共和国标准化法》规定，国家鼓励企业积极采用国际标准。

我国已成为WTO成员国，企业直接面临着竞争激烈的国际市场，商品的竞争，实质是质量的竞争。原国家技术监督局决定等同采用ISO 9000系列和ISO 14000系列标准，并作为国家标准正式颁布。

① GB/T 19000—2016/ISO 9000:2015《质量管理体系　基础和术语》

② GB/T 19001—2016/ISO 9001:2015《质量管理体系　要求》

③ GB/T 19004—2011/ISO 9004:2009《追求组织的持续成功　质量管理方法》

④ GB/T 19010—2009/ISO 10001:2007《质量管理　顾客满意　组织行为规范指南》

⑤ GB/T 19011—2013/ISO 19011:2011《管理体系审核指南》

⑥ GB/T 19012—2008/ISO 10002:2004《质量管理　顾客满意　组织处理投诉指南》

⑦ GB/T 19013—2009/ISO 10003:2007《质量管理　顾客满意　组织外部争议解决指南》

⑧ GB/T 19015—2008/ISO 10005:2005《质量管理体系　质量计划指南》

⑨ GB/T 19016—2005/ISO 10006:2003《质量管理体系　项目质量管理指南》

⑩ GB/T 19017—2008/ISO 10007:2003《质量管理体系　技术状态管理指南》

⑪ GB/T 19022—2003/ISO 10012:2003《测量管理体系　测量过程和测量设备的要求》

⑫ GB/T 19023—2003/ISO/TR 10013:2001《质量管理体系文件指南》

⑬ GB/T 19024—2008/ISO 10014:2006《质量管理　实现财务和经济效益的指南》

⑭ GB/T 19025—2001/ISO 10015:1999《质量管理　培训指南》

⑮ GB/T 19029—2009/ISO 10019:2005《质量管理体系咨询师的选择及其服务使用的指南》

⑯ GB/T 24001—2016/ISO 14001:2015《环境管理体系　要求及使用指南》

⑰ GB/T 24004—2017/ISO 14004:2016《环境管理体系　通用实施指南（2018-7-1实施）》

⑱ GB/T 24050—2004/ISO 14050:2002《环境管理　术语》

⑲ GB/Z 27907—2011/ISO/TS 10004:2010《质量管理　顾客满意　监视和测量指南》

⑳ GB/Z 19027—2005/ISO/TR 10017:2003《GB/T 19001—2000的统计技术指南》

7.11 包装企业标准化生产的意义

标准化是一项综合性的基础工作，是国家的一项重要技术经济政策。包装标准化涉及国民经济的方方面面，并关乎人民群众生活，它不仅是技术监督工作的科学技术基础，而且是国民经济和社会发展的技术基础，对于促进包装企业技术进步，加强企业现代化管理，提高企业素质，提升企业产品的质量和信誉，充分利用国家资源，均具有重要的意义。

包装标准化是以包装为对象开展标准化活动的全过程。它要求统一包装材料，统一规格尺寸，统一包装容量或重量，统一包装标记，统一封装方法及统一捆扎方法。这样可以简化包装容器规格，便于计量与识别；可以节约包装材料，合理压缩体积，节约运费；便于包装容器的加工制造，有利于提高质量；有利于加速周转、调剂及便于装卸运输，为集合包装成组创造条件。

第一，包装标准化能保证企业各个生产环节的技术衔接与协调。

随着科学技术的迅速发展，生产现代化程度越来越高，生产规模越来越大，技术要求越来越严，分工越来越细，生产协作越来越广泛，产品也日益复杂、多样化。一种产品往往需要多个甚至上百个专业厂进行生产和实验，即使在同一个企业内部，也涉及许多生产环节。这样复杂、众多的纵横关系与生产环节，单靠行政命令和安排是不行的，必须在技术上使它们保持衔接和协调，这就要通过制定和贯彻执行各种技术标准，保证生产有条不紊地进行。

第二，包装标准化能保证和提高产品质量。

标准是衡量产品质量的重要尺度。标准化工作的基础在企业，包装来源于生产实践，反过来又要回到生产实践中去，接受生产实践的检验，并指导生产实践。一个好的标准，是在正确地总结科学技术成功和生产、使用实践经验的基础上制定出来的，它应能充分地反映生产者和使用者等有关方面的客观要求，最大限度地科学合理利用国家资源，并能在生产建设中起指导生产和促进生产的作用。

一般包装件的性能受到材料、环境、设备、作业人员与作业方法等因素的影响。如果不对这些因素制定某种标准，是不可能保证稳定的标准质量的。把这些影响因素按要求制定出合理的标准，并在生产中认真贯彻执行，使标准化管理成为质量管理的基础。原材料进厂，要按标准验收，做到不合格的原料不投料，半成品要按要求检查，做到不合格的半成品不进入下一道工序；成品出厂也要按要求检查，做到不合格的产品不出厂。之所以这样做，就是因为在现代化的条件下，各部门，各行业，各企业，各环节是环环相扣，彼此密切相联系的。一种产品的生产，往往和许多部门、行业、企业有关联，如果在上一个环节不按标准办事，就会影响产品质量。因此，要保证和加强产品质量，加强标准化工作是十分重要的，是必不可少的。

第三，包装标准化能降低成本。

一般来说，生产大量的标准化产品，其效益会提高，同时也就是降低了成本。因为包装标准能将五花八门的订货标准化成少数几种规格和尺寸，这样就使订货量增加而提高生产效率，导致成本下降，取得效益。

第四，包装标准化能有效地判断包装件的适宜性。

对于包装经营管理人员，其日常工作很大部分是要迅速地判断包装件的适宜性。一般来说，当发生这种有待判断的问题时，每次都要由有经验的人员列出相关因素，编写数据资料，这种重复研究往往要花费大量时间，效率是很低的。如，为了判断使用的某种材料对一种包装件是否适宜，如果没有材料标准，就得每次都进行试验，再根据试验结果进行判断，以免导致错误的结论和引起索赔事件。如果有了包装材料标准，它就能提供各种数据，提高判断问题的速度，提高工作效率，减少判断失误。对某种工作制定出标准，实质上就明确了某种权限范围，也明确了责任。当然，这种责任是同奖励与处罚相联系的。

第五，包装标准化有利于个人技术的均衡化。

每个企业都会有一些被誉为“现场权威”的有经验的优秀技术工人。为使大家能掌握“现场权威”的技术和技能，就需要将他们的技术和技能归纳为一种成文的，每个人都能运用的“标准”，这样就可使大家能达到同样的工艺水平和状态。

第六，包装标准化有利于满足消费者需求，提高企业的竞争力。

实施包装标准化是满足消费者需求的有效途径。国际标准化组织（ISO）很早就十分重视“包装要满足消费者的需求”。国际标准化组织下属的消费者政策委员会（ISO/COPOLCO）早在1984年就制订了第41号ISO指南《包装标准——消费者的需求》，其旨在强调在起草各类包装标准时，将消费者的需求纳入标准中，并且应优先从保护消费者的需求出发考虑包装的设计与制作，以其达到满足消费者需求的目的。从现代生产的大规模性和产品包装的复杂多样性来看，只有采用合适的包装标准才能始终如一地满足消费者的需求。消费者对产品包装的需求主要集中在安全、卫生、适用、经济、节能、环保等方面。

例如，美国早在20世纪70年代就进行了儿童安全包装研究并制定了其测试方法标准，并由美国消费者产品安全委员会（Consumer Product Safety Commission，简称CPSC）颁布了毒品安全包装条例，美国儿童中毒事故大大减少。70年代以后，西方一些国家纷纷引入美国的儿童安全包装标准测试方法。统计显示，从采纳了这些安全包装标准测试方法后，这些国家的儿童吞食有毒物等安全事故大大降低。同时，采用了安全包装的企业其美誉度明显提高，受到了更多消费者的青睐。

在制定实施符合消费者需求的包装标准方面，中国国家标准GB/T 17306—2008《包装业消费者的需求》规定了消费品包装为满足消费者的各项需求应遵循的基本原则和要求，以指导与消费品包装有关的各类标准的起草，及消费品包装的设计与制作。该标准规定：

① 包装材料不应产生可能危害人或其他生命的物质；

② 在有害内装物的包装上，应标明有关的安全警示和使用方法；

③ 有害内装物的包装应同食品或饮料的包装明确区分开来，必要时，采用不同颜色、不同形状或其他方法进行区分，避免消费者误解；

④ 包装开启方法应合理、方便，并且特别要考虑弱消费者（如儿童、残疾人）的不同要求；

⑤ 对有害内装物包装应设有安全闭锁装置，该装置既应使儿童难以开启，同时又便于残疾人打开；

⑥ 包装尺寸、大小与形状均不应使消费者对其内装物的含量产生误会；

⑦ 包装规格应适合其最终用途与产品的平均消耗速率，以保证在合理的情况下，消费者能在保质期内消耗完内装物；

⑧ 避免过分考究的包装，在不违反其他要求时，应采用最廉价的材料，尽量减少附加到产品价格上的包装成本。

复习思考题

1. 在我国标准是如何分级的？
2. 我国国家标准是如何分类的？
3. 什么是包装标准与包装标准化，它们之间有什么关系？
4. 包装标准化有哪些重要作用？
5. 制订包装标准的原则有哪些？
6. 我国包装标准体系主要包括哪些类型的标准？
7. 包装技术标准的结构形式是怎样的？

Chapter 08

第8章

包装设计

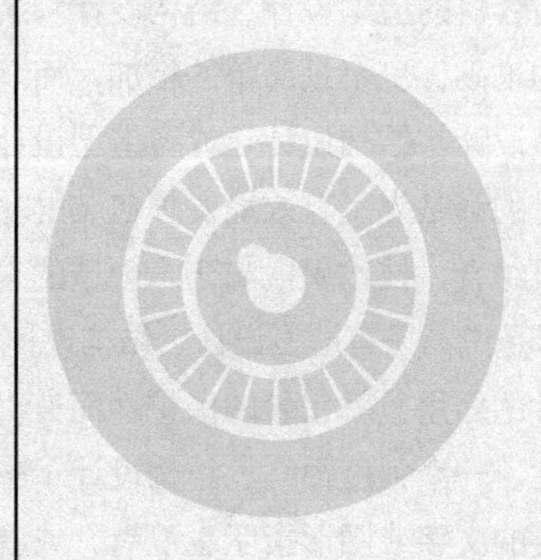

商品的销售包装是通过人（设计人员）→物（包装体）→人（顾客）的模式进行的，所以包装设计必须符合商品销售的规律，针对具体商品，分析其物质功能与精神功能，选取必要的材料，进行形体设计和表面设计。

8.1 概述

8.1.1 包装设计的概念

设计是一种创造性思维与行为的过程。

包装设计是根据一定的目的要求，经过策划构思，通过一定的形式将技术与美术结合，运用于产品的保护和美化的设计。现代包装设计是以保护产品流通安全、方便消费、促进销售为目的，依据特定的产品形态、性能与流通意图，采用适当的材料、容器造型、结构、防护技术、图形、文字与色彩等因素综合创造出新型商品。

包装设计的任务，就是要根据商品（产品、内装物）的包装功能、经济成本、加工工艺、社会信息、审美心理、市场需求等情况，利用一定的材料、容器、辅助物，构思出一种或系列的适用于该商品的包装品样式。这是包装设计的全过程。在这个过程中，既要从事自然防护功能设计，又要从事社会认识功能设计。也就是说包装设计是对包装品的整体形成所进行的创造性构思过程。

8.1.2 包装设计的内容

包装设计是指容器的造型设计、结构设计和装潢设计组成的一个系统，三者之间不是一般的堆砌，也不是简单的相加，而是相互联系、相互作用的有机组合。尤其是造型设计与结构设计，或者造型设计与装潢设计之间都存在着相互渗透的现象。目的都是为了有效地发挥包装的功能作用。其实质是精神功能与物质功能的有机结合、技术手段与艺术创造的有机结合、科学原理与美学原理的有机结合。即是说，只有造型设计、结构设计和装潢设计有机地结合起来，才能发挥包装设计的作用。就包装的保护性而言，结构设计的保护性并不等于包装设计的保护性。一个强度很高、结构设计十分科学的包装，外部没有任何装潢设计，连必要的文字或图形指示也没有，或者这些设计不十分醒目，那么在物流过程中就容易遭到损坏，失去了包装的保护性。同样，不是在合理结构设计基础上的装潢，充其量也只是一幅纯粹的广告或宣传画，并没有很好地传递内装物的信息。事实上，结构和装潢设计之间的关系是相辅相成的，不注意外观效果的结构设计，不可能成为完美的包装产品；不以结构为基础的外观造型和装潢，必定走向形式主义的歧途；而一个奇特的造型和漂亮的装潢图案如果不能达到设计风格的统一，也不会给人以美的享受。

8.1.3 包装设计的方法

包装设计的方法多种多样，它因人而异，因产品而异，因创意而异，因材料而异，因需要而异，因时代而异，因条件而异，因情趣而异，很难说有什么固定的模式。随着包装科学的发展，包装设计水平的不断提高，包装设计方法也会层出不穷。常见的设计方法有以下几种。

（1）系列法

系列法是包装设计中最常用的设计方法之一，包装装潢设计从单体设计走向系列化设计，是产品发展的需要，也是消费与市场竞争的需要。系列法包装设计方法实际上是在形态、品名、色彩、形体、材料、组合方式上对同一产品做出不同样的包装处理，形成系列状态，在满足不同消费者使用需求的同时，又可避免一种商品只有一种包装形态的单调局面，以满足顾客的审美心理需求。系列化设计的主要对象是同一品牌下的系列产品、成套产品和内容互相有关联的组合产品。它的基本特征是采用一种统一而又变化的规范化包装设计形式，从而使不同品种的产品形成一个具有统一形式特征的群体，达到提高商品形象的视觉冲击力和记忆力，强化视觉识别效果。不同品牌、不同档次、不同类别的产品是不能随意进行系列化设计的，因为产品内容缺乏内在统一的联系。系列法包装设计包括有商品系列、品名系列、色彩系列、形态系列、形体系列、材料系列、组合系列等（图8-1）。

（2）仿生法

仿生法是依照生物（动物或植物、人体）的形象（如图8-2所示）、结构、

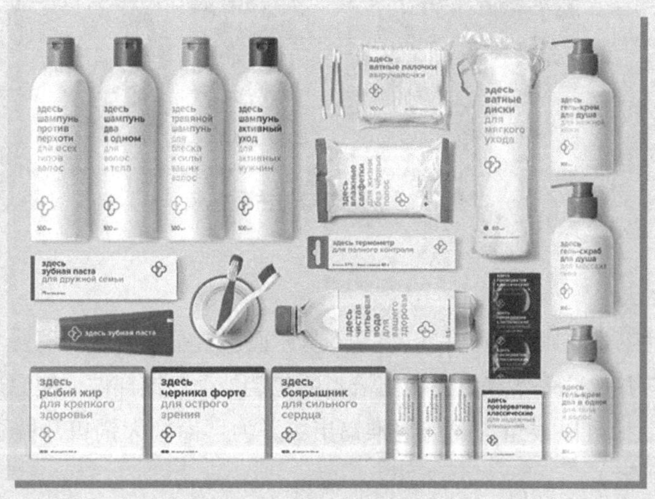

图8-1　组合系列包装

功能、色彩、材料、质地、效果来设计包装品，使包装品具有生物的形态与结构、特征的相似性，从而给消费者以生命、活力、生机等感受，诱惑消费者的购买欲望，激发其购买行为。

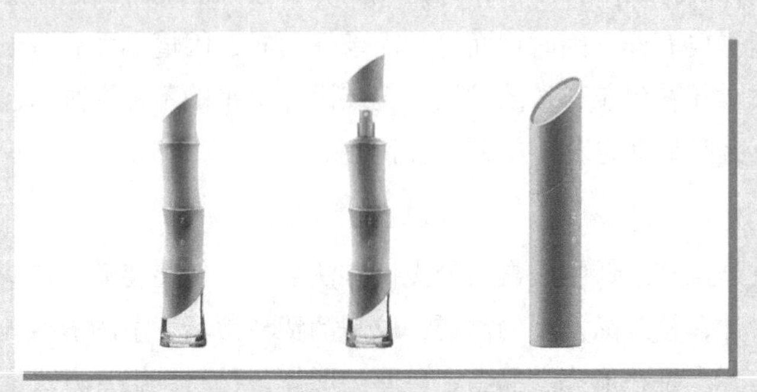

图8-2 资生堂香水包装

（3）仿古法

仿古法是将一些古老的、有一定代表意义的，今天还仍然有一定的社会价值的事物，在包装品上再现出来，以满足人们对先祖的思念，对往昔生活的眷恋心理。特别是一些众所周知的、历史悠久的、社会影响较深远的事物，在包装设计中经强化处理而后再现出来，所取得的社会效益与经济效果会更突出（如图8-3所示）。

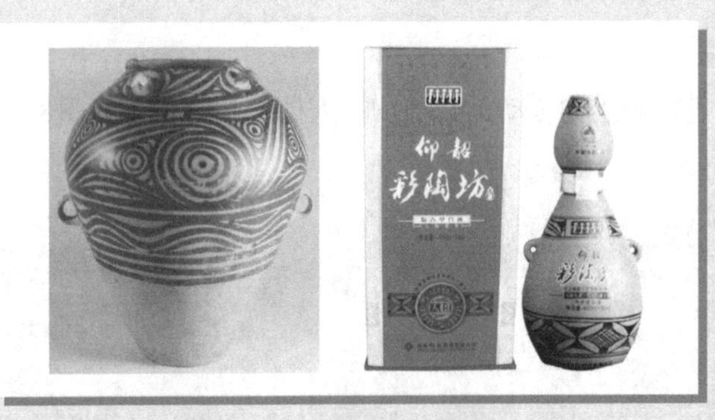

图8-3 陶罐与仿古酒包装

（4）组合法

组合法不是着眼于商品和包装品本身，而是着眼于顾客的消费与使用如何方便上面，并从这一本意出发做出恰当的包装处理。这样做，使原来需要分件销售的商品，可以成组、成套地推销出去，为厂商扩大销售开辟了新的渠道（如图8-4所示）。

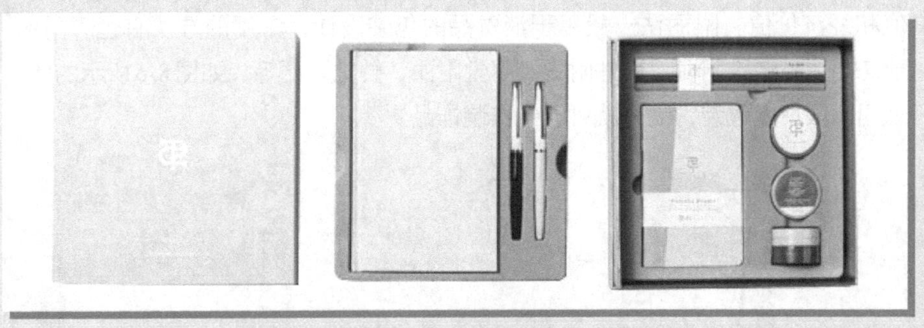

图8-4　文具组合包装

（5）放射法

放射法是以某一色彩或包装品形态、形体、材料、结构、质地、功能、趣味为轴心，围绕它向外扩展变化，构成一个环形系列。按这种构思方法设计的包装品往往使同一商品产生无数的包装形态，能更广泛地适应各阶层顾客的各种需求。

（6）对应法

对应法指的是与商品的形象、形体、色彩、材料、质地、功能、图案等方面相对应（相同、相似、模拟）的包装品设计。也就是说，采用与商品的种种特征相同、相似或模拟的方法，来构思包装品设计，使顾客一看，就能联想到商品本身的特征、形象，使包装品与商品产生对应关系（如图8-5所示）。

图8-5　香蕉果汁包装设计

（7）附丽法

又称附加法。指在一般包装形态上，再附加一些内容，使之更具有审美价值和经济价值。附丽法一般用于消费品的包装设计，常用的方法有色彩附丽、形态附丽、结构附丽、配件附丽、嗅觉附丽、触觉附丽等。如图8-6所示的依云饮用水限量版包装，喝完就可以当作装饰品。

图8-6　依云饮用水限量版包装

（8）优化法

优化法也就是“择优录取”的意思，指的是同时构思出几个或十几个设计方案，加以比较、分析、取舍、综合，最后找出最优方案。优化的原则和标准，一方面取决于商品本身的品质、形态、销售对象、销售目标市场、销售方式、销售环境等因素；另一方面也取决于包装品的装潢、材料、技术、工艺、印刷、结构、形体等因素给人的心理感受和生理满足等因素。

（9）开发法

开发法是指放开思路、开发思维潜能。因为，任何设计都是构思，并且都是创造性构思，如果不放开思路，不开发思维潜能，就不可能产生新颖、奇特的设计。开发思维潜能的方法很多，主要步骤是：发现问题、分析问题、参考因素、可靠性研究、解决方案。

（10）列表法

列表法是指设计人员在进行整体设计构思过程中，为了提高记忆力与想象力，把有关包装设计的诸多因素用列表的方式记载下来的一种方法。列表的方式有两种，一为总表，一为单项表。

此外，包装设计还有协调法、简化法、交叉法、逆反法、任意法、改良法、激励法、渴望法等。

上述包装设计方法虽然很复杂，但还只是包装设计方法中的一部分，有许多独特的和新创造的设计方法，笔者在此不一一加以引述。每一个包装设计工作者都有自己的工作习惯、思维方式，不一定照搬这些方法，应大胆创造新方法，因为设计就是创造。

8.1.4 包装设计的过程

谈到设计，其实是一种构思，一种创造性思维与行为的过程。包装设计也不例外，是针对产品而进行的设计。过程为：

核实产品 → 构思草图 → 绘形体图 → 模型制作 → 外观装潢 → 试制样品 → 复制样品 → 申请专利 → 投产。

（1）核实产品

包装设计过程的第一步是核实产品，弄清楚它对包装品的功能需求与裹包程序，了解它的品质与形态特征以及流通方向，即包装品的设计内容，确定设计的整体构思，即总体定位设计。并对产品形体尺寸与度量进行精确测定，以毫米（mm）、克（g）、毫升（mL）为长度、质量、容积的计量单位。

（2）构思草图

指对所设计的对象进行构思，并将有关包装的功能、结构、装潢、语言、文字、质地、形态等内容简洁地表现出来。这是设计构思走向生产的第一步，还会存在某些不足，需要逐步修改完善。

（3）绘形体图

构思草图完成后，需要绘形体图。这是设计程序中的一项重要内容，应严肃认真细致地进行，必须做到精细、准确、逼真，能把包装品的真实面貌展示出来，绝不能草率从事。定稿后的图纸报送有关部门审批、申请专利、安排生产、存入档案等。形体图应包括外观立体效果图、内观立体结构图及各种展开图。

（4）模型制作

是指用模型的形式来体现设计构思和检验设计效果。它包括各种包装品的容器模型、结构模型、外观模型。按制作工艺划分有泥塑、石膏翻制、车木、折纸、塑料拼贴、涂敷等。

（5）外观装潢

模型制成后，需要在上面进行外观装潢美化。其内容包括：标出商标、商品名称、商品性能、商品特征、商品规格、厂名、地名、国名，以展示商品形象。一般玻璃、陶瓷、金属容器采用标贴的形式；而纸制包装品、塑料袋、编织袋、木箱、铁皮罐等包装容器，是直接印刷上的（书写、绘画、移印）。

（6）试制样品

在完成上述各项工作后，就应试制样品。样品直接用包装材料制作，并应进行测试，以证明包装功能的可靠性及合理性。样品的装潢工艺一般采用绘画、彩色摄影、喷绘、丝网印刷等方法表现。要求装潢效果达到与投产后的正式产品一样逼真，商品形象使人觉得惟妙惟肖。

（7）复制样品

样品试制成功后，即将样品复制成若干份，以供审批和申请专利之用。样品复制是对样品进行再加工、再创造的必经过程，是一项更精心细致的创造性劳动。样品复制完毕后应着手编写包装设计作品的说明书，以便他人能了解该设计作品的构思、结构、功能、效果、成本、加工工艺等内容。

（8）申请专利

包装设计者应该保护自己的知识产权和厂家的产品专利权。在包装设计工作全部完成后，应该向国家专利局申请本设计作品的有关专利权保护，办理有关手续，以保护自身及厂家的经济利益和社会信誉。

（9）投产

设计作品经过上述程序后，就要立即投入小批量生产，投放市场试销，看反馈信息如何。设计者应跟踪了解，或委托营销部门跟踪调查。如果市场反馈信息很好，顾客们很欢迎或很赞成这种包装品，就可以投入大批量生产。反之，则应考虑作适当修改或重新设计。

8.1.5 包装设计的发展和商标的出现

包装设计的发展受到生产力的发展水平、新的艺术流派与风格、商品售卖方式等多种因素的影响，随着经济的发展、技术的进步及消费者审美观念与需求的变化，包装设计也在与时俱进。

最初作为盛器与容器使用的青铜器、陶罐等，具有保存食品、便于储存与携带的作用，可谓是最早的包装样式。受制于生产力的发展水平，当时生产分工还不是非常细化，产品交换也并不发达。早期包装在材料与结构上都比较简单，这时包装的功能主要是保护、运输与储藏，当时人们善于利用天然材料，不仅满足了生活所需，而且也是最早的绿色包装，如用箬叶包的粽子；装药丸、清酒的葫芦；藏钱币、做食具、盛盐巴的竹筒；存入蛤蜊油做护肤品的贝壳；插糖葫芦的稻草人等，作为生态包装，体现了当时劳动人民的聪明才智。

手工业时代，随着生产力的提高和手工业的发展，劳动分工细化有了根本性的提高，随着商品交换成为产品交换的主要形式，包装的本质与功能也在发生根本性的变化。这时，商场上商品交换与竞争规律决定了包装不仅是对商品的分装，还需要有效传达与产品有关的信息，达到促进产品销售的目的，这样，包装逐步成为一种视觉传达设计。商标作为用在商品上以示区别的标记，也便应运而生。1262年，意大利人在他们制造的纸张上采用了水纹作为产品标志，水纹标志设计甚至成为当时造纸技术人员的一个重要的工作内容。19世纪，现代意义上的商标制度在欧洲各国相继建立，法国1804年颁布法典，首次规定商标权受保护。法国成为世界上第一个建立起商标注册制度的国家。

我国最早的商标，可追溯到北宋时期的“白兔”商标。当时山东济南有一家专造功夫细针的刘家针铺，设计、制作了一枚专门印刷商标的铜版，以白兔为商品标志。这是我国目前发现的最早的商标，经官方正式批准使用的最早注册商标，是1890年上海燮昌火柴公司使用的“渭水”牌火柴商标。

在手工业后期、工业革命前期，许多包装已经达到了相当高的水平，只是在插图和编排等方面与绘画还没有真正地脱离关系。包装的各个立面，视觉力度较弱，层次感不强。

在工业革命席卷整个欧洲大地后，世界上许多国家的社会生产力有了极大的提高。市场经济有了更深更广的发展。19世纪末20世纪初随着印刷机械和印刷技术的发展，包装设计与制作的技术有了长足进步，与此同时，欧洲层出不穷的新的艺术流派与风格也影响着包装设计，使包装设计的理念和品位有了大幅提升，包装设计的风格和形式不断推陈出新。

装饰性的设计表现语言，是当时人们对包装设计功能认识的集中体现，包装设计就是装潢设计，是对包装外观的一种装饰、装扮，所以在设计中最为强调装饰性和象征性，以此来提升包装设计的品位。

在计划经济时代，中国的包装存在单纯追求装饰效果、轻视营销的视觉传达功能的倾向，人们对包装的市场促销功能认识不足，把包装设计看成一种装潢，设计时大量运用各种装饰图案。这种设计认识的不足，直到改革开放之后，特别是中国进入社会主义市场经济建设时期以来，才得以转变。

20世纪20年代在欧洲发展起来的现代主义设计思潮，主张“功能决定形式”以及“少即是多”的审美主张，在这种理性设计思想的指导下，人们重新思考了包装作为视觉传达设计在商品的装饰、保护及促进销售等功能方面的作用。这时包装上的信息被简化为最基本的要素，即品牌、商品名称和商品形象，使功能与表现形式在包装上以新的方式真正地统一起来。现代主义思潮下产生了众多视觉力度很强的、简洁的商品包装，极大地促进了现代包装设计理论方面的发展，但现代主义设计的语言表达单一、缺乏个性和人情味，这些不足也使这种风格随着时间的流逝而逐渐失去了自己的影响力。功能主义的观念在中国也有一定的影响。特别是20世纪60～70年代的一些风格简约的包装，这也与当时整个社会的政治文化思想有直接的关系。

从20世纪50～60年代开始，企业为了促进销售、降低成本，不仅注重商品包装保护产品和便于运输的基本功能，同时更加注重通过商品包装宣传广告、美化产品、提高产品附加价值的作用。如企业形象识别系统（CIS, corporate identity system）指导下的系列包装，就是通过对同系列产品推出统一的包装来强化企业自身的形象。

自20世纪50～60年代自美国开始盛行于全世界的超级市场，对包装设计的风格产生了巨大的影响。在这种自助式的市场条件下，对包装的设计要求集中在如何快速抓住并能长久地吸引消费者的目光这一点上。为了做到这一点商品品牌必须放置在最能让人辨识清楚的位置，必须强调观众熟悉的色彩，扩大商标的名字或标志的形象等，以便产品包装能够从货架上相邻的产品中突显出来，达到自我推销的目的。随着市场竞争的愈加激烈与社会生活的发展，现代包装上的信息量有了新的增加与变化，这也给包装上的信息配置带来了新的课题。以Vitacress绿色蔬菜色拉公司的包装设计为例，透明塑料袋包装新鲜蔬菜，使消费者一眼就能看到蔬菜的鲜嫩，并强化商标品牌使其易于辨识和识别（文后彩色插页图8-7、图8-8）。

20世纪60年代，人性化的设计逐步引起人们的重视。今天的设计师运用了各种幽默、滑稽的表现语言，使包装设计变得更加有趣，从而提升包装设计形象对消费者情感上的亲和力与号召力，如可口可乐包装就是通过个性化标签实现创意营销的典型案例（图8-9）。

产品包装用形态、色彩、图案和材料等综合因素来创造文化、时尚、高档和趣味等独特的艺术效果，从而使消费者感受到物超所值。如图8-10所示的酒鬼酒包装仿麻袋的造型与肌理，酒瓶封口处结扎的抽绳似麦子，不仅传递着粮食酿造的内在品质，包装造型也充满着中国文化韵味。

图8-9　可口可乐的个性化“定制感”包装

图8-10　酒鬼酒包装设计

8.2 包装造型设计

包装造型设计是指包装容器的造型设计，它是经过构思将具有包装功能及外观美的包装容器造型，以视觉形式加以表现的一种活动。我们通常所说的设计，是构思，是创造性思维；造型，是人们将材料或物体加工、组装成具有特定使用目的的某种器物。造型设计是运用美学法则，用有型的材料制作，占有一定的空间，具有实用价值和美感效果的包装形体，是一种实用性的立体设计和艺术创造。包装造型设计必须具备下述条件。

（1）实用性能

包装容器必须具有保护商品的实用价值。这是包装容器造型设计的基本出发点。商品的包装容器必须以适当的材料和造型等来实现其保护性功能，以防止自然条件变化或人为因素引起的商品受损。

（2）审美性能

包装造型设计还要考虑其美观性。现代社会，人们对于商品并不仅仅满足于货真价廉，更希望在商品及其包装上得到一些美的享受。一个造型美、色彩美的包装可以使人赏心悦目、心情舒畅，有可能成为人们家中的陈列品。因此，要美化包装造型，实现包装的商品性和心理功能，从而促进商品的销售。

美感的意识和审美的体验存在着个人的差异。同时，审美意识还具有国际性、时代性、民族性、社会性，并与个性组成复合体。因此，设计者应尽力使包装造型适合于大众美和时代美，这是十分重要的。设计者必须十分清楚，每位顾客在购物时，停留在产品上的时间仅为1/15秒，不抓住顾客的视线，不以最引人的美感吸引人，顾客是绝不会驻足的。

（3）经济性能

以最低的消耗取得最佳效果是一切人类活动的准则，包装造型设计也不例外，同样应遵循这一普遍性的经济法则。由于包装容器需求量巨大，所以在进行包装造型设计时，更应注意将实用性、审美性与经济性有机地结合。

如果过分强调实用性和审美性，就可能出现价格昂贵致使人无法接受的程度。相反，一味地强调经济性，又可能粗制滥造出使人厌恶的包装容器。两种极端的做法都将使商品滞销，造成经济上的损失。经济性与审美性、实用性也是既矛盾又统一的，正确的做法应是在不损害造型美和包装功能的前提下，尽量降低包装成本。

（4）独创性能

包装造型设计与其他设计工作一样，都是创造性的劳动，不能一味地模仿。强调创造性，并不是要求设计者对一切商品包装都要创造出与现有的完全不同的东西，对一些名牌传统商品的包装设计，在结构上类似，而在艺术构思与包装造型方面具有独创性，并得到社会承认，仍然称得上是好设计。包装造型设计的独创性并非仅对包装的艺术性而言，应当注意的是独创性可以体现在实用性、经济性和审美性等诸多方面。

上述四个条件虽在理论上各有其独立性，却又是互相关联的。在进行包装造型设计时，只有综合分析归纳并全面考虑与体现这些条件中的要求，才能形成并达到优秀、合理的包装造型。

8.2.1 造型的形态要素

形是人们所感觉到的物象，形态则是指形的状态或表现形式。艺术造型学中形态要素有点、线、面、体、色彩和肌理。艺术造型学不是非常注意各几何要素的定量的表达和计算，而着重于这些要素视觉效果的研究。而包装造型则需要两者兼备，才能设计出具有美感而又实用的包装品。

（1）点

在包装造型设计的基本要素中，点是最基本的要素，是其他要素的始发点，事实上，许多产品包装的造型本身就是一个点。造型设计所用的点，可以有多种形式，可以是一个字，也可以是任意一个形态，是有大小、面积、形状、浓淡、虚实的。点的大小不同、形态各异、位置不同，会产生不同的视觉感受和联想（如图8-11所示）。圆球形或多面体球形的包装容器即是如此，一些产品包装造型的局部也是一个点。圆点给人饱满、充实、运动、优美、醒目、活泼之感，有棱角的点给人坚实、严谨、稳定、刚毅之感。点还有聚焦的作用，往往容易把顾客的注意力集中过来。所以，许多设计者喜欢用点来造型。例如英国、法国、美国的许多香水瓶都是仿圆球形造型（如图8-12所示）。

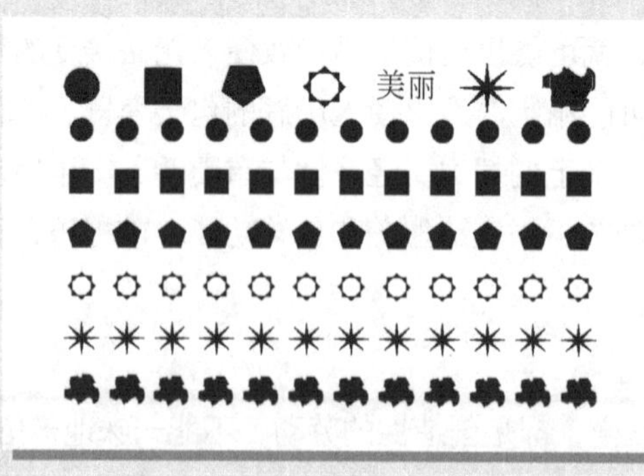

图8-11　点

图8-12　球体造型香水瓶

（2）线

线是点的延伸和运动轨迹，可分为直线、曲线、波纹线、折线、水平线、垂直线、斜线等。直线给人刚劲、坚固、简明、正直、坚定、硬朗、力度的感受；曲线给人柔和、圆润、温顺、流畅、活泼、丰满、柔软、含蓄的感受；波纹线给人起伏、欢快、轻盈、活泼、跳跃的感受；折线给人重复、循环、运动的感受；水平线给人平稳、安定、沉着、宁静、辽阔的感受；垂直线给人正直、刚强、稳定、平衡、挺拔、崇高、坚实、雄伟的感受；斜线给人流动、散射、惊险、不平衡、不稳定、紧张的感受。

线在具体应用形态上可以传达出：粗线有力、前进、向外凸，细线锐利、后退，加之不同的线具有不同程度的支撑、转接、引导的作用，从而使得线能表达出丰富的内涵。电脑生成的线多种多样，还可表现出不同的浓淡效果（如图8-13所示）。

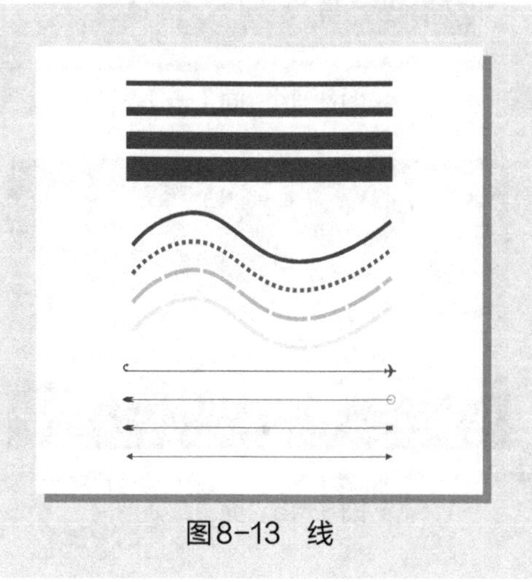

图8-13　线

（3）面

面又分为平面与曲面两类。平面有正方形面、长方形面、菱形面、梯形面、圆形面、椭圆形面、平行四边形面、三角形面等；曲面有凸形面、凹形面、扭曲形面等。正方形面给人整齐、端正、朴素、稳重、单调、呆板的感受；长方形面给人平衡、稳定、舒展、庄严的感受；菱形面给人锋利、失稳、动态、旋转的感受；梯形面给人稳定、庄严、上升、崇高的感受，倒梯形面给人轻巧、动势、力度、不稳定的感受；圆形面给人圆满、完美、饱和、温暖、统一的感受；椭圆形面给人圆滑、流畅、秀丽、柔软、动态、变化的感受；平行四边形面给人倾斜、失重、动态、力度的感受；三角形面给人稳定、上升、崇高、雄伟的感受；凸形面给人挺进、韧性、饱满、刚强的感受；凹形面给人谦让、委屈、凹陷、柔软的感受；扭曲形面给人活泼、流畅、轻盈、延伸、曲升的感受。

面有大小、形状、浓淡之分，与空白组合又能形成“虚面”，要特别注意面的形状，是圆？是方？是三角形？……只有把面简化成明确的几何形，面的个性才强烈。如圆形面似女性，柔和而圆满；方形面似男性，坚强而稳重；正三角形面似金字塔，纪念碑式永恒；倒三角形面似动荡，蕴含不稳定。电脑除可表现出常见的各种各样的“面”外，还可表现出面的不同质感和肌理，如图8-14、图8-15所示。

图8-14 面（一）

图8-15 面（二）

（4）立体

立体是由面直接组合而成的空间范畴。一般情况下，立体的个性特征与构成它的面的个性特征基本相似。但有时立体是由多种形式的面构成的，它的个性特性就显得复杂化了。例如，中国金酒的酒瓶造型，呈四方形又呈倒圆角，加上铜钱装饰纹样的凸凹曲面，给人的感受就不同于单纯的长方形面、圆面、曲面等给人的感受，它给消费者以更为古朴、凝重、敦厚的感受。

（5）色彩

色彩的概念涉及面广，通常可认为是可见光刺激视神经而引起的颜色感觉。色彩在包装造型上的应用有两种形式：一为单色应用，一为多色（即图案）应用。单色应用常作为材料本色、商品标志等的表现手段。多色应用是以图案（从传统的花纹到现代的色彩构成）的形式来表现商品标志、厂商标志、地域或国家或民族标志，以及商品的价值、社会心理需求、审美情感效应等多方面内容。美的色彩不仅有装饰意义，而且对人的心理也会产生一定的影响。有些色彩使人感到热烈、明快，产生赏心悦目的效果，有些色彩使人感到刺激、疲倦、冷漠，望而生厌。色彩是包装造型不可缺少的构成要素。

（6）肌理（质地）

肌理是指包装材料的表面纹理。在包装容器的造型设计中，肌理具有审美方面的价值，因而设计者如何利用包装材料的去美化产品包装的外观造型，对包装造型设计的成功与否有重要的影响。不同的包装材料有不同的肌理。晶体结构的材料肌理表现为光滑或粗糙，纤维结构的材料肌理表现为直纹或横纹、花纹。

8.2.2 造型设计的形式美法则

艺术造型的形式美法则，是人们长期实践经验的总结。在进行包装造型设计中，应当灵活运用这些法则，以达到形式与商品内容的统一。

（1）对称与平衡

对称与平衡法则来源于自然物体的属性，是动力和重心两种矛盾统一所产生的形态。对称是生活中常见的一种形式，如人体、动物的正面形象等。它能产生庄重、严肃、大方与完美的感觉。平衡具有松动、活泼、轻松、灵巧的视觉效果和静中寓动的艺术，是以支点为重心，保持异形双方力的平衡的一种形式（如图8-16所示）。

图8-16　对称平衡

（2）安定与生动

安定包括两个方面的内容：其一是实际安定，其二是视觉安定。从包装容器造型的艺术处理上，主要考虑视觉上的安定，从包装容器造型设计上，主要应当考虑实际安定，如图8-17所示。

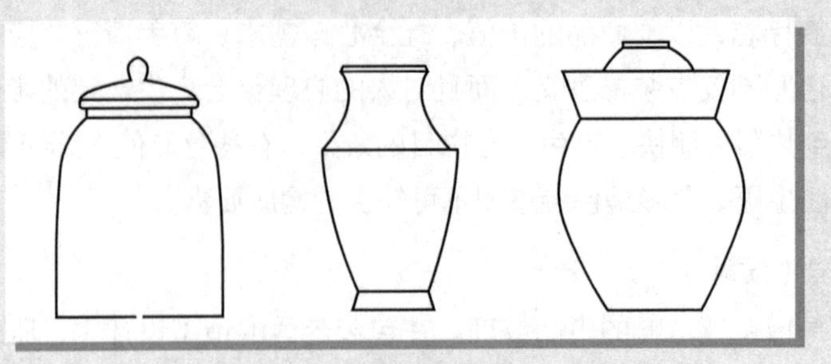

图8-17　安定与生动

（3）对比与调和

对比是突出事物互相对立的因素，使个性更加鲜明。相反，在不同的事物中，强调其共同因素以达到协调的效果，称为调和。有对比，才有不同事物个别的形象；有调和，才具有某种相同特征的类别。在包装造型设计中，可以采用形体的线型、形状和体量、虚实空间、肌理等手续和形体的方向实现对比和调和的完美统一。

（4）重复与呼应

包装设计可以通过运用重复的手法，使容器造型在变化之中谐调，形体彼此之间有联系和呼应，以达到整体统一的效果，如图8-18所示的葫芦瓶，上下形状相似，以束腰联系整体且获得上下呼应的效果。

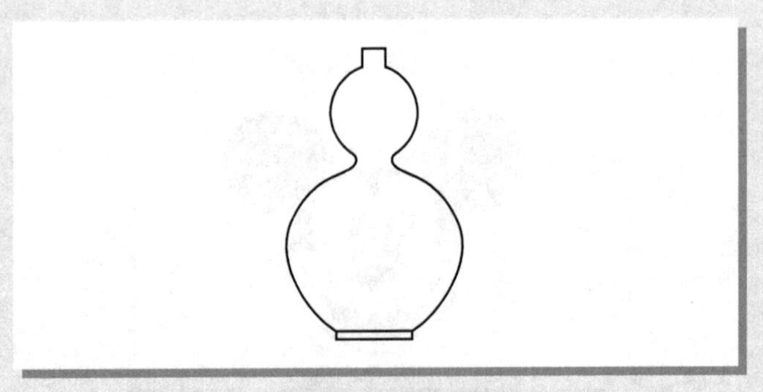

图8-18　葫芦瓶

（5）节奏与韵律

节奏是运用某些造型要素的有变化的重复、有规律的变化，从而形成一种有条理、有秩序、有重复、有变化的连续性的形式美；韵律是在节奏的基础上，赋予情调的作用，使节奏具有强弱起伏，悠扬缓急的情调。包装造型设计时，可通过线、体、色、肌理来创造节奏和韵律。韵律常见的有连续韵律、渐变韵律、交错韵律和起伏韵律四种。

（6）比拟与联想

比拟是事物意象相互之间的折射、寄寓、暗示和模仿；联想是由一种事物到另一种事物的思维推移与呼应。比拟是模式，而联想则是它的展开。比拟与联想在造型中是值得注意的。它是一种独具风格的造型处理手法。处理得好，能给人以美的欣赏；处理不当，则会使人产生厌恶的情绪，如图8-19所示。

图8-19 鸟形铜鼎

（7）比例与尺度

比例是指形体自身各部分之间的尺寸关系；尺度是指整个形体与人的使用要求之间的关系。一般而言，尺度都有一定的尺寸范围，是受人的体型、动作和使用要求所制约的，是相对固定的，包装容器的造型中一般先设计尺寸，然后再推敲比例关系。优良的包装设计都同时有着形式美的比例和合理的尺度。

（8）统一与变化

任何一种完美的设计，必须具有统一性。事物的统一性和差异性，由人们通过观察而识别。当统一性存在于事物之中时，人有畅快之感觉。这种统一性愈单纯，愈有美感。但只有统一而无变化，则不能产生趣味，美感也不能持久。虽说统一是治乱、治杂，增加形体条理、和谐、宁静的美感，但过分的统一又显得呆板、单调。在进行包装设计时，无论是形体、线型、色彩都要考虑到统一这个因素，切忌不同形体、不同线型、不同色彩的等量配置。必须有一个为主，其余为辅。为主者体现统一性，为辅者起配合作用，体现出统一中的变化效果，如图8-20所示。

图8-20　统一与变化

8.2.3　包装容器造型

生活中有多种多样的天然形态和人工形态，不论什么形态，总是有一定的基本形。包装容器的基本形，一般包括筒体、方体、锥体、球体几种原形。在设计中，可以用这几种原形加以变化与相互结合而产生出设计的基本形来。

包装容器造型的形态变化必须与包装的功能要求、用材特点和加工工艺结合进行考虑，切忌孤立地处理形态变化。其次，造型形态设计，必须建立三度空间中的体积观念，而不能孤立地推敲外轮廓线或局部块面。

（1）组合

以两个、三个相同或不同的基本形组合为一个造型整体。设计要注意组合的整体感，组合数量一般不宜过多。图8-21的香水瓶设计，采用简洁的几何形体，椭圆、圆柱、圆锥、半圆形等造型相互穿插变化，组合成手感好、形象独特的造型。

图8-21　组合造型香水瓶设计

(2)切割

相应组合造型，这是一种减法处理形式，对基本形体加以局部切割，使形态产生面的变化。切割的部位、大小、数量、弧度都可以进行变化，但应注意避免锐边、锐角。图8-22的香水瓶设计，本是前后对称的瓶型，在正面部位对称进行倾斜切割，形成特有的容器造型。

图8-22　切割造型香水瓶设计

(3)空缺

空缺变化是一种减法处理，是在容器造型上或根据便于携带提取的需求，或单纯为了视觉效果上的独特而进行的虚空间的处理，多用于内容物为大容量的包装容器或某些特殊的礼品包装容器等，如大容量洗衣液包装。空缺的部位可以在容器身正中，也可以在器身的一边，空缺部位的大小可以变化，但形状要单纯，一般以一个空缺为宜，不宜过多。避免纯粹为追求视觉效果而忽略容积的问题，如果是功能上所需的空缺应考虑到符合人体的合理尺度。

(4)凹凸

这是指造型形体局部的凹陷或凸起的变化，在容器上进行局部的凹凸变化可以在一定的光影下，产生特殊的视觉效果。凹凸的作用不仅可增加外观美，还可起到防止滑落的作用。凹凸程度应与整个容器相协调，一般来讲凹凸的深度或厚度不能过大，凹凸部位可以有位置、大小、数量、弧度的变化。凹凸部位变化既可以在瓶身，也可以在瓶盖或其他需要表现的部位。其手法可以通过在容器上加以与其风格相同的线饰，也可以通过规则或不规则的肌理在容器的整体或局部上产生面的变化，使容器出现不同的质感，光影的对比效果以增强表面的立体感(图8-23)。

(5)线饰

对造型形体外层施加线形变化可以产生良好的手感和视觉效果，此外，造型外轮廓线的变化，可以作为造型变化的一个着眼点。外层线形装饰可有粗细、曲直、凹凸以及数量、方向、部位的变化。线形变化应根据要求来具体处理，庄重或活泼、饱满或挺拔等形象。要注意与整体的和谐，不能强加硬施。如图8-24所示的香水瓶身为不透明的浅蓝色，瓶身线饰源于该品牌手袋的设计元素，瓶盖金红相间，呈现年轻化的特质。

（6）肌理

造型形象不仅由立体形态作用于视觉感受，而且以表面形态影响视觉感受，因此，对形体表层加以肌理变化是造型设计的手段之一。不同的肌理变化可以使单纯的形体产生丰富的艺术效果，塑料、玻璃、金属、瓷器、纸材都可以加以表现肌理变化。在形式上可以是整体的也可以是局部的，可以是规则的，也可以是不规则的。如图8-25所示的玻璃材质的香水瓶也可以有如此特别的肌理。

图8-23　凹凸造型

图8-24　线饰

图8-25　肌理

（7）异型

这是相应于较均齐、规则形态的一种富有个性的变化，比之一般的凹凸、切割等变化，异型变化具有较大的变化幅度。此类异型容器一般加工成本较高，因此多用于较高档的包装。在处理中，造型的盖、肩、身、底、边、角等都可以加以变化，但要注意工艺加工的可能性，并力求注意经济成本。如图8-26所示的酒瓶异型造型设计，是对基本形的倾斜、弯曲、扭动或其他反均齐的造型变化，并以不规则流线型瓶身设计为特点。

（8）模拟

包装容器大量地表现为几何形态，以利于取用和加工的便利性。但在儿童用品、娱乐用品、节日用品、化妆用品、纪念性包装或某些特殊礼品包装容器造型设计中，也可以采用模拟式的造型处理，从而取得趣味性、生动性的艺术效果，如图8-27所示。在处理上可以模拟自然形态，也可以模拟人工形态，可

图8-26　酒瓶异型造型设计

图8-27　模拟人体

以整体模拟，也可以局部模拟，在手法上可以是象形模拟，也可以是象意模拟。但是切忌逼真与琐碎，力求简练与概括，务必注意加工的可能性。

（9）附饰

以上一些变化都与装饰有关，这里讲的附饰是指另施附加装饰的变化处理。所施加的附饰应当注意与造型的和谐一致，要避免琐碎、离奇、喧宾夺主、矫揉造作。在形式上可以有印刷、结扎、吊挂、镶嵌等处理方法。通过装饰性的附加形式，以使造型形象更富感染力。如图8-28所示，酒瓶封口处结扎一撮看似麦子的抽绳，让人感到酒由优质麦子酿成，质地纯正，整个包装从外到内都散发出高品质的气息。

（10）盖形

盖的造型变化大有文章可作。盖形的变化更具灵活性，并直接影响造型的整体形象。因此，对于一个单纯的造型加以盖形的变化，是一种有效的处理方法。图8-29为香水瓶，瓶盖由叶子造型转变而来，既像果实又像花朵，绿色调传递出香水的清香与优雅，整体风格一如其名般清雅。

（11）系列化

系列化的容器造型是系列化包装的内容之一，即对同类而不同品种的内容物进行统一风格的形式变化。系列化造型有益于产品销售和企业宣传（图8-30）。

包装容器的结构形式主要可以分为固定型和活动型两类。固定型结构主要指不同的造型或材质相互套和、镶嵌、穿吊、粘接等结构形式。在高档的化妆品容器或酒类容器上应用较多，这种结构以严格的结构美和工艺美来显示现代感，往往有独特的艺术效果。

图8-28　酒瓶附饰

图8-29　香水瓶盖的鲜花造型

图8-30　女士护肤系列

活动型结构主要在于盖部的设计处理，目前大量应用的一般形式包括以下几种。

旋转式盖：以连续螺纹旋转扣紧，盖内另加衬垫物。

凸耳式盖：盖内的边沿有若干小“凸耳”，与容器口部外侧的非连续螺纹相互拧紧，其螺纹转数少于旋转式盖。

摩擦式盖：盖本身没有螺纹或凸耳，其内侧有一层弹性垫圈，盖上容器口以垫圈包住容器口部形成密封，又称撬式盖。

机轨式盖：用延展性强的铝材在容器口部加以机械轨而成，类似旋式盖。

扭断式盖：这是机轨式盖的发展形式，盖下部有一圈齿孔，扭动盖子而沿孔断开再旋下盖子。

冠帽式盖：这是沿边缘压制一圈齿形扣边扣住容器口部凸边，盖内也有衬垫，形如帽冠，以此得名。

随着消费要求以及工艺与材料的发展，容器的盖形结构日益发展，主要体现为加强包装的防护性与应用性，辅助装置增加，例如多层盖、带柄盖、带管盖、带孔盖、配套盖、喷雾盖、挤压盖等。

8.2.4 包装造型的时代感和文化性

时代感是反映某一时期、某一地域人们生活水平与审美观念所表现的特点，具有较强的时间性。不同产品的包装，必然打上时代的烙印，具有不同的时代感。如中国商、周时代的青铜器，威严、凝重，充满神秘感；唐代的梅瓶，小口膗腹、端庄丰满；清代宫廷用器皿，烦冗堆砌……无不印有时代的烙印。

现在人们的生活方式和习惯产生了飞跃的变化，生活节奏的加快，加重了人们的负担，人们向往简洁、明快、单纯的情韵。作为盛装产品的容器应跟上时代的步伐，不断采用新技术、新材料、新工艺、新造型，体现出符合时代审美情趣的美感，增强商品在市场上的竞争力。

随着商品市场竞争的日益激烈，自选范围不断扩大，包装容器的造型与装饰图案的作用也越来越大。它可以美化产品形象，这不仅因为顾客往往是通过广告和包装图案来认知产品品牌的，而且因为包装容器的造型与装饰图案对顾客的刺激较之品牌名称更具体、更强烈，并往往伴有即效性的购买行为。因为大部分产品的实用功能只有在买回家后才能体验得到，而美学功能是直接可察觉的，是促使购买行为的主导因素。据测算至少有65%～70%的购买行为与漂亮、美观的包装容器的造型与装饰图案有关，对产品的销售具有极为重要的影响，应当引起设计人员的高度重视。

在世界名牌产品包装中，传统的容器的造型与装饰图案广为流行。这是因为传统往往能引起消费者的怀旧情感，激发内心的购买欲望。例如，法国库瓦瑟公司出产的一种上等白兰地，因受拿破仑的喜爱而称为“拿破仑的白兰地”，该公司巧妙地创制了一个名为约瑟芬的酒瓶来盛装这种高质量的拿破仑白兰地，并在酒瓶上印上“拿破仑的白兰地”与一个拿破仑的剪影。这样的包装图案很容易使人们想起当年法兰西帝国的风范和那浪漫的爱情场景。

不同的国家和地区有不同的文化风俗和价值观念，因而也就有他们自己的喜好和禁忌。产品包装容器的造型与装饰图案设计只有“入境随俗”和“投其所好”，才能赢得目标市场的认可和喜欢，从而促进销售。

8.3 包装结构设计

8.3.1 包装结构概念

包装的结构设计就是根据被包装产品的特征、环境因素和用户要求等，选择一定的材料，采用一定的技术方法，科学地设计出内外结构合理的容器。

包装结构设计可以说是包装设计的基础。包装结构直接影响包装件的强度、刚度、稳定性和使用性，即在流通过程中是否具有可靠保护产品和方便运输、销售等各项使用功能。同时，结构设计还涉及是否为造型设计和装潢设计创造良好条件的问题。

包装结构设计的原则可以概括为下列几点：科学性、可靠性、经济性、美观性。

科学性原则就是应用先进正确的设计方法，应用恰当合适的结构材料及加工工艺，使设计标准化、系列化和通用化，符合有关法令、法规，产品适应批量生产。

可靠性原则就是包装结构设计应具有足够的强度、刚度和稳定性，在商品流通过程中能承受住外界各种因素的作用和影响，包装件在储运、启封和使用中都符合设计要求。

经济性原则是包装结构设计的重要原则。商品的经济效益与成本是分不开的。在包装结构设计中，要求合理选择材料、减少原材料成本、降低原材料消耗，要求设计程序合理、提高工作效率、降低制造成本等。通常所谓最佳设计是以经济性作为目标的。

美观性原则就是使包装结构达到造型和装潢设计中的美学要求，其中包括结构形态六要素：点、线、面、体、色彩和肌理，结构形式六法则：安定与轻巧，对称与均衡，对比和调和，比例与尺度，节奏与韵律，统一与变化。

8.3.2 包装容器结构的种类

包装容器是以储存保护商品、方便使用和传达信息为主要目的。它既包含功能效用、工艺材料和工艺技术等因素，也包含外形的美观因素，它具有物质与精神的双重价值，是一种与工业现代化紧密结合的、科学技术与艺术形式相统一的、美学与使用目的相联系的实用美术设计。

包装容器可以按不同方式分类。

按形态分类可分为：箱、盒、桶、罐、盘、杯、瓶、袋、坛、壶、筒、篓、缸、架等。

按商品分类可分为：食品容器、酒类容器、化妆品容器、药品容器、文化用品容器、清洁剂容器、化学工业品容器等。

按材料分类可分为：自然材料容器、纸质容器、塑料容器、金属容器、玻璃容器、陶瓷容器、木材容器、石料容器、搪瓷容器和复合材料容器等。

8.3.3 纸盒的结构设计

纸材轻便，便于印刷装潢、加工、运输和携带，经济成本低，因而在包装上应用十分广泛。据有关资料统计，在世界销售包装中，纸材应用占40%以上。

包装纸盒分粘贴纸盒和折叠纸盒两大类。前者多用于较为高档的产品包装或礼品包装，成本较高。后者由于适合于大批量生产加工，是应用最广泛的一类。

台盖式纸盒的面、边、角是其基本造型要素。面、边、角的变化带来纸盒造型变化，因而是纸盒变化的基本着眼点。由于在纸盒造型整体中，面、边、角三者都不可能孤立存在，所以面、边、角中任何一种因素进行变化，都要引起其他两种因素的变化，以至影响造型整体。因而在变化处理中不应孤立地对待某一种因素，要相互联系地处理，其中面是基本因素。

纸盒的盖、口、身、底各部分的面、边、角都可以加以外形变化、弯曲变化、延长变化、切割变化、数量变化、方向变化等处理。

纸盒结构可以分为保护性结构、应用性结构和装饰性结构三类功能性结构。保护性结构即加强防护和牢固的结构，应用性结构即方便于应用的结构，装饰性结构即加强形态装饰变化的结构。

纸盒结构主要包括锁扣、间壁、粘接、结扎等类型。

① 锁扣　纸盒各部分的面相互间可以进行锁扣连接，主要包括互相插入切口的插扣形式和相互叠压的压扣式结构，此外还有外加封套的套扣形式。

② 间壁　为了加强纸盒的抗震、抗压强度，可加以间壁结构处理。间壁形式主要分为盒面的延长自成间壁的形式和附加间壁装置的形式两类。

③ 粘接　这是用黏合剂或涂布黏合剂的封签连接不同的面或其他附加部分的结构形式。但在设计中不宜有过多的粘接层次。

④ 结扎　结扎形式在保护性、应用性、装饰性三类结构中都有应用。

纸盒造型与容器造型一样，可以从盒身和盒盖两部分考虑。下面作一些简单介绍。

① 摇盖式　这是最为普遍应用的纸盒，即盖的一边固定而另一边摇动开启。

② 套盖式　套盖式的盒盖与盒身不连接，而以套扣形式封闭内容物，往往在套盖后贴上封签以加强防护。套盖式盒一般要求纸材较硬。

③ 台盖式　即以一平台式底座托置内容物，如图8-31所示其盖部可以是摇式，也可以是套式，一般用于高档包装。

④ 开窗式　这是对盒面、盒边加以开洞或割折的形式。如图8-32开洞部分往往罩以透明PVC塑料片或玻璃纸，直接显示内容物。开窗式包装具有直观、灵巧、方便等优点，在食品、纺织品方面应用较多。它可以满足人们心理上希望能从包装上直接看到食品或纺织品的质地、色泽、样式等的要求。由于透明材料所具有的光泽，能够使产品经过包装以后产生出一种超乎该产品本身的感染力，开窗可以进行形状、大小、数量、部位的不同变化。

⑤ 陈列式　陈列式盒又可称“POP”包装盒，即可供广告性陈列的盒。如图8-33是一种特殊造型结构的摇盖盒，打开盒盖，从折叠线处折转，并把盒子

的舌插入盒子内侧，盒面图案便显示出来，与盒内商品互相衬托，具有良好的陈列和装饰效果。凡是商品形象较可爱、质量较高的，无论纺织品、食品、化妆品都可设计成展开式。在设计时，应兼顾展开或不展开的画面完整性效果。

图8-31　台盖式酒包装　　图8-32　开窗式包装

图8-33　陈列式包装

⑥ 吊挂式　这是节省展销场地的一种形式，吊挂结构可以附和也可以是自身的变化处理。吊挂式往往与开窗式相结合以展示内容物，这也是陈列式纸盒的一种转化形式。例如食品、纺织品、日化用品、文教用品、五金电器等都可以挂起来展销，包括纸板上开洞、吊钩、吊带或直接吊挂等多种形式（图8-34）。

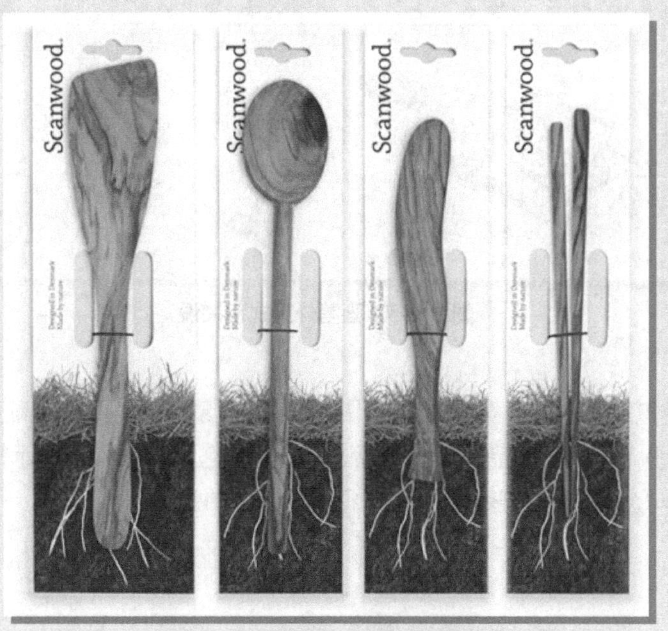

图8-34　木质餐具吊挂式包装

⑦ 抽拉式　也可称套式盒，其套盖可以分为一边开口和两边开口两种形式，火柴盒是典型的抽拉盒。

⑧ 提携式　体量较大的包装常加以提携结构处理。提携部分可以附加，也可以利用盖和侧面的延长相互锁扣而成，又可以利用内容物本身的提手伸出盒外。

⑨ 封闭式　一种防盗盒，其特点是全封闭式。主要形式沿开启线撕拉开启的形式，以吸管伸入小孔吸用内容物的形式，附加小盖的封闭形式等，多用于药物包装、饮料包装。

⑩ 易开式　是指包装封口严密，但有特定开启部位。这种包装既能有效地保护商品的品质，又能方便消费者使用。对于密封结构的包装容器，不论是金属的、玻璃的、塑料的，在封口严密的前提下，通过增加易开装置，便于消费者不需另备工具即可开启。易开式包装能够优化生活，减少很多棘手且烦琐的问题。比如湿纸巾包装表面的不干胶标签；方便面、巧克力等包装的易撕口；燕麦片、坚果等食品的拉链易开式包装；大型家电、香烟包装外的易撕带等。

⑪ 漏口式　是有活动漏斗作为开启口的结构形式，用于粉末或小粒状内容物的包装。

⑫ 外露式　这是商品的一部分伸出盒外的形式，在设计上往往利用外露部分与盒面装潢相结合，从而取得生动的效果。一般用于有长柄的商品（图8-35）。

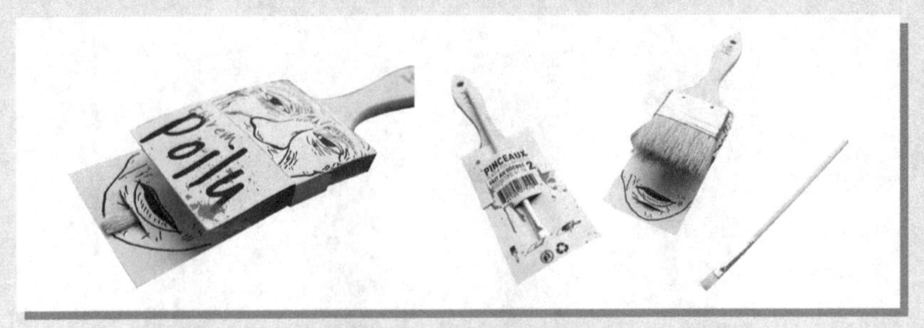

图8-35　画笔外露式包装设

⑬ 模拟式　通过纸立体造型变化模拟某种形象，设计要注意高度简练与单纯，一般多用于儿童用品、娱乐用品、节日用品包装。图8-36所示糖果包装模拟形态常与盒面装潢图形配合，以取得生动活泼的效果。

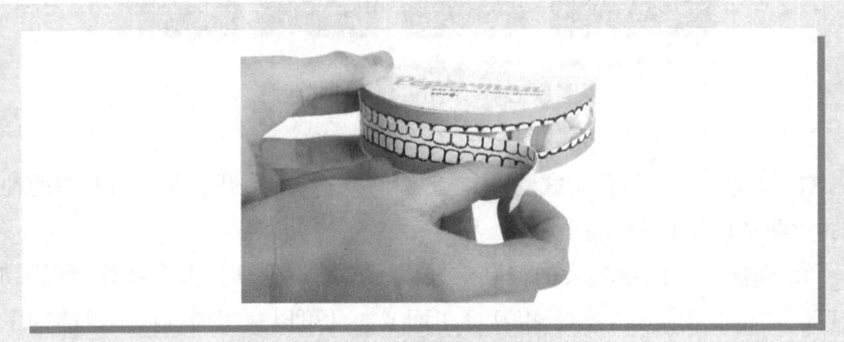

图8-36　模拟式包装盒

⑭ 异形盒　异形盒是变化幅度较大的造型，富有独特性、装饰性的视觉效果。其变化主要是对面、边、角加以形状、数量、方向、减缺等多层次处理。

⑮ 盖的变化　其与容器造型一样，可以通过对盒盖部分的各种变化来取得许多独特的造型变化。

以上是一些简单介绍，在设计上常常是几种形式相互结合的。但不论如何变化，都要注意与内容物的形态、属性、档次相适应，同时又应考虑生产加工的便利和经济成本的相对降低，这是至关重要的。

8.4 包装装潢设计

包装装潢设计不仅旨在于美化商品，而且旨在积极能动地传递信息、促进销售。

包装装潢设计虽然是一种艺术，但它具有其特殊性。包装装潢会借鉴照相艺术、浮雕艺术、临摹艺术和色彩艺术等。这些表现艺术虽然也要给人以美的感受、美的情操，也是以色、形、线来发挥艺术技巧，达到“意境独到”的效果。包装装潢设计的特殊性在于本身是一种媒介艺术，它的根本目的是保护商品、表现商品、说明商品和赋予商品以外观美。同时还要考虑成本，研究不同民族、不同国家的风俗习惯和有关法律规定以及研究自己的服务对象。另一方面，包装装潢要求形式和内容具有完美的统一性。

包装装潢不同于绘画，它具有商品和艺术相结合的双重性。商品销售包装设计的重要内容之一是如何进行包装装潢设计，即如何进行包装的表面设计。它包括色彩、图形、文字、肌理、商品品牌和条码等。

8.4.1 包装装潢设计中的定位设计

商品销售包装装潢是一种实用技术。由于现代商品销售包装已发展到无声推销员的阶段，其信息传达和美化功能的重要性越来越显著，在构思包装装潢时，首先要把它看作是信息的载体，其次才是设法使载体上的信息以艺术的语言来表达。其要点如下。

（1）信息传递

出发点是谁卖的产品？是什么产品？卖给谁？或者称为品牌定位、产品定位和消费者定位。品牌（包括商标）定位的含义是谁卖的产品。品牌是一个厂家的代号，厂家的信誉，代表一定质量水平和技术水平，是一种质量的保证。品牌能使众多的同类商品相互区别开来，品牌给生产带来开辟市场的可能性，所以常用品牌作为定位的重点。有的厂家生产的各种产品，还采用由固定的色彩、固定的图案来形成系列包装产品，形成家族的象征。

但是品牌也要注意国别，在我国曾经畅销的紫罗兰男式衬衫在美国完全无销路，原因是我们不了解紫罗兰在美国人眼中有指羞怯、没有男子气的男人的含义。

产品定位的含义是直接告诉消费者卖的是什么产品，使消费者可迅速地识别这是一种具有什么特点的商品。产品定位应根据产品不同特点可能占有的市场出发，做成产品定位包装，使不同消费者根据自己的不同需要，满意地购买商品。进行产品定位包装，应对产品、产品市场及消费心理做深入研究，然后确定包装所需传达的产品信息。有时对同一产品，需要从不同角度出发制作不同的包装来适应不同的消费市场；有时则需要强调产品特长，以区别同类产品。产品定位所采用的文字、图形和色彩，应结合产品的特殊性，使其传达更多的产品信息。

消费者定位的含义指告诉消费者是为谁生产的产品。目标往往针对某一消费群。让他们感觉到这种产品是专门为他们生产的，会符合他们的需要。消费者定位最简单的方法是出现消费者的形象。例如，用活泼的字体和漫画的图形来设计儿童用的产品包装；用不同的造型、色彩、字体来设计男用、女用产品，都是消费定位的范例。

在人们的消费心理（或购物动机）的研究中，上述定位方式的正确可行性得到了证实。因为，人们在追求价廉物美的商品时，经常起作用的因素是名牌、名厂、名产地；产品的某些特色；产品能提供所需要的功能；考虑产品是否是为自己生产的诸因素。

（2）商品形象

即把准确信息传递给消费者，使消费者获得一个独特的商品形象，一个满意的需要的商品形象。如果包装装潢达到了这个目的，就是一个成功的作品。当然这个满意的需要的商品形象只能是某一类人群满意的形象。这就是说，定位只能是针对一定人群的消费者，即一定范围的市场。

根据消费者购买心理的研究，消费心理现象一般可分为六个阶段：①形成消费需求阶段；②产生购买动机阶段；③了解商品信息阶段；④进行商品选择阶段；⑤发生购买行为阶段；⑥评价所购商品阶段。这六个阶段是消费心理的一般规律，实际体现在消费者个别人身上则因受各人的年龄、性别、民族、职业、社会地位、文化水平、家庭结构、风俗习惯、经济实力等的制约，而又有不同的心理活动。有的消费者不经过选择就直接购买；有的作了选择后又突然改变主意。这就表明消费者心理各阶段的活动是十分复杂的，既有个人主观因素的影响（年龄、性别、个性、气质、文化、修养等），也受客观因素的影响（社会历史条件、环境因素、家庭经济状况等），显得十分丰富多彩。

马斯洛（Abraham Maslow）把人的需要看作是多层次的组织系统，认为人的需要可分为五个层次：

① 生理需要（衣、食、住、行、空气、温度等的需要）；

② 安全需要（安全、有秩序的环境、稳定的职业和生活保障等需要）；

③ 爱的需要（爱情、友情、情感和归属的需要）；

④ 尊重的需要（自尊和受尊重的需要）；

⑤ 自我实现的需要（希望完成自己的期望）。

由于消费者各种需要的差别，在消费者心目中，最满意、最与众不同的往往是指某一两点而产生不同的消费行为。销售包装要适应消费者的购买心理，包装定位必须有重点，要么突出商品品名，要么突出产品特点，要么突出消费者。树立一个与众不同的、独特的商品形象，就能吸引消费者。

（3）表达形式

各种定位都可用色彩、文字、图形作为表达形式。

8.4.2 包装装潢设计的构思与构图

8.4.2.1 包装装潢设计的构思

包装装潢设计的构思必须建立在科学、经济、牢固、美观、适销的指导思想下。包装装潢是从属于内装物的，是第二位的。其设计构思应紧紧围绕内装物对形式的要求来进行。它的核心是“适销”，要适销就必须调查研究。调查消费者的生活方式、生活水平、兴趣爱好以及市场调查等。在此基础上制定设计方案，优选设计重点，并尝试采用恰当的表现形式。有条件时，还可以通过集体构思，集思广益，以提高设计质量。构思一般强调一目了然的视觉效果，应使人“一睹难忘”。如Tide（汰渍洗衣粉），用黑体红字表示内装物的快速、果断程度。

8.4.2.2 包装装潢设计的构图

构图是实现设计意图的重要手段之一，也是将设计诸要素进行合理的巧妙的组合，力求获得符合理想的表现形式。对构图的基本要求如下。

（1）要求构图具有整体性构

图的整体协调是全局性问题。一个完美的构图画面，其中的每一点都是不能随便改动的，增加一点会觉得多余，去掉一些则感觉太少。心理学家认为，越具有整体形象的东西越具艺术性与吸引力，越易为人所感知。包装装潢构图的整体性，是因为包装装潢要根据商品销售的要求，能在一瞬间简明快捷地向消费者传达种种商品信息。构图的整体性要求作品主题必须突出。通常设计意图是通过图形表现，以文字为主构图的则是通过文字表现。在画面诸因素中，必有一个或一组担当着发挥主题的作用，称为主要形象。这样，整个构图就要通过各种手段——位置、角度、比例、排列、距离、童心、深度等来表现主要形象。

构图的整体性要求主次兼顾。在画面诸要素的整体安排中，主要部分要突出，同时要使次要部分能充分发挥衬托主题的作用，给画面制造气氛。主次之间的关系应为：主次分明，各得其所；主次互相呼应，互相对照。

（2）要求构图遵循一定的形式美规律

构图的形式可以千变万化，然而万变不离其宗，任何最新最美的构图变化总离不开一些基本形式美的规律。如变化与统一、对比与调和、对称与平衡、节奏与韵律等。为了运用这些规律及达到构图的整体性，在包装的装潢布局上，要使其主要部分安排在最佳的特定环境中，做到主体鲜明、层次分明。必须注意以下四点。

① 位置　在构图中，主要形象在什么位置上是十分重要的。置上居高，易引人注目，有向上奋发的感觉；置下势重，有稳定感觉；置中居中，有端正感；置斜，有冲击感。所以，应根据设计内装物特性确定位置的高、低、左、

中、右。

② 角度　在构图中，角度能强调出画面的新奇感。一般来说，仰视有居高临下之感，俯视有深沉感，平视给人以亲切感，侧视则有动感。在现代设计中更多的是追求不常见的角度，以此表现新貌。

③ 配置　单个形象能进行精细刻画，充分体现形象之美，无配置问题。而多个一组的形象，就能在配置中形成多种变化，应尽量配置出少见的新颖形象。

④ 距离　距离远近能表现主次关系，近距离能突出主要形象，远距离虽不能使形象清晰，但可造成画面气氛。现代销售包装装潢常以近距离的特写来突出主要形象，达到更醒目的要求。

(3)要求图案简单化

美国一研究机构曾对近百年来的包装图案进行了研究，结果发现了一个惊人的趋势：几乎任何图案的设计，都呈现从复杂到简单的变化趋势。我们环顾身边的世界名牌，它们的包装图案也都非常简单，甚至到了没有图案的地步。可口可乐包装上除了名称外，仅有一条简单的飘带线；百事可乐包装上除了名称外，仅有一个红蓝色组成的圆（如图8-37、图8-38所示）。美国有一心理学家通过多次试验，得出一个重要结论：越是简单的线条和图形，越容易给人留下深刻的印象。

(4)构图应遵循不同的国家和地区的风俗习惯和价值观念

在包装上使用人物、动物、植物、几何图形等图案，应注意不同国家、地区的禁忌。

图8-37　可口可乐

图8-38　百事可乐

例如，英国和阿拉伯国家忌用人像作包装图案，新加坡和日本人禁用如来佛图像的包装图案。在中国大陆和法国，雄鸡是一种力量和活力的象征，受人喜爱，但在英国、美国、印度、中国香港和中国台湾地区都忌用雄鸡图案的包装。信奉伊斯兰教的国家，产品包装上禁止使用猪或类似猪(如熊、熊猫)的图案。荷花在中国被认为是高洁的象征，但日本人认为荷花意味着祭奠，因而在销往日本的产品包装上忌用荷花图案。沙特阿拉伯严禁用十字架、教堂、酒瓶作包装图案等。

8.4.3 包装装潢的色彩设计

在销售包装装潢中，色彩要素虽需依附于图形、文字、纹样等来表现但又缺乏其独立性。由于色彩本身的特征性强，有很大影响力，所以图形、文字、纹样对色彩的依附性很大。因而，色彩的合理选用在商品销售包装装潢中起着举足轻重的作用。

色彩整个知觉过程可包括物理、生理、心理三个方面。

8.4.3.1 色彩的生理、心理作用

色彩心理是客观世界的主观反应。色彩本身无所谓感情，但不同波长的光作用于人的视觉器官而产生色感时，必然导致人产生某种带有情感的心理活动。事实上，色彩生理和色彩心理过程是同时交叉进行的，它们之间既相互联系，又相互制约。在有一定的生理变化时就会产生一定的心理活动，在有一定心理活动时也会产生一定的生理变化。比如红色能使人生理上脉搏加快，血压升高，心理上具有温暖的感觉。长时间红光的刺激会使人心理上烦躁不安。

（1）冷暖感

人们由于生活经验形成各种条件反射，如看到红色就会使人联想到太阳、炉火，使人有暖感。看到蓝色和白色就会使人联想到海水和冰雪，使人有冷感。色彩学上把红、橙、黄等波长长的颜色称为暖色，波长短的蓝色及紫色称为冷色。在产品包装设计时，可根据商品的特性、所处的环境等因素选择冷暖不同的颜色。如电冰箱一般不使用红色和橙色。

（2）轻重感

由于商品表面的颜色不同，看上去会使人有轻重之分。色彩的轻重感主要取决于明度。一般来说，白、浅蓝、浅黄、浅绿等明度高的浅色和色相冷的色彩感觉轻；明度低的暗色和色相暖的色彩感觉重，如黑、棕、深红、土黄等。

（3）距离感

在同一平面上的色彩，有的使人感到突出、近些，有的则使人感到隐退、远些。这种距离上的进退感主要取决于明度和色相。一般是暖色进，冷色退；

明色进，暗色退；纯色进，灰色退；鲜明色进，模糊色退；对比强烈的色进，对比微弱的色退。对于需要突出表现的商品主题形象，宜用近感色，次要部分让其隐退，宜采用远感色。

（4）薄厚感

明度高的浅红、浅蓝、浅黄、浅紫等浅色产生薄的感觉；深褐、深红、橄榄绿等深色则给人以厚实的感觉。

（5）软硬感

色彩的软硬感主要取决于明度和纯度。一般来说，明度高的色彩能给人以柔软、亲切的感觉，明度低的色彩则给人以坚硬、冷漠的感觉。但色彩的明度接近于白色时，软感有所下降；纯度过高或过低，有硬感，中等纯度的色彩有软感。

（6）知觉感

色彩的知觉感指色彩在人们知觉上引起反应的强烈程度。不同的颜色会引起人们知觉上的兴奋或沉静、明快或忧郁、华丽或朴实等感觉。一般来说，暖色和明度高的颜色直觉感强，易引起兴奋；冷色与明度低的颜色知觉感弱，具有沉静和忧郁的感觉。

（7）味觉感

色彩在表现食品的味感上有重要作用，比如，人们一见红色的糖果包装，就会感到甜味浓；一见清淡的黄色用在蛋糕上，就会感到有奶香味；乳白色的奶油、冰激凌，橙色的鲜橘汁会给以芳香可口的美食感，而某些晦暗、陈旧的色彩则会引起食物的变质感、腐臭感。

8.4.3.2 商品包装装潢用色特点

（1）实用性

是指色彩满足功能使用上的实用性。为了便于显示，要求色调柔和、含蓄、明显醒目而又不刺眼；为了显示清洁，色调要求素淡一些；为了警示，用色要鲜艳夺目。

（2）统一性

装潢色彩不能像工艺美术那样追求色彩的繁琐变化，而应以简洁宜人的色调来构成整体统一的色彩，并以色块的互衬互比，重点的装饰点缀来取得丰富的艺术效果。

（3）要符合不同民族、不同国家和地区对色彩的不同爱好和忌讳

我国是一个多民族国家，各民族对色彩的好恶是有差别的。

汉族：一般用红色表示喜庆，黑白多用于丧事。

蒙古族：一般喜爱用黄、蓝、绿、紫红色，忌用黑白色。

回族：喜爱黑、白、蓝、红、绿色，丧事用白色。

藏族：以白为尊贵的颜色，献给客人的哈达是白色，喜爱黑、红、橘黄、紫、深褐色，忌用淡黄、绿色。

苗族：喜爱青、深蓝、墨绿、黑、褐色，忌用黄、白、朱红色。

维吾尔族：喜爱红、绿、粉红、玫瑰红、紫红、青、白色，忌用黄色。

朝鲜族：喜爱白、粉红、粉绿、淡黄色。

彝族：喜爱红、黄、蓝、黑色。

壮族：喜爱天蓝色。

满族：喜爱黄、紫、红、蓝，忌用白色；

京族：喜爱白、棕色。

傣族：喜爱白色。

黎族：喜爱红、褐、深蓝、黑色。

以上列举的是我国部分民族对色彩的好恶。对色彩的喜爱因地区而不同，就是同一民族对色彩的喜爱也有所区别，需根据具体情况具体运用。

部分国家和地区的消费者对色彩不同好恶情况见表8-1。对于出口商品，包装设计者必须尊重别国或别国民族的习俗。

表8-1 部分国家和地区对色彩不同的选择

<table>
<tr><th>洲</th><th>国家与地区</th><th>爱好的颜色</th><th>禁忌的颜色</th></tr>
<tr><td rowspan="12">亚洲</td><td>中国</td><td>象征喜庆的红色、高贵的黄色、和谐的绿色</td><td>黑、白色</td></tr>
<tr><td>韩国</td><td>红、绿、黄和鲜艳颜色</td><td>黑、灰色</td></tr>
<tr><td>印度</td><td>红、橙、黄、绿、蓝和鲜艳颜色</td><td>黑、白、浅色</td></tr>
<tr><td rowspan="2">日本</td><td>红、绿和柔和色调</td><td>黑、深灰、黑白相间色</td></tr>
<tr><td colspan="2">东北部喜爱樱红色，东南部喜爱鲜明色。黄色表示未成熟的意思，青色代表青年、青春，白色历来是天子服饰的颜色，黑色用作丧事，紫色是华丽的表示</td></tr>
<tr><td>马来西亚</td><td>红、橙、金、鲜明色。绿色象征宗教，也用于商业</td><td>黑、黄色皇室使用</td></tr>
<tr><td>巴基斯坦</td><td>绿、银、金、橙、流行鲜明色</td><td>黑、黄色不受欢迎</td></tr>
<tr><td rowspan="2">泰国</td><td>大多喜欢鲜明色</td><td>黑色</td></tr>
<tr><td colspan="2">有按不同日期穿不同色彩服装的习惯，周一穿黄色，周二穿粉红色，周三穿绿色，周四穿橙色，周五穿淡青色，周六穿紫红色，周日穿红色。红、白、蓝为国家的颜色，黄色为王室的标志。过去白色用作丧事，现改为黑色</td></tr>
<tr><td>叙利亚</td><td>青蓝、绿、红、白色</td><td>黄色</td></tr>
<tr><td>新加坡</td><td>红、红白相间、红金相间、茶色、青紫色</td><td>黄、黑色</td></tr>
</table>

续表

洲	国家与地区	爱好的颜色	禁忌的颜色
非洲	埃及	红、橙、绿、青绿、浅蓝、明显色	深蓝、紫、暗淡色
	摩洛哥	红、绿、黑、鲜艳色	白色
	塞拉利昂	红色	黑色
欧洲	比利时	男孩爱粉红、女孩爱蓝色，一般人爱高雅灰色	墨绿色
	德国	鲜艳色、金黑相间的颜色	茶色、深蓝色
	爱尔兰	绿色及鲜艳色	红、白、蓝色
	法国	灰，女孩爱粉红色、男孩爱蓝色	墨绿色
	意大利	绿色、黄红砖色、鲜艳色	紫色
	瑞典	黑、绿、黄色	蓝色
	罗马尼亚	白、红、绿、黄色	黑色
	英国	金色和黄色象征名誉和忠诚，银和白象征信仰和纯洁，红色象征勇敢和热情，青色象征虔诚和诚实，绿色象征青春和希望，紫色象征高贵，橙色象征力量和忍耐，紫红色象征献身精神，黑色象征悲哀和悔恨	
北美洲	美国	用黑、黄、青、灰表示东、南、西、北四个方位。用颜色代表大学专业：橘红色是神学，青色为哲学，白色为文学，绿色为医学，紫色为法学，金黄色为理学，粉红为音乐，黑色为美学、文学。用颜色表示月份：一月份为黑或灰，二月份为藏青，三月份为白或银，四月份为黄，五月份为淡黄，六月份为粉红或蔷薇色，七月份为天蓝，八月份为深绿，九月份为橙或金，十月份为茶色，十一月份为橙色，十二月份为红	
拉丁美洲	秘鲁	红、紫红、黄、鲜明色	紫色平时禁用，只在宗教仪式时用
	阿根廷	黄、绿、红色	黑、紫黑相间

8.4.4 商标设计

商标是工商企业在其经营的商品上所使用的一种标记，代表商品的质量和信誉，直接影响到商品的销售能力，同企业的发展关系极大。商标通常用图形、文字注明在商品、商品包装、招牌、广告上面，申请注册批准后的商标，可获得商标权。

8.4.4.1 商标的作用

① 标志产品来源，便于确定生产者的责任。

通过商标来表明商品是由哪些国家或地区、哪些工厂、企业生产或销售的，就有利于对产品的质量进行监督，质量出了问题也便于追查责任。没有商标的产品不准上市销售，促使生产者努力加强质量管理。

② 商标是出口商品不可缺少的组成部分，是不同商品质量、特色或规格的标志。

在商品经济高度发展的今天，市场上充满了同种商品的竞争品。如果没有商标，就必然阻碍商品流通，制约国际贸易的发展。有了代表其商品质量、特色的商标，一方面可以便于顾客选购，另一方面，也有利于卖方吸引那些具有品牌忠诚性的顾客，维持、巩固和提高市场占有率。

③ 商标可以起到广告的宣传作用。

商标是商品特性和企业信誉的标记，其本质就是一种广告。消费者一般都是通过商标、广告等途径认识熟悉商品、购买商品的。一个好的商标有助于引起顾客的注意，以起到激起购买欲望的作用。从另一方面讲，商标又是广告宣传的核心内容。通过广泛宣传，可以在消费者心中留下深刻印象，吸引消费者购买带有这种商标的产品，从而达到扩大销售的目的。

.4.4.2 商标的特性

（1）专用性

商标的专用性，是指它的专用权，他人不得侵犯的独占使用权。其特征为：排他性、地域性、时间性。排他性是指一个商标只准应用于一个厂家的这种产品或商品上，他人或其他商品不得随意使用这个商标；地域性是指一个商标经一个国家或地区注册之后，授予专利权，就只能在这个地区或国家范围内实行专利权，并受这个国家或地区的法律保护，离开这个国家和地区，就丧失了这种专利权和保护；时间性是指在注册登记的年限内（如5年、10年），它受到所在国家或地区的法律保护，一旦超过这个年限，就丧失了专利权与法律保护。

商标不仅是商品的标志，而且也是一种知识产权的标志。因为它是设计者高度的脑力劳动的产物。同时，它作为一种工业产权，同样受到法律的保护。因此，任何冒充、仿照他人商标的行为都是侵权行为，类似他人商标的设计也是侵权行为，经常引起法律纠纷。这就告诉我们，应随时随地注意防止自己的商标设计重复、类似、仿照他人的构思，以免涉嫌侵权。

（2）简明性

商标是用图形或图案化的文字，或二者的统一所构成的特殊标志，不应采用极为复杂的图形或文字作为标志，要求尽量简单明了，一看就能记住、理解、识别，如图8-39所示。

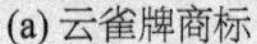
(a) 云雀牌商标　(b) 乐声牌商标　(c) 红旗车标

图8-39　简明商标

（3）形象性

商标既然是作用于视觉感受的特殊标志，无论它采用图形的形式、文字的形式，或者是图形与文字融合的形式，都离不开形象性这一特征。形象化是在图形创意中对形象的选择和表现，决定着其符号的寓意。它不能采用一些非形象的事物作为商标设计的素材，如不能把“元气”“道”“佛”“禅”这些概念所包含的内容作为商标表现的内容，因为这些概念本身就是非形象性的事物，只是一种意念形态。也不能拿“透明”“防水”“防霉”“舒适”“光滑”等商品的功能及其所能给人的感受作为商标表现的内容。如图8-40所示锤子手机的标志设计以锤子的图形为主，形象鲜明。

（4）显著性

显著性是简明性的视觉效应。只有简明的商标，才会具有显著性。《中华人民共和国商标法》第七条规定：“商标使用的文字、图形或者其组合，应当有显著特征，便于识别”。显著性的另一层含义是构图具有特殊性，才能吸引顾客的注意，使顾客很容易地识别和牢固地记忆，并且能传达给他人。如图8-41所示小米的商标十分简洁，而且很容易辨认出mi这两个字母。

图8-40　锤子手机商标

图8-41　小米商标

（5）独特性

独特性是由独创性、创造性、新颖性融合而产生的。它不仅包括图形构思的独特性，而且还包括立意（即命名及其含义）的独特性，以及二者的统一。只有具备独特性的商标才会具备显著性、专用性、简明性、形象性的全部特征。设计独特性商标不是一件轻而易举的事，往往需要经过反复推敲，多次修改才能达到。因为许多类似的图形与立意会干扰我们的构思，掩盖最本质的、最典型的、最独特的图形与立意的展现。如图8-42所示一加手机的商标采用的是几何图形构成，相同的粗细，给受众流行、前卫、跳跃、新鲜的感觉，使用稳定的构图，效果独特而亲民。

图8-42　一加商标

8.4.4.3 商标的分类

商标的类型从设计的角度考虑，大体可分为三类：文字类、图形类、图文综合类。

（1）文字商标

用文字作为商标的基本题材是常见商标设计手法之一。它包括汉字、民族文字、汉语拼音字母、外文字母、数字、古文字等不同文种的文字。

（2）图形商标

用图形作为商标的基本题材也是最常见的商标设计手法之一。例如，山、河、泉、树、建筑、花、草、虫、鸟、兽、人物、葫芦、日、月、星星、几何图形、任意图形等，都可以作为商标的图形符号纳入设计构思范畴。如图8-43所示，城堡打印（Castle Print）是一个打印机品牌，Castle Print标志直截了当地体现了企业的业务性质：利用减色模型，直指其打印行业背景，同时通过色彩的混合塑造出一个与其品牌相符的城堡（Castle）形象。

（3）图文综合商标

图文综合商标是指用图形与文字组合而成的商标，或者是文字图案化的商标。这类商标往往具有更大的表现力，更丰富的艺术语言，能更完整地表达事物的内容。（图8-44）。

图8-43　图形商标

图8-44　图文综合商标

8.4.4.4　商标设计原则

商标是为商品服务的，因而从属于商品。任何商标的设计构思，从商标名称到商标图形或文字，其内涵都应与商品的品质或形态有直接的联系。商标设计不是一种任意行为，而是受国内或国际的政治因素制约的，任何乱用、滥用商标，会很容易出现损害国家、社会以及单位和个人利益。《中华人民共和国商标法》第八条明文规定商标不得使用下列文字、图形：

① 同中华人民共和国的国家名称、国旗、国徽、军旗、勋章相同或者近似的；

② 同外国的国家名称、国旗、国徽、军旗相同或者近似的；

③ 同政府间国际组织的旗帜、徽记、名称相同或者近似的；

④ 同“红十字”、“红新月”的标志、名称相同或者近似的；

⑤ 本商品的通用名称和图形；

⑥ 直接表示商品的质量、主要原料、功能、用途、重量、数量及其他特点的；

⑦ 带有民族歧视性的；

⑧ 夸大宣传并带有欺骗性的；

⑨ 有害于社会主义道德风尚或者有其他不良影响的。

8.4.4.5　商标设计方法

（1）均衡

均衡是指整个画面的构图效果给人以平衡的心理感受，其实质在于大小平衡、长短平衡、虚实平衡、粗细平衡、轻重平衡等，如图8-45所示。

（2）对称

对称常用于具有对称性文字、图形、图文综合的商标中。对称有左右对称、上下对称、斜对称三种形式，如图8-46所示。

图8-45　商标的均衡性

图8-46　对称型商标

（3）对比

对比是指黑与白、明与暗、冷与暖的色彩应用和构图中的方与圆、直与曲、大与小、动与静、繁与简、粗与细、刚与柔、虚与实、高与低、疏与密的均衡处理，起到一种相互比较又最终统一的效果，如图8-47所示。

图8-47　对比型商标

商标的设计方法很多，因设计者的习惯、风格、个人好恶不同而定，诸如变化、统一、节奏、韵律、重叠、错位、旋转、放射、分割、连接、概括、近似、渐变等，这里不再赘述。

8.4.4.6　商标注册

商标是一种工业产权，为保护商标所有人的合法权益，国家设有专门机构管理商标注册事宜。《中华人民共和国商标法》对商标的注册、核准、注册商标的专用权和商标的使用管理作了明确规定。凡依法批准注册的商标，企业便取得了该项商标的专用权，在法律上受到保护。商标注册程序如下。

（1）商标注册申请

凡是依法登记的企业、事业单位和个体工商业户，对自己生产、制造、加工、拣选或经销的商品，需要取得商标专用权的，应该向所在地工商行政管理部门申请注册。注册按规定的商品分类表填报使用商标的商品类别和商品名称。同一申请人在不同类别的商品上使用同一商标的，应按商品分类表分别提出注册申请，注册商标需要在同一类的其他商品上使用的，也应另行提出申请。注册商标需要改变文字、图形的，应重新提出注册申请。注册商标需要变更注册人的名义、地址或其他注册事项的，应提出变更申请。

（2）商标注册准备文件

根据商标法规定，对商标实行中央、地方两级管理。国内使用商标的企业、事业单位办理商标申请，先向所在地的市、县工商行政管理局提出申请。中央企业申请商标注册，也要向所在地的市、县提出，市、县工商行政管理局依据各项手续，认定符合申请注册条件的，再核转国家工商行政管理局商标局统一审查。申请商标注册的主要文件有：

① 商标注册申请书一式2份；

② 实际使用的商标图样一式10张；

③ 商标墨稿一张，供刊登商标公告制版用；

④ 提供有关证件，国家规定必须使用注册商标的商品，如药品（化学制药、生物制药、中成药）申请注册商标，应附送省、直辖市、自治区卫生厅、局的批准生产的证明文件。

（3）商标注册的审查和核准

商标法规定："经核准注册的商标为注册商标，注册商标享有商标专用权，受法律保护"。世界多数国家采用审查原则，即坚持商标权利的是否生效，先进行审查的原则。审查目的是为了判断申请商标是否符合法规，是否违反禁用条款，是否叙述性商标，是否与已注册商标在同一商品或类似商品上相同或近似；是否有害于社会公德和公共秩序，政治上是否有不良影响等。

（4）注册商标的撤销

商标获准注册后，在规定的时间内不予使用，经第三者提出要求，可予以撤销。我国商标法第30条规定，使用注册商标，有下列情形之一的，由商标局责令限期改正或撤销注册商标：①自行改变注册商标的文字、图形或其结构组合的；②自行改变注册商标的注册人名义、地址或者其他注册事项的；③自行转让注册商标的；④连续3年停止使用的。

（5）注册商标转让

转让注册有两种，一是契约转让，二是继承转让。商标权的转让也有两种，一是商标权整修转让，二是将原核定使用商品中的非类似商品商标权单纯转让，但属于类似商品的商标不得单纯转让。商标转让时，必须按规定申请办理转让手续。

（6）注册商标续展

商标法规定注册商标的有效期为10年。有效期满后需继续使用的，应在期满前6个月内申请续展注册；期间未提出申请的，给6个月的宽展期；宽展期满仍未提出申请的，注销其注册商标。每次续展注册的有效期为10年，续展次数不限。

8.4.5 包装装潢中的字体设计

文字是人类文化的重要组成部分。文字作为传递信息的重要工具，为人类的思想交流和文明进步做出了重要贡献。

文字作为视觉要素，在包装设计上地位极其重要。它们不但是承载、传达各种文字信息的主要角色，而且自身的视觉形象也是一种重要的装饰与传媒载体。人们凭借着包装上的文字，了解产品文化和企业文化，了解产品的品质、性能、产地、使用方法等。

文字是包装装潢的重要因素之一。装潢画面可以不用图形，但是不可以没有文字。包装的文字是传递商品的信息，表达事物内容的视觉语言，文字醒目、生动是抓住顾客视觉的重要手段，它往往能起到画龙点睛的作用。

许多好的包装都十分注意文字形象设计，文字设计也同其他设计一样，讲究空间、平衡、韵律、格调等因素，同时还必须重视文字的“认知度”和“易读性”。

.4.5.1 包装上的文字类型

（1）主体文字

主体文字指商品牌名、品名等标题字，常常是装饰画面的主体部分。主体文字应具有最醒目的视觉效果，无论从面积、位置、色彩、明暗等方面都应占有突出的地位，一般安排在包装的主要展示面上，如图8-48所示。主体文字的装饰风格，是影响整个包装装饰风格的重要因素。

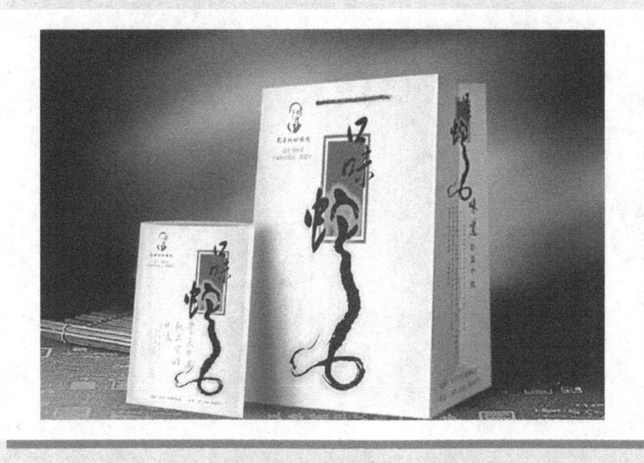

图8-48 口味蛇食品包装

（2）说明文字

说明文字是用来介绍商品的规格、数量、成分、产地、用途、功效、型号、规格、使用方法、生产及保存日期等。说明文字往往在人们购买决策中起重要作用，需用端正的字体书写，以免辨认不清造成误会，一般常选用印刷字体。

说明性文字还包括资料文字、广告文字、提示性文字、祝愿性文字等。形象要求比较活泼、醒目，内容应做到诚实可信，编排部位多变。

在设计包装上的文字时，主体文字要体现企业与产品的属性特征，字体应强调独创性、寓意性、易辨性、可读性和生动性，突出企业形象。

各种产品的包装文字可以具有完全不同的形象风格。如食品包装上的文字一般比较活泼、有冲击力。化妆品上的文字则强调典雅、柔美。儿童用品的字体根据性别有很大的差别。男孩的玩具包装字体形象大气张扬，富有运动感，女孩用品包装则以纤细秀丽为特色等。

8.4.5.2 字体分类

字体种类主要为印刷体、书写体、美术体。

汉字有悠久的历史，字体造型极富变化，在包装装潢设计上是大有发挥天地的。汉字起源于象形文字，有着数千年的历史。以其自身的美，体现了极具特色的民族文化。我国古代的象形文字，既是文字又是标志符号图形。在表现事物的典型特征，具象和抽象的巧妙结合，高度提炼的表现方面，对我们进行装潢设计构思、构图、造型等方面都有值得研究和吸取的地方。汉字的形态与结构上的特点，以及汉字造字原理所归纳的指事、象形、形声、会意、转注、假借等功能，使汉字具有很强的塑造性和创意性。

如图8-49所示的矿泉水包装设计，规避了繁复的图形设计，用“文字代替图形”的创意手法，将麦邦矿泉水的“水”字，做了变形设计，形态似山似水，独特的毛笔风格形成独特的文化气韵。

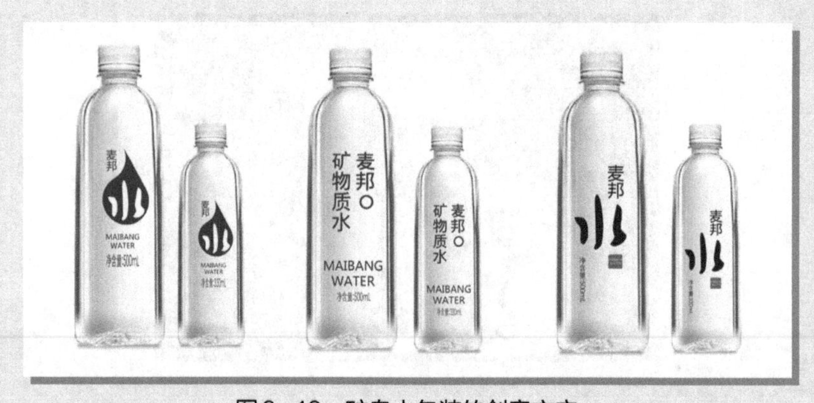

图8-49　矿泉水包装的创意文字

在商品包装设计中，往往凭借汉字的象形性和寓意性来增加包装的感染力和文化内涵。

（1）印刷体

主要指汉字和拉丁字母。如汉字中的宋体、仿宋体、黑体、楷体等，如图8-50所示；拉丁字母中的古罗马体、哥德体等。

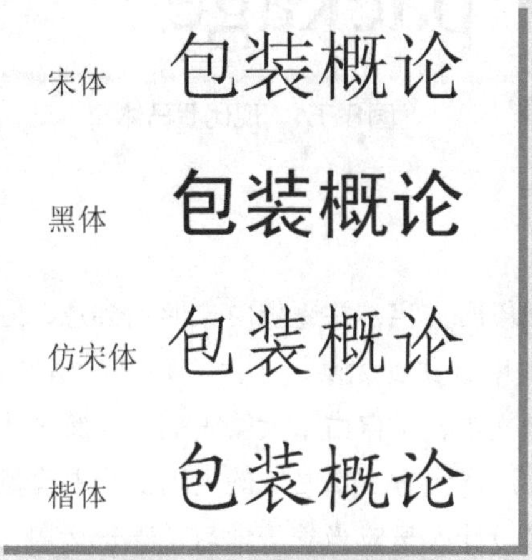

宋体 包装概论

黑体 包装概论

仿宋体 包装概论

楷体 包装概论

图8-50 印刷字体示例

① 汉字印刷体　宋体的特征是字形方正，结构严谨，笔画横细竖粗，在印刷字体中历史最长，用来排印书版，整齐均匀。

仿宋体是模仿宋版书的字体。其特征是字形略长，笔画粗细匀称，结构优美。

楷体的间架结构和运笔方法与手写楷书完全一致，笔画和间架整齐、规范。

黑体的形态和宋体相反，横竖笔画粗细一致，虽不如宋体活泼，却因为它结构紧密、庄重有力。而由黑体演变而来的圆黑体，具有笔画粗细一致的特征，只是把方头方角改成了圆头圆角，在结构上比黑体更显得饱满充实。其他还有新书体、圆头体、方空心体、圆空心体、综艺体、舒同体等。

② 拉丁字母字体　拉丁文字是拉丁民族从古希腊文改造而成的一种文字。拉丁字母字体丰富、繁多，结构简单，易于变化，新的字体不断被创造出来。

古文体哥德样式字体，字体阅读性不高，却富有装饰性与庄严肃穆感。多用于纪念性碑铭、宗教经典之中。

古罗马体是欧洲文字的标准样式，字体秀丽高雅，横竖笔画差别不大，是现在运用得较广泛的一种字体，阅读性强。

现代罗马体的笔画粗细分明，将几何学图形运用于字体，有着产业革命时代的工业感，单纯、优美、华丽，如图8-51所示。印刷体的意大利斜体，字与字不相连，笔画向右倾斜，字形自然优美。

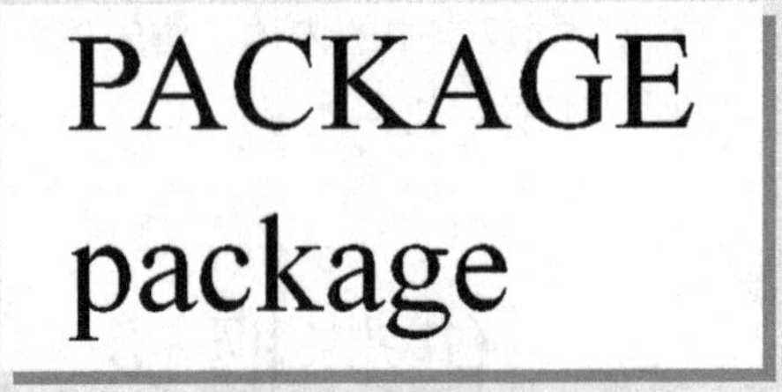

PACKAGE
package

图8-51　现代罗马体

（2）书写体

中国文字起源于象形文字，并逐步由象形到会意，经几千年的提炼，具有很高的审美价值。从甲骨文到大篆、小篆、隶书、楷书、章草、今草、狂草、行书各具风采。甲骨文古朴、自由；大篆古拙、高雅；小篆圆润、富丽；隶书端庄而有变化；楷书严谨大方；草书气韵生动；行书潇洒流畅。中国书法在包装上大有作为，装潢设计人员应当善于学习、善于运用。虽然不要求装潢设计人员一定成为书法家，然而要通过一定的实践，探究其艺术性，有效地将书法艺术运用于包装装潢设计中。

① 汉字书写体　甲骨文是距今3000多年的文字，用刀刻在龟甲、兽骨上，是商周时期使用的文字，古趣、象形，刚劲有力。

金文也称“钟鼎文”。铭文布局在器物设计时已得到充分考虑，使文字与器物造型和谐统一，其字型浑厚、雄健。

大篆是秦初期使用的文字。其字有两个特点，一是线条化；二是字形结构渐脱离简单的象形模式，有一定规律的整齐的结构，打下了方块字的基础，高雅、古拙。

小篆是秦统一中国后推行的标准字体。大篆删繁就简成小篆，运用于金石篆刻，富于装饰感，笔画粗细均匀，较圆浑，如图8-52所示。

隶书源于民间，由简略篆书演变而成。东汉之后，隶书日趋工整、精巧、字体结构扁平，如图8-53所示。

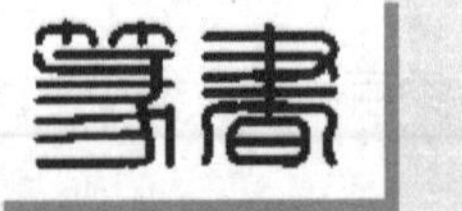

图8-52　篆体

隶书

图8-53　隶书体

草书书写快，字体潇洒飘逸，具有动感。

楷书又名正楷，书写工整，便于识别。

行书是楷书的变体，书写便捷、快速。

商品以个性化来区分市场，越来越站在战略的高度来多方位地进行品牌形象设计，而在包装设计中应用有创意有个性的书法字体正是来自于这种市场需求。如“中国劲酒”的劲字，有精神、力气的含义，所以其“劲”字的书法风格显得干劲十足、精神抖擞，排列则呈方印格式（图8-54）。

② 意大利体　亦称斜体字。最初为手写，字体经过曲线化、倾斜化以便连续书写。手写体又称草体或花体，其特点是字母前后连笔，给人以流畅、富有气韵感，是一种书法艺术。

此外还有埃及体、无装饰体、装饰体、美术体等。

（3）美术字体

美术字体主要指用汉字和拉丁字母略加装饰或夸张变形而成（图8-55）。

图8-54　个性书法字体应用

图8-55　美术字“学会感恩”

略加装饰的美术字是在规范美术字结构的基础上进行装饰变化其笔画，它要求有被包装物所需要的格调和情趣，常用在较高档次礼品包装上，既要生动，又不失高雅。

夸张变形的美术字是把美术字向形象转化，使画面更有变化。

美术字体的变化有如下几种。

① 字形变化　字形可长可短，可刚可柔。主要有扁形字、长形字、梯形字、弧形字、圆形字、倾斜字、透视字等，如图8-56所示。

② 笔画变化　主要是点、撇、捺、挑、钩等笔画的变化，可粗可细，可虚可实，可连贯可交叉。

图8-56　字形变化

③ 结构变化　结构的变化表现在可大写、小写、混写，可移位，可连笔、减笔、增笔，夸大或缩小部分笔画。如少数笔画的出格，笔画的相互重叠，布白大小的改变，部首比例的变化（图8-57）。

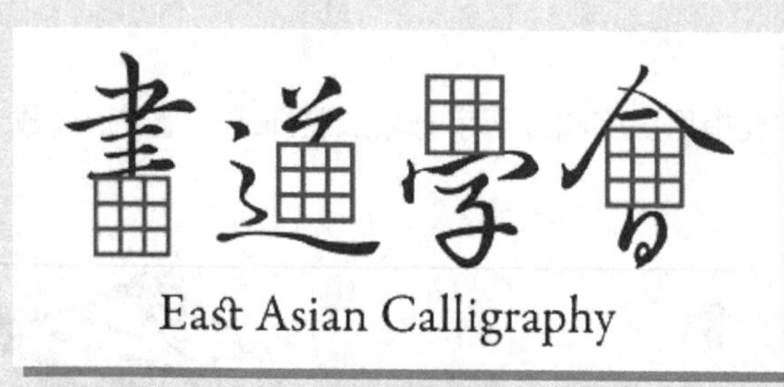

图8-57　结构变化

④ 装饰变化　用装饰的手法进行简化的、繁化的、平面的、立体的、肌理的、本体的或背景的装饰。如花纹装饰，象形、会意装饰，平行光影、转折光影、倒影装饰，立体、双立体装饰，透视效果的立体装饰等，如图8-58所示。

图8-58　装饰变化

8.4.5.3　文字在包装设计中的应用

字体设计是视觉传达设计中一个非常专业化的领域。

所有的产品包装上都离不开文字，因为文字不但具有装饰性，更重要的是它具有直接的信息传达功能。在商品包装设计中，字体设计应遵循内容与形式结合；特征鲜明、易于辨认；字体组合符合即变化又统一的原则。还应掌握字体的结构变化、外形变化、笔画变化、形象变化、组合变化等表现形式。另外变体字风格多样，千变多样，设计时应以商品的属性等识别特性，保持其语言符号的生动性和装饰性。

同时，在包装设计中，要注意不宜使用繁体字，也不能把汉字经过所谓的艺术变形后变得“面目全非”。字体设计不能脱离《新华字典》的笔画规定而自行造字。而是根据包装设计的特殊需要对文字进行艺术加工，以充分发挥文字的传达作用和视觉效果，如图8-59所示。

图8-59　三国杀卡牌包装

包装设计中汉字形象的应用，一般应注意以下要点。

① 字体格调要体现包装内容物的属性特征。

② 字体应有良好的识别性、易读性。特别是篆体和草体的应用，可以进行适当调整、改造，使之既能被大众看清楚，又不失“篆体”或“草体”的艺术特点。

③ 书写体的应用可以不必拘泥于笔墨韵味，但要注意字形的美。

④ 汉字的框架造型，要注意内紧外松，上紧下松，笔画要穿插避让，避免相互顶撞。注意结构均衡、外形均衡、比例均衡，但美术字体可活泼些。

⑤ 注意同一名称、同一内容的文字风格要一致。

8.5 商品包装的条形码

在商品销售包装上，印刷的条形码是一种为产、供、销信息交换所提供的共同语言，它就像一条纽带将世界各地的生产制造商、出口商、批发商、零售商和顾客有机地联系在一起。条形码还为行业间交易管理以及计算机应用提供了快速自动识别系统，该系统由条形码标签、条形码生成设备、条形码识读器和计算机组成。

8.5.1 条形码技术

条形码是一种利用光电扫描阅读设备识读并实现数据输入计算机的特殊代码，由一组宽度不同、黑白（或彩色）相间的条与空按特定的格式组合起来的图形符号，它可以代表一定的信息内容。在商品的包装上，常印有一块垂直平行的线条和数字组成的图案，这种图案就是商品条形码。如美国UPC码即通用产品符号，澳大利亚APN码即澳大利亚货物号码等。

在商品包装上使用条形码大大提高了商场经营管理水平和仓储管理水平。在早期的商场经营管理上，商场的管理人员对商品的价格、品种、数量及商场其他方面的统计管理是复杂烦琐的。自1970年美国有关机构制定出UPC码，并在超级市场使用成功以来，国际上成立了“国际物品编码协会”，对世界上流通的物品制定统一的编码标准，从而大大加速了条形码技术在商业领域的应用。一些发达国家和地区，几乎所有的商品和商品包装在出厂时都印制了条形码符号，给商场计算机管理提供了极大方便。当商场进货时，只需扫描商品或商品包装上的条形码符号，计算机便自动建立商品信息数据库。数据库中记录商品种类、商品的进价、销价、货存商品的数量等有关信息。当顾客选好商品后，将所选商品用小推车推到超市出口处，售货员用条形码识读器对所选商品一一扫描就完成了两项任务。一是完成对商品的结算，及时报出总价，并打出所购货物的清单；二是完成统计任务，由于计算机可以把所售商品一一记录下来，故在营业结束后，即可打印出商场经营情况，以便于管理人员决策。

在日常销售中，计算机还可以根据数据库中各种商品的数量，及时提醒管理人员何时进货等信息。这样大大节省了人力、财力、物力，发挥了商场最大的潜力。

对仓储物品，使用条形码技术管理，可大大减少仓库管理所需的时间，并能提高物品发放的准确度。在物品入库时逐个扫描物品的条形码符号，计算机便于记录物品的名称、数量、所存库位等信息，由于每扫描一个号码大约只需一两秒钟，故大大提高了物品登记速度。物品出库时，再扫描一次物品的条形码符号，计算机便消除此物品的记录，同时又可验证它是否为所需物品，防止人为误发现象。此外，条形码有助于推动无纸贸易（即将贸易、运输、金融、保险、海关等业务信息，经计算机联网互相传递，实现各部门之间的数据交换），还可以作为鉴别仿冒、伪劣产品的手段。

条形码技术具有如下优点。

① 录入速度快　与键盘录入比较，条形码录入的速度快，识读器只要1/10s就能实现数据的实时录入。

② 可靠性高　键盘输入数据出错率为三百分之一，利用光学字符识别技术出错率为万分之一，而采用条形码技术误码率低于百万分之一。

③ 使用灵活，适用性强　条形码识读器型体小，使用方法简便灵活。

目前世界上研制出的条形码类型有数十种，其中在商业流通领域使用最广的是EAN条形码。EAN条形码是国际通用的商品代码，其会员已遍及世界50多个国家和地区，国际惯例认为，一个国家或地区只宜设置一个条形码管理机构，其标识为条形码首2～3位数。该标识是某国家（地区）的条形码管理机构成为EAN组织的成员或用户时，由EAN赋予该机构的独有的编码字头，国际物品编码协会分配给会员的前缀码见表8-2。

表8-2　EAN对世界各国（或地区）前缀码分配表

前缀码	国家或地区名称	机构缩写	前缀码	国家或地区名称	机构缩写
00～09	美国、加拿大	UCC、UPC	73	瑞典	SEANC
30～37	法国	GENCOD	750	墨西哥	AMECOD
40～43	德国	CCG	759	委内瑞拉	CIP
471	中国台湾	ANC	76	瑞士	SACV
489	中国香港	HKANA	770	哥伦比亚	IAC
49	日本	JAN	773	乌拉圭	CUNA
50	英国、爱尔兰	A	775	秘鲁	APC
520	希腊	LLCAN	779	阿根廷	CODIGO
529	塞浦路斯		780	智利	CNC
54	比利时、卢森堡	ICOIF	789	巴西	ABAC
560	葡萄牙	CODIPOR	81～83	意大利	INDICOD
569	冰岛	IEANC	84	西班牙	AECOD
57	丹麦	DVA	850	古巴	
590	波兰		859	原捷克斯洛伐克	CCI
599	匈牙利	HCC	860	原南斯拉夫	JANA
600～601	南非	SAANA	869	土耳其	UCCT
64	芬兰	CCC	87	荷兰	UAC
690～692	中国大陆	ANCC	88	韩国	CCI
70	挪威	NV	885	泰国	TPNA
729	以色列	ICA	888	新加坡	SANC

续表

前缀码	国家或地区名称	机构缩写	前缀码	国家或地区名称	机构缩写
90～91	奥地利		955	马来西亚	
93	澳大利亚	APNA	958	中国澳门	
94	新西兰	NZPNA	959	巴布亚新几内亚	PNGPNA

8.5.2 中国条形码的构成

中国商品条形码ANCC是按照国际物品编码协会（EAN）标准制定的。1991年3月原国家技术监督局所属“中国物品编码中心”。代表中国正式加入“国际物品编码协会”，1991年4月19日国际物品编码协会EAN宣布接纳中国物品编码中心为正式会员，从1991年7月1日起正式履行该协会会员的权力，分配给我国的国别EAN号码为“690”、“691”和“692”（中国香港地区为“489”，中国台湾地区为“471”，中国澳门地区为“958”），如图8-60所示。

图8-60　ENA-B标准条形码示例

（1）13位代码结构

标准版商品条形码由13位数字和条形码符号构成，其标准尺寸为37.29mm×26.26mm，实际使用尺寸允许在标准尺寸0.80～2.00mm范围内选用。中华人民共和国国家标准《商品条码 零售商品编码与条码表示》（GB 12904—2008）13位数字代码结构由厂商识别代码、商品项目代码、校验码三部分组成。13位数字代码分为四种结构，其结构见表8-3。

表8-3　13位代码结构

结构种类	厂商识别代码	商品项目代码	校验码
结构一	$X_{13}X_{12}X_{11}X_{10}X_9X_8X_7$	$X_6X_5X_4X_3X_2$	X_1
结构二	$X_{13}X_{12}X_{11}X_{10}X_9X_8X_7X_6$	$X_5X_4X_3X_2$	X_1
结构三	$X_{13}X_{12}X_{11}X_{10}X_9X_8X_7X_6X_5$	$X_4X_3X_2$	X_1
结构四	$X_{13}X_{12}X_{11}X_{10}X_9X_8X_7X_6X_5X_4$	X_3X_2	X_1

以结构一为例，13位数字代码的具体组成为：

$X_{13}X_{12}X_{11}$　$X_{10}X_9X_8X_7$　$X_6X_5X_4X_3X_2$　X_1

国家代码　厂商代码　商品代码　校验码

① 厂商识别代码由7～10位数字组成，中国物品编码中心负责分配和管理。

a.厂商识别代码的前3位代码为前缀码，又称为国家代码（$X_{13}X_{12}X_{11}$），由国际物品编码协会分配，我国为690～695。

b.厂商代码（$X_{10}X_9X_8X_7$）由中国物品编码中心编发，代表厂商生产、制造、销售、批发、代理等信息。

② 商品代码由2～5位数字组成（$X_6X_5X_4X_3X_2$），一般由厂商编制，也可由中国物品编码中心负责编制。代表产品号码（0～99999）的商品信息，每一组5位数字仅对应于一种商品的信息。

③ 校验码为1位数字（X_1），用于检验整个编码的正误。具体计算方法是：按3×（$X_2+X_4+X_6+X_8+X_{10}+X_{12}$）+（$X_3+X_5+X_7+X_9+X_{11}+X_{13}$）计算的结果取个位数与10的差数作为校验值（模10的补数）。若计算结果为102，则校验值为8（10−2）；若计算结果为76，则校验值为4（10−6）；如图8-60所示中右图条形码13位数字为6906594573187，按3（8+3+5+9+6+9）+（1+7+4+5+0+6）=143，再用10−3=7，故校验码为7。以上计算是由电子解码器自动进行的。校验码是防止条形码识读器工作过程中误读而设置的，用于对整个条形码核对的特殊编码。

（2）8位代码结构

8位代码由前缀码、商品项目代码和校验码三部分组成。其结构见表8-4。

表8-4　8位代码结构

前缀码	商品项目代码	校验码
$X_8X_7X_6$	$X_5X_4X_3X_2$	X_1

① 前缀码，由3位数字组成（X_8～X_6），由国际物品编码协会分配给中国物品编码中心的前缀码为690～695。

② 商品项目代码，由4位数字组成（X_5～X_2），由中国物品编码中心负责分配和管理。

③ 校验码，为1位数字（X_1），用于检验整个编码的正误。具体计算方法是：按3（$X_2+X_4+X_6+X_8$）+（$X_3+X_5+X_7$）计算的结果取个位数与10的差数作为校验值（模10的补数）。以8位代码6901234X1为例，按3×（4+2+0+6）+（3+1+9）=49，再用10−9=1，故校验码X_1=1。

（3）12位代码结构

根据客户要求，出口到北美地区的零售商品可采用12位的代码。12位代码由厂商识别代码、商品项目代码和校验码三部分组成。其结构见表8-5。

表8-5 12位代码结构

厂商识别代码	商品项目代码	校验码
	$X_{12}X_{11}X_{10}X_9X_8X_7X_6X_5X_4X_3X_2$	X_1

① 厂商识别代码，由左起6～10位数字组成，是由统一代码委员会（SG1 US）分配给厂商的代码。其中X_{12}为系统字符，具体来讲，0，6，7代表一般商品，2代表商品变量单位，3代表药品及医疗用品，4代表零售商店内码，5代表代金券，1，8，9代表保留。

② 商品项目代码，由1～5位数字组成，由厂商编码。

③ 校验码，为1位数字（X_1），用于检验整个编码的正误。具体计算方法同上。

当企业获得了一组包括以上四部分标识的条形码时，企业及其产品的相关信息（企业名称、组织、地址、电话、产品名称、规格型号等）即进入条形码管理机构的数据库系统，并通过联网将这些信息汇入国际商品流通信息网。需要时，用扫描器在产品条码上扫描，经解码器校验识别，计算机系统便可迅速检验出与该条形码对应的产品及企业的相关信息，进行各种处理。应用在商品上的条形码基本上分为两种类型：一是原印条码，它是指商品在生产阶段已印在包装上的商品条形码，适合于批量生产的产品；二是店内条码，它是一种专供商店内印贴的条形码，只能在店内使用，不能对外流通。

8.5.3 条形码的颜色选择

由于条形码是一种比较特殊的图形，是通过条形码阅读设备来识别的，这就要求条形码符合光电扫描器的光学特性，条与空反射率的差值应符合规定的要求。印刷时除必须严格按照其编码规则达到印刷质量标准及技术指标外，不能以人眼来判断条、空颜色搭配的正确性，要求在可见红光下转化为一定差异的信号，达到识读的目的。如由红、白搭配组成的条形码能很好地被人眼识别，但红光对红色和白色都识别为“白色”，不能被条形码扫描器识读。因而条形码的颜色选择，要求对比反差大，以达到最佳识别效果（见表8-6），并置于商品包装主显示面的右侧，以利于光电扫描器的阅读。

表8-6 条形码颜色的搭配

可能的颜色搭配		不可能的颜色搭配	
条颜色	空颜色	条颜色	空颜色
黑	白	黄	白
蓝	白	橙	白

续表

可能的颜色搭配		不可能的颜色搭配	
条颜色	空颜色	条颜色	空颜色
绿	白	红	白
深棕	白	浅棕	白
黑	黄	黑	黄绿
蓝	黄	黑	蓝绿
绿	黄	黑	蓝
深棕	黄	黑	深棕
黑	橙	红	黄绿
蓝	橙	蓝	蓝绿
绿	橙	红	蓝
深棕	橙	红	浅棕
黑	红	金	白
蓝	红	黑	金
绿	红	橙	金
深棕	红	红	金

8.5.4 二维码

二维码，即二维条码（2-dimensional bar code），它用某种特定的几何图形按一定规律在平面（二维方向上）分布的黑白相间的图形记录数据符号信息。

二维码在代码编制上巧妙地利用构成计算机内部逻辑基础的“0”“1”比特流的概念，使用若干个与二进制相对应的几何形体来表示文字数值信息，通过图像输入设备或光电扫描设备自动识读以实现信息自动处理。二维码具有条码技术的一些共性：每种码制有其特定的字符集；每个字符占有一定的宽度；具有一定的校验功能等。同时还具有对不同行的信息自动识别功能及处理图形旋转变化点。

一维条码自出现以来，由于受信息容量的限制，不得不依赖数据库的存在。在没有数据库和不联网的地方，一维条码的使用受到了较大的限制。另外，要用一维条码表示汉字的场合，显得十分不方便，且效率低下。

二维码的出现是为了解决一维条码无法解决的问题，由于二维码具有高密度、高可靠性等特点，所以可以用它表示数据文件（包括汉字文件）、图像等。二维码是大容量、高可靠性信息实现存储、携带并自动识读的最理想的方法。

国外对二维码技术的研究始于20世纪80年代末，在二维码符号表示技术研究方面已研制出多种码制，常见的有PDF417、QR Code、Code 49、Code 16K、Code One等。这些二维码的信息密度都比传统的一维码有了较大提高，如PDF417的信息密度是一维码Codec 39的20多倍。我国对二维码技术的研究开始于1993年。中国物品编码中心对几种常用的二维码PDF417、QR Code、Datamatrix、Maxicode、Code 49、Code 16K、Code One的技术规范进行了翻译和跟踪研究。随着我国市场经济的不断完善和信息技术的迅速发展，国内对二维码这一新技术的需求与日俱增。中国物品编码中心在原国家质量技术监督局和国家有关部门的大力支持下，对二维码技术的研究不断深入。

手机二维码的业务类型主要有两种，即识读和被读。

（1）识读

识读即识别功能。主要是对二维码和条形码的识别。主要是借助应用软件，通过快速调用手机摄像头，对二维码或者是条形码进行扫描，然后把扫描到的二维码或者是条形码送到后台进行解析，如果解析成功，则识别完成，手机会通过震动或播放声音对用户进行提醒，显示识别出来的结果。如果解析不成功，就会再进行扫描采集图像，再传到后台解析，直到能够识别图像为止。读出的二维码信息，可以衍生出上网浏览、电子购物等多种应用。

（2）被读

被读是指由商家向手机用户发送二维码信息，通过设备识读，可作身份识别、电子凭证等之用。被读主要涉及二维码的生成功能，它可以在电脑或手机上运行生成。二维码的生成主要是靠官方相应的编码包，将用户输入字符转换成二维数组，然后根据二维码的编码规范，使用绘图功能将二维码进行绘制。二维码的生成主要分为名片、短信、文本、电子邮件、网络书签的生成。当用户选择好要生成的对象时，就会把用户输入的信息送到后台，通过调用解析包，来生成还有相应信息的二维码。

8.6 绿色包装设计

绿色设计是20世纪末期兴起的一种新设计理念。

8.6.1 绿色设计的概念

绿色设计是一个内涵相当广泛的概念，它与生态设计、环境设计、生命周期设计或环境意思设计等概念比较接近，强调生产与消费对环境影响最小的设计。

狭义理解的绿色设计是以绿色技术为前提的工业产品设计；广义的绿色设计则是从产品制造到与产品密切相关的包装、营销、售后服务、废弃物处理等绿色文化意识。

绿色设计是基于绿色意识的设计，是对生态环境不造成污染，对人体健康不造成危害，能循环和再生利用，可促进持续发展的设计。从这个意义上说，绿色设计是一个牵动着全社会的生产、消费与文化的整体。

8.6.2 绿色设计的特征

以往的产品设计理论与方法是以满足人的使用需求为目标，往往忽视了产品使用中与使用后的能源与环境问题。绿色设计针对传统设计的不足而提出全新的设计理念与方法，在产品的设计制造→流通→消费→弃置的循环过程中，着眼于人与自然的生态平衡关系，用更科学、更合理、更为负责的态度与意识去创造，做到物尽其材、材尽其用。在保证产品使用性能的前提下，尽可能延长使用周期，并将产品的生命周期延伸到使用结束后的回收利用及处理处置的全过程。

8.6.3 绿色包装设计的基本原则

绿色包装设计所要解决的根本问题是如何减少由于人类的消费给环境增加的生态负荷。即生产过程中能量与资源消耗所造成的环境负荷，由能量的消耗过程所带来的排放性污染的环境负荷，由于资源减少而带来的生态失衡所造成的环境负荷，由于流通和销售过程中的能源消耗所造成的环境负荷，最后还包括产品消费终结时包装废弃物与垃圾处理所造成的环境负荷。绿色包装设计将这一目标归纳为“4R”和“1D”原则。

① Reduce　Reduce是减少的意思，可以理解为包装过程中减少包装材料，反对过分包装。即在保证盛装、保护、运输、储藏和销售功能的前提下，包装首先要考虑的因素是尽量减少材料的使用总量。研究发现，对环境最好的包装是重量最轻的包装，当包装的回收性与减轻重量发生矛盾时，后者对环境更为有利。

② Reuse　Reuse是回收的意思，即可重复使用，不轻易废弃可以再用于盛装的包装容器，如啤酒瓶等。

③ Recycle　Recycle是再生的意思，把废弃的包装制品进行回收处理，再利用。

④ Recover　Recover获得新的价值，即利用焚烧来获取能源和燃料。

⑤ Degradable　可降解腐化，有利于消除白色污染。

包装制品从原材料采集、加工、制造、使用、废弃、回收再生、直到最终处理的全过程均不应对生物及环境造成公害，应对人体健康无害、对生态环境有良好保护作用。作为包装工业重要一环——包装设计，能对绿色包装的发展起到举足轻重的作用。

8.6.4 绿色设计的方法

绿色包装设计方案应按照包装产品的整个生命周期形成的先后秩序进行设计，系统规划，环环相扣。绿色包装设计系统及方法见表8-7。

表8-7　绿色包装设计系统及方法

绿色包装设计系统	绿色包装设计方法
绿色包装原材料的选择	简单化包装设计
绿色包装材料的生产技术要求	轻量化包装设计
绿色包装产品的设计（包括造型、结构、装潢、工艺）	材料单一化设计
绿色包装产品的加工制作	可循环再生包装设计
绿色包装产品的经济核算	重复使用包装设计
绿色包装产品的流通	可降解腐化包装设计
绿色包装废弃后的回收处理	

8.6.5 我国绿色包装的发展趋势

发展绿色包装，本身是一个系统工程，需要各方面的协助，既有技术问题又有管理方面问题，既需要政府组织，又需要各部门、企业、个人参与。因此必须从可持续发展的战略高度出发，建立一个以世界环保法规为基础，包括国家立法、行政协调、企业实施、高等院校、科研机构支持、舆论宣传、公众参与等多方面行之有效的绿色包装体系，以实现我国绿色包装的社会目标。我国兴起的绿色包装是顺应国际环保发展趋势，在全世界都在提倡环保和绿色包装的大环境下，绿色包装有利于我国经济结构和产业结构的调整，有利于我国产品包装的环保化和国际化，是实施可持续发展战略的重要方面。因此，绿色包装是我国产品包装设计的努力方向。

目前我国绿色包装发展趋势主要表现在：新老交替趋势明显，全行业素质不断提高；绿色包装原材料多样，设备、技术不断更新改进；绿色包装制品应用领域广泛，为环保不断增添新手段；绿色包装系列产品由单纯内销型朝外扩张型转变。

我国绿色包装发展面临的主要问题是：环境污染问题还没有引起足够的重视；缺少与国外包装法规相配套的法规和条例；行业管理散乱；包装材料受限；废弃包装回收利用技术和力度不到位。

在绿色包装的认识上具有片面性，大部分公众对于绿色包装的概念混淆不清，认为纸包装就是绿色包装，而其他类型的包装都是不利于环保的，不属于绿色包装。这种认识仅仅看到了绿色包装与包装材料的关系，但是绿色包装包括的包装减量化、回收再利用等都是绿色包装发展的重要方式。

另一个问题就是绿色包装发展不平衡，绿色包装的开发在很大部分是出口型企业，内销型企业对于绿色包装还没有全方面的认识。在地域上，经济相对落后的地区对绿色包装的推广不到位，这对我国绿色包装观念的普及有很大影响。

绿色包装是国际化的大趋势，是世界环保的重要部分，是循环经济的要求。我国的绿色包装首要的是推广绿色包装观念。绿色包装虽然是包装观念上的变革，但真正为绿色包装提供发展机会，并推动环保事业发展的，是包装技术的进步和包装机械的发展。借鉴国外的经验并结合我国的国情，提出发展绿色包装，推动环保事业，应采取变革绿色包装观念、完善产业服务体系、组织技术开发、寻求政策支持等。因此，需要采取完整的体系和有效的体制与运行机制，促使其健康发展，在参考国外包装体系运行的情况下，结合中国的国情，制定具有中国特色包装体系。

8.7 数码设计在产品包装中的应用

8.7.1 产品包装数码设计的优势

自20世纪90年代开始，计算机技术逐渐普及，电脑设计软件也纷纷登上设计舞台，设计师渐渐摆脱了手工绘制设计稿的局面，转而使用数码设计。产品包装的数码设计与传统的手工设计相比具有很多突出优势，具体表现在：

① 设计创意空间更灵活、开阔；

② 设计使用的材料和设备更简化；

③ 设计的变更与修改更便捷；

④ 设计表达更简易且表现品质更高，图纸的生成更简单且更精确；

⑤ 设计建档更方便容易，信息传递更快捷；

⑥ 设计效率更高。

其实从设计的本质上就是一个不断修正的过程，先进的数码技术将人们从烦琐复杂的劳动力中解放出来，极大地提高了工作效率，是设计领域历史性的跨越。

8.7.2 产品包装数码设计软件简介

在数字化技术的支持下，产品包装设计的一般程序和基本方法与传统设计基本相同，只是在设计过程中引入了数码技术，分别对包装的视觉传达、形态结构及整体效果进行辅助设计制作，并在计算机中将平面设计稿转化为三维可视化的立体模型。这种立体的可视化模型与我们以往折叠的包装样品基本一致，区别在一个是实实在在的样品，另一个是虚拟空间的三维实体模型，然而它们所实现的功能是完全相同的，即平面设计稿在转化为立体后，其视觉效果是否达到设计的最初要求，给设计者与客户提供一个是否需要进一步加工和修改的信息。整个设计过程都是在计算机内部完成的，不需要其他任何工具和材料，其过程简捷、方便、经济、有效。

8.7.2.1 包装装潢设计软件

包装的平面设计是将包装界面中所涉及的内容在平面设计软件中进行整体编排设计的过程，它涉及文字设计、图形设计、色彩设计、图文编排等。目前在这个方面最常用的软件有Photoshop、Adobe Illustrator（以下简称AI）、CorelDraw、Freehand、PageMark、inDesign等，这类软件的共同特点是操作方便、功能强大；具有较强的图像处理、图形生成、文字设计和图文编排等设计软件的不断换代升级和与之相适应的现代化印刷技术、包装生产设备的配合使用，同时多种新型包装材料的出现和应用，大大提高了包装设计的技术和水平，也促进了商业的迅速发展。

在产品包装的数码设计中，Photoshop是一个不可缺少的应用软件。Photoshop目前是PC机和苹果机中应用最广泛的平面图形处理软件，它的功能非常强大，可以对图像进行任意的复制、剪切、删除、拼贴、合成和各种美妙的艺术加工等。现在Photoshop已是高质量彩色桌面印刷系统、预印、多媒体、动画制作、数字摄影和着色的重要保证。Photoshop在产品包装的数码设计中主要应用于以下三个方面：

其一，在平面设计时常常需要使用照片或图片，这些资料的获取目前主要是利用数码相机的拍摄和扫描仪的扫描。它们被计算机获取后，往往并不能直接使用，必须对其进行必要的加工处理。

其二，在Photoshop中依据产品结构，将设计好的包装平面图进行分割，将每一个结构面分割成一个独立的图形。

其三，在三维可视化图形基本完成后，常常需要用到Photoshop软件进行一些加工，以便获得优美的效果图。

.7.2.2 包装结构设计软件

目前，在包装设计和工程领域中正逐渐深化三维设计软件的应用。目前比较流行的包装结构设计软件有比利时Esko-Graphics公司ArtiosCAD（雅图）、ArdenSoftware公司的Impact CAD、英国AG/CAD公司的Kasemake盒型设计软件、日本Comnet公司的Box-vellum纸盒/纸箱设计软件、美国的Cimpack包装盒及刀模设计软件，以及荷兰BCSI公司的PackDesign2000软件等。ArtiosCAD是一款专门针对纸箱及折叠纸盒设计的三维软件，它有特别针对包装行业开发的专用工具：提供结构设计、产品开发、虚拟样品设计和制造使用，ArtiosCAD在国内外已经获得广泛应用（图8-61）。另外，在包装机械领域还应用Pro/E等三维软件定容包装容器设计。

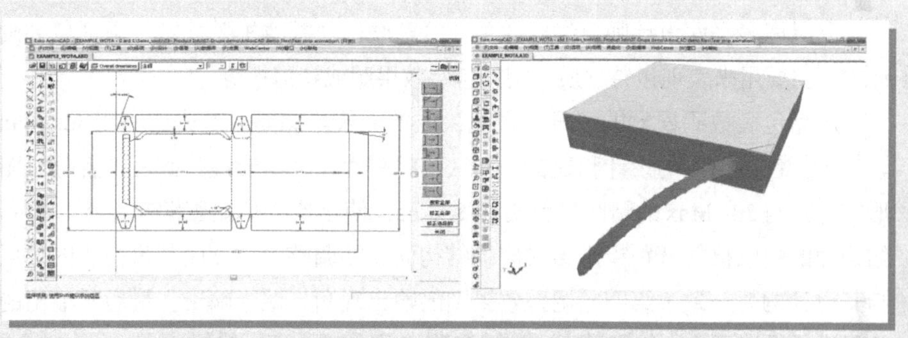

图8-61 ArtiosCAD（雅图）软件的平面图及3D视图

.7.2.3 三维可视化技术辅助包装设计

包装本身就是一个空间三维结构，利用三维可视化技术来辅助设计是最好的选择。

三维可视化技术是利用计算机中三维图形软件在计算机的屏幕上建立一个完全虚拟的三维空间。在这个虚拟的空间里设计者可以以三维方式直接进行各种类型的立体设计，如室内设计、产品设计、雕塑设计、三维动画设计，等等。二维的CAD系统只能帮助设计人员减轻手工设计和绘图的工作量，而三维可视化技术不仅能反映人的丰富的创造性结果；更能把握在形态创造过程中所产生的随机偶然性结果，这些对设计人员来说尤其珍贵，它可以启迪人在设计创作中的灵感。

包装设计项目中，设计师向客户展示包装物的外部与内部结构时，想要模拟包装设计真实、细腻的效果，得从结构、透视、材料、光影等多个方面综合考虑和制作。目前市场上的三维软件很多，如Rhino、3ds Max、Maya，但使用最频繁的还是3ds Max软件。3ds Max软件具有许多优点：

其一，它有很强的建模功能，分基础建模和高级建模，这可为产品包装结构设计的数码生成提供技术支持。

其二，它有超强的材料编辑功能，用户可以根据需要建立自己的材料，这一点是产品包装可视化生成不可多得的应用技术支持，用户可以将平面设计的图形经分割后的文件制作成相应的三维贴图材料，在结构建模完成后，按照结构面分别将制作的贴图材料指定给对应的结构面，渲染后就可得到产品包装的三维可视化的虚拟模型了。

其三，它有灯光、渲染的全套功能，设计师可以借助它的灯光渲染、光线追踪技术表现细腻的材质，进而模拟逼真的包装设计效果。

其四，它有良好的动画功能，如有必要可以将产品包装设计的场景制作成动画，动态地显示其三维立体效果。

所以许多平面设计师已经开始关注这款软件，并将相关技术应用到包装设计中，主要用来表现包装材质、制作包装效果图或者海报等。

产品包装数码设计的三维可视化生成的一般步骤是：首先，利用3ds Max软件进行包装结构的设计和建模；其次，将平面设计图形经分割后的各分块图形文件进行3ds Max的贴图材料制作；第三，使用次物体贴图编辑命令，将各结构面的贴图材料分别指定给对应的结构面，并调整参数，使其可视化的效果与其设计构想一致；第四，调整效果图的输出视角，渲染输出。最后对输出的效果进行设计评价，如不满意，返回修改（图8-62～图8-65）。

图8-62　3ds Max笔筒结构设计

图8-63　3ds Max立体建模包装模型

图8-64　3ds Max铁桶模型

图8-65　3ds Max（酒瓶品牌设计与包装设计）

8.8 CI设计

8.8.1 CI的概念

CI是英文Corporate Identity的缩写，是英文Corporate Identity System（CIS）的简称，直译为企业形象识别系统，意译为企业形象设计。CI是指企业有意识、有计划地将自己企业的各种特征向社会公众主动地展示与传播，使公众在市场环境中对某一个特定的企业有一个标准化、差别化的印象和认识，以便更好地识别并留下良好的印象。

8.8.2 CI的组成

CI一般分为三个方面，即企业的理念识别——Mind Identity（MI），行为识别——Behavior Identity(BI）和视觉识别——Visual Identity（VI）。企业理念，是指企业在长期生产经营过程中所形成的企业共同认可和遵守的价值准则和文化观念，以及由企业价值准则和文化观念决定的企业经营方向、经营思想和经营战略目标。企业行为识别是企业理念的行为表现，包括在理念指导下的企业员工对内和对外的各种行为，以及企业的各种生产经营行为。企业视觉识别是企业理念的视觉化，通过企业形象广告、标识、商标、品牌、产品包装、企业内部环境布局和厂容厂貌等媒体及方式向大众表现、传达企业理念。CI的核心目的是通过企业行为识别和企业视觉识别传达企业理念，树立企业形象（图8-66）。

视觉识别设计（VI）是CI设计系统的基础，同时也是CI设计系统中最外在、最直接、最具有传播力和感染力的部分。VI设计是将企业标志的基本要素，通过整体统一的传达系统，尤其是具有强烈视觉冲击力的视觉符号设计系统，以具体可见的视觉形象传达给消费大众，透过视觉符号的设计统一化来传达精神与经营理念，有效地推广企业及其产品的知名度和形象。

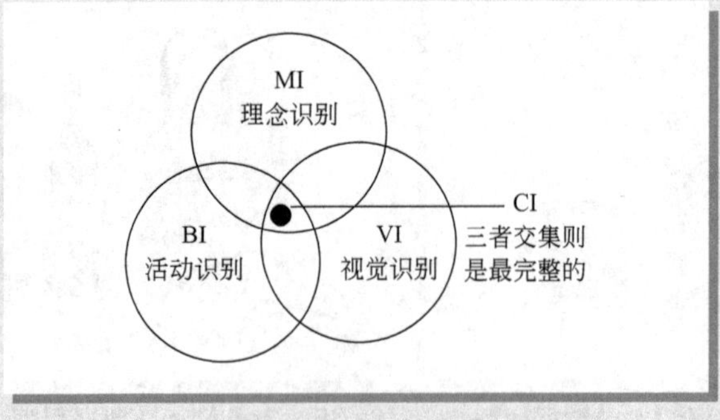

图8-66 CI关系图

VI设计各视觉要素的组合系统是因企业的规模、产品内容而有不同的组合形式，通常最基本的是企业名称的标准字与标志等要素组成一组一组的单元，以配合各种不同的应用项目，各种视觉设计要素在各应用项目上的组合关系一经确定，就应严格地固定下来，以期达到通过统一性、系统化来加强视觉祈求力的作用。

VI系统设计由基本要素系统设计与应用要素系统设计两部分构成。

（1）基本要素系统设计　以企业标志为核心的基本要素系统是VI的基础和核心，构成了企业的第一特征以及基本气质,也是广泛传播、取得大众认同的统一符号系统，它包括：企业名称、企业标志、企业标准字、企业标准色、企业造型（俗称吉祥物）、企业象征图形（图案）、企业标语和口号、专用字体、媒体版面编排模式等。

（2）应用要素系统设计　应用要素系统设计即是对基本要素系统在各种媒体上的应用所做出具体而明确的规定。当企业视觉识别最基本要素标志、标准字、标准色等被确定后，就要从事这些要素的精细化作业，开发各应用项目。VI各视觉设计要素的组合系统因企业规模、产品内容而有不同的组合形式。最基本的是将企业名称的标准字与标志等组成不同的单元，以配合各种不同的应用项目。当各种视觉设计要素在各应用项目上的组合关系确定后，就应严格地固定下来，以期达到通过同一性、系统化来加强视觉祈求力的作用。应用要素系统大致包括：企业外部建筑环境、企业内部建筑环境、办公用品、陈列展示、赠送礼品、产品包装、交通工具、广告媒体、服装服饰、印刷出版物等（图8-67、图8-68）。

我们可以通过“CI树”这种形式清楚地了解由基本系统和应用系统组成的企业VI系统的全貌（图8-69）。

(a) 标志和标准字

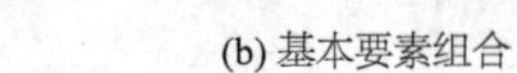

(b) 基本要素组合

(c) 产品包装应用

(d) 服装服饰应用

(e) 交通工具应用

图8-67　顺丰速运VI系统设计

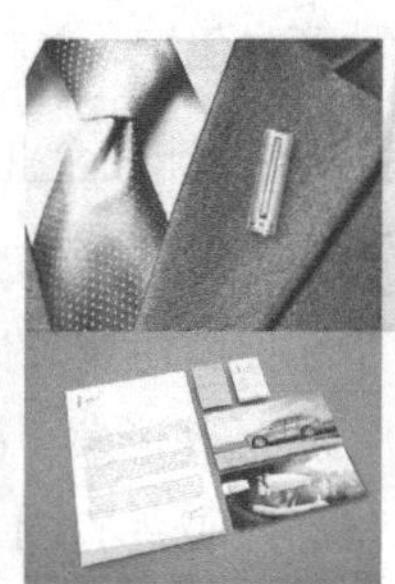
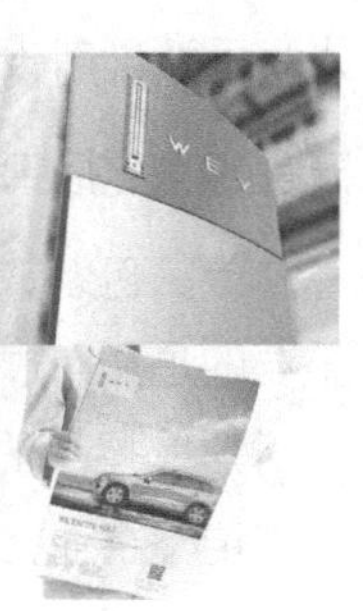

图8-68　WEY应用系统设计

图8-69　CI设计案例

8.8.3 CI与包装设计

商品包装设计是CI可视化过程中的一个重要组成部分。包装除了具有保护商品的基本功能外，还有传达商品信息、体现商品价值、提升商品形象的作用。所以，包装所呈现的视觉形象须与商品及其品牌的定位、企业文化相符合，以确保有效地将商品具有的物质属性和精神属性传达出来，从而赢得市场的认可。

企业形象最基本的作用是满足消费者对品牌的认可和信赖，产品品牌建设与传播是品牌与消费者之间的重要纽带，而产品包装则是品牌最为有效的代言人，不断创新设计产品包装，是打造品牌形象的重要途径和手段。

8.8.3.1 产品包装的品牌形象设计在企业 CI 战略中的作用

产品包装成为产品的重要部分，不仅具有方便、保护和审美功能，而且更重要的是具有展示和促销功能。其职责是在激烈的市场竞争中，创造新的价值，同时形成持久的企业品牌形象，赢得消费者的心。所以，利用产品包装形象设计来传播企业文化已经成为了 CI 企业战略中非常重要的一部分，是企业形象整合实施展开的重要一步。产品包装统一形象设计后，对企业 CI 战略的实施具有积极的作用。它主要表现在以下两个方面：

首先，有利于塑造企业的个性化形象，进行企业独特性的传播。包装设计中通过统一风格的视觉要素使企业形象和产品形象区别于其他的企业和产品。

其次，是利于建立企业品牌认可价值，进行统一的系统性传播。它强调视觉识别理念的完整性，使企业理念贯彻于产品包装识别形象中，从而统一地展示于企业生产的各种不同规格、不同属性的产品上，能够使消费者对整个企业产生好感，进而认可品牌。市场上有很多成功案例，如：麦当劳、可口可乐、农夫山泉、小米、海尔，等等。许多企业的品牌在消费者心目中持续存在很长一段时间，这种认可度不仅来源于企业卓越的产品品质，也源于企业在 CI 战略上对产品的包装形象的统一设计。

8.8.3.2 企业 CI 战略高度下的产品包装设计定位

在物质生活日益丰富的今天，当消费者选择商品时，考虑的不仅仅是产品本身的物质价值，还会考虑到产品所能带来的附加值。由于消费者的购买模式发生了改变，商品的外包装不仅仅是盛装商品的“容器”，更是一种能够激发消费者消费冲动和购买欲望的展示与宣传手段。

站在 CI 企业品牌建设的高处思考包装设计，产品的包装不仅要美观，同时还必须有效传达产品信息，更要主动传播企业的内涵和文化。

8.8.4 包装设计与企业品牌形象建立的策略

企业的包装，是用以形成CI的商品或服务，从消费者的立场在CI传达体系的应用要素中，以包装最直接地面对消费大众。在运用CI时，包装设计应注意传达CI，并建立包装的统一强烈的系统。企业只有能够提供好商品和好服务，消费者才会满意。所以，提供对社会和消费者有帮助的商品或服务，便显得格外重要，CI引进，正是一种永久服务的标志。从CI企业品牌建设的高度看包装设计有以下策略：

其一，对于相同性质的商品，在CI企业的品牌建设过程中，应首先确定自己营销商品本身的特性，并采用不同包装的形式，以包装设计传达出主要包装内容和信息，从而塑造不同的 CI 企业品牌形象。以酒为例，它们的 CI 企业品牌形象有其自身的特点，例如劲牌，主打养生概念，其小瓶灌装的包装设计与“劲酒虽好，可不要贪杯哟”的广告词，共同打造了保健酒的 CI 企业品牌形象。

其二，对于相同企业不同市场定位的子品牌，则应选择更为准确的形式传达产品的质量和信息。比如上海家化旗下的“佰草集”和“美加净”这两个子品牌，前者市场定位是要走高端化妆品市场，反映现代中草药个人护肤“古方+科技”的品牌宗旨，其产品定位就是要凭借深厚的中国文化内涵与国际化视野的结合，在海内外形成鲜明的中国印记，给消费者留下“高端、大气、上档次”的好印象。而后者定位于大众手霜品类的领导者，与前者层次分开，其包装设计确定为相对简单的包装，更加贴近于平常百姓的日常生活。由于 CI 企业品牌建设中不同的市场定位，使用的包装造型、图形、材料、色彩等视觉元素都会不同。

其三，包装所采用的设计风格、结构和形式是CI企业品牌建设中所确定的主要消费对象决定的。以著名的茶品牌“立顿红茶”为例，它是时尚、国际化、充满活力和自然乐趣的象征。立顿红茶本以红茶为品牌核心，但为了赢得更大的消费市场，在产品的品种上又推出了绿茶、茉莉花茶及各种花果茶系列，考虑到年轻人快节奏的生活现状，又推出了即时封装类型的袋泡茶包装和瓶装饮料的类型。立顿茶外包装颜色鲜艳，现代设计风格强烈传达出茶的时尚理念。可以说立顿茶不仅给茶叶袋的包装形式带来了一场真正的革命，而且颠覆了传统茶叶企业的营销手段。

8.8.5 通过包装树立企业的统一形象

包装设计的要素包括文字、图形、色彩、材料、造型结构、印刷工艺等要素，各项要素规划和调配形成商品的视觉形象。通过包装树立企业的统一形象可从以下几个方面入手。

（1）用企业标志统一形象

在商品包装设计中，突出企业标志形象，或将企业标志置于统一的固定的位置，施以统一的色彩，统一的背景图案或统一的构图，构图的重点是使企业标志处于主导地位，以取得一致的视觉效果。

（2）用象征图案统一形象

在商品包装设计中，以企业标志的变体图形或企业象征图案为底纹。常用的变体手法有：分解组合、黑白反转、粗细线框、立体化、肌理效果、辅助色彩等。除了用企业标志的变体图案外，还可以使用象征图案，象征图案可使用完整的图形，也可使用由象征图案组成的具有典型特征的变体图形，可用一个单元，也可以用两个单元、三个单元、多个单元进行组合。如果配合其他辅助性的视觉要素，也可能取得较好的视觉效果。

（3）用标准字统一形象

在商品包装中，品牌标准字是第一位的，应置于视觉的中心，通过对比的手法加强其明视度。也可以结合企业的标准字使用，只是不要喧宾夺主，或造成识别上的错误。

（4）用标准色统一形象

在商品包装设计中，有关商品的信息，则应以商品色彩为主导；有关企业的信息，则应尽可能运用企业的标准色彩。关键在于如何处理它们之间的关系。如果企业实行企业标志和商品标志合一的标志战略，不管有多少种产品，都可始终突出企业的标准色彩。如果企业实行的多商标的模式，也就是一种产品一个品牌标志的模式，这时单个产品形象就成为重点，应以商品色彩为主导。

如今在中国家喻户晓的京东商城为我们提供了通过包装手段树立企业统一形象的典型案例（图8-70）。

(a) 标志

(b) 名片

(c) 手提袋

(d) 汽车

(e) 网页

(f) 信封信纸宣传册

图8-70　京东品牌形象设计

复习思考题

1. 什么是包装设计？它包括哪些内容？
2. 简述包装设计在不同发展时期的风格特点。
3. 包装造型设计有哪些功能？
4. 包装造型的形态要素有哪些？
5. 怎样体现包装造型的形式美法则？
6. 纸盒有哪些结构型式和种类？
7. 包装装潢设计中的定位设计有哪些内容？
8. 在包装装潢设计中怎样运用色彩？
9. 包装文字的字体主要有哪些种类？
10. 怎样进行包装文字字体的设计？
11. 什么是商标？商标具有什么特性？
12. 在进行商标设计时应遵循哪些原则？
13. 什么是条形码标志？有什么作用？
14. 什么是二维码？使用二维码的目的是什么？
15. 手机二维码的业务类型有哪些？
16. 试述绿色包装设计的基本原则。
17. 产品包装的数码设计与传统的手工设计相比具有哪些优势？
18. 举例说明产品包装数码设计的常用软件。
19. 简述CI的概念及组成。
20. 怎样通过包装树立企业的统一形象？

Chapter 09

第9章

包装印刷

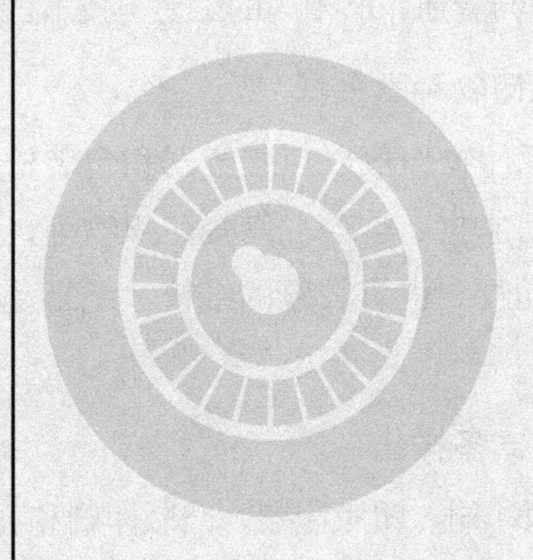

传统印刷的定义是：以原稿为依据，利用直接或间接的方法制成印版，再在印版上敷上黏附性的色料，在机械压力的作用下，使印版上一定黏附性的色料转移到承印物表面上，从而得到复制成的批量印刷品的技术。根据传统印刷的定义，必须具有原稿、印版、油墨、承印物和印刷机械等五大要素，才能进行印刷，但随着现代印刷技术的不断发展，印刷的含义也在发生变化，一些新的印刷方式不一定需要印刷机械施加压力（如静电印刷、喷墨印刷等），还有一些现代印刷方式不一定要先制印版才能印刷（如直接印刷就不需要印版）。现代广义上的印刷通常指印前处理、印刷和印后加工的总称。

包装印刷是指在包装材料、包装容器上印刷各种图文信息。在现代包装工程中，在包装材料及包装容器上印刷各种图文信息是包装品生产中的一个重要环节，包装印刷在包装工程中占有重要地位。

9.1 概述

包装印刷的产品就是各种包装物，它是以满足各种包装要求为目的的印刷。随着我国市场经济的迅速增长及人们精神文化生活水平的不断提高，包装印刷的目的已不再仅限于简单的商品保护和商品功能性介绍，它还有一个更重要的目的就是以特殊的印刷效果提高商品的档次，增加其附加值。

9.1.1 包装印刷的特点

包装印刷既有与普通印刷相同的工艺与技术，又有其突出的一些特点。

（1）包装印刷承印物种类多样

包装印刷的承印物一般以包装容器和包装材料为主，除普通的纸张、金属、塑料外，还有木材、玻璃、陶瓷、织物等，形状也多种多样，有普通的纸张类平面型承印物，也有较厚的纸板、纸箱及各种不规则形状和性能的承印物。

（2）包装印刷方式多样化

除传统的平版印刷、凹版印刷、凸版印刷和孔版印刷四大印刷方式外，包装印刷还大量采用各种特种印刷方式和印刷后加工方式。

（3）包装印刷品质量要求高

包装印刷的图文信息多为有关产品的介绍、品牌、商标、装潢图案、广告、产品使用说明等，因此要求包装印刷品墨色厚实、色泽鲜艳光亮、层次丰富、说明性和感染力强。

9.1.2 包装印刷方式的分类

包装印刷种类繁多，其分类可按多种不同的方式进行，主要有以下一些分类方式，见表9-1。

9.1.3 包装印刷的基本工艺流程

对于单幅彩色图像的印刷复制一般采用如文后彩色插页图9-1所示的工艺流程，首先对彩色原稿进行分色处理，获得原稿的四色分色片，然后由四色分色片制得四色印版，再进行四色套印，获得彩色印刷品。

表9-1 包装印刷方式分类

<table>
<tr><th>分类方式</th><th colspan="2">包装印刷的类型</th><th>分类方式</th><th>包装印刷的类型</th></tr>
<tr><td rowspan="12">按印刷方式分</td><td colspan="2">凸版印刷</td><td rowspan="7">按承印材料分</td><td>纸张、纸板印刷</td></tr>
<tr><td colspan="2">平版印刷</td><td>塑料及塑料薄膜印刷</td></tr>
<tr><td colspan="2">凹版印刷</td><td>金属印刷</td></tr>
<tr><td colspan="2">孔版印刷</td><td>玻璃印刷</td></tr>
<tr><td rowspan="8">特种印刷</td><td>柔性版印刷</td><td>陶瓷印刷</td></tr>
<tr><td>发泡印刷</td><td>织物印刷</td></tr>
<tr><td>喷墨印刷</td><td>其他类承印物印刷</td></tr>
<tr><td>软管印刷</td><td rowspan="9">按用途分</td><td>包装装潢印刷</td></tr>
<tr><td>立体印刷</td><td>标牌印刷</td></tr>
<tr><td>静电印刷</td><td>有价证券印刷</td></tr>
<tr><td>热转印</td><td>广告印刷</td></tr>
<tr><td>……</td><td>建材印刷</td></tr>
<tr><td rowspan="6">按承印物表面形态分</td><td colspan="2">平面印刷</td><td>商标、标签印刷</td></tr>
<tr><td rowspan="5">曲面印刷</td><td>转移印刷</td><td>其他类印刷</td></tr>
<tr><td>软管印刷</td><td></td></tr>
<tr><td>玻璃容器印刷</td><td></td></tr>
<tr><td>陶瓷印刷</td><td colspan="2" rowspan="2"></td></tr>
<tr><td>其他印刷</td></tr>
</table>

从原稿获得包装印刷复制品，一般要经过印前处理、印刷和印后加工等复制过程。

(1) 印前处理

印前处理就是根据图像复制的需要，对文字、图形、图像等各种信息分别进行各种处理和校正之后，将它们组合在一个版面上并输出分色片，再制成各分色印版，或者直接输出印版。

由于原稿类型的不同，所采用的印前处理技术方法也有所不同，如黑白原稿的印前处理，它只需对图像信息处理后，输出一张制版底片，然后制成一块印版，但如果是彩色原稿，印前处理除对图像本身进行各种校正外，还要对图像进行分色处理，输出黄、品红、青、黑一套分色片，再制成黄、品红、青、黑一套印版。另外，若是连续调图像原稿，则还需对图像进行加网处理。

（2）印刷

印刷是利用一定的印刷机械和油墨将印前处理所制得的印版上的图文信息转移到承印物上，或者直接将印前处理的数字页面信息转移到承印物上，从而得到大量的印刷复制品。若是单色原稿，则将印版上的图文一次转移到承印物上即可，而若是彩色原稿，则印刷时要将黄、品红、青、黑四块印版上的图文分别用相应颜色的油墨先后叠印到承印物上，获得彩色印刷品。

（3）印后加工

印后加工是将印刷复制品按产品的使用性能进行表面加工或裁切处理，或制成相应形式的成品。

9.2 印前图文处理原理与技术

包装印刷是集光、机、电、色彩等方面的理论与技术于一体的综合性技术。在图文信息处理、复制过程中重点应考虑图文信息本身的色彩、层次及清晰度等特征，并分别采用相应技术与方法复制再现这些特征。对商品的装潢印刷主要是通过文字、图形、图像三者的结合来体现产品包装的整体效果，所以装潢印刷就是要将包装设计者所设计的文字、图形、图像三者结合的整体效果复制出来。

9.2.1 印前图文处理的要素及特征

印前图文处理是要对需复制的各种图文信息进行适当的处理之后，输出图文质量和版式都符合复制要求的、图文合一的晒版底片或印版，因此印前图文处理的主要对象是文字、图形和图像。

文字在包装装潢设计中具有重要的作用，它与图形、图像构成了装潢设计的三要素。文字在传达信息的过程中，不仅给人直观的视觉印象，而且给人美的感受，使人对商品产生完整、良好的视觉印象。包装印刷中对文字的复制就是要将文字按所设计的要求，准确无误地、清晰地再现出来。

印刷中的图形通常是指原稿图像中没有明暗层次变化的二值图像，它由点、线、面等基本元素构成。对图形的复制，一般要求均匀清晰地再现所有二值元素，而且应达到一定的密度大小。

图像是人类用来表达和传递信息的最重要手段。现代图像既包括可见光范围的图像，又包括不可见光范围内借助于适当转换装置转换成人眼可见的图像。一幅图像能传递某一具体的信息是由其阶调、色彩和清晰度三大特征决定的。

阶调层次是指图像明暗亮度的变化。有的图像可能只有有限的几个阶调层次，如文字线画类的图像就只有底色和图文要素两个层次，而有的图像则可能有无数个阶调层次，图像的明暗亮度是连续变化的，如一般的照片或画稿等，我们把这种具有连续变化的阶调层次的图像称为连续调图像。

色彩是一幅图像给人的不同的颜色感觉。有的图像只有一种颜色，没有颜色的变化，如黑白图像等，称为单色图像，而实际中更多的图像具有丰富的颜色变化，称为彩色图像。

清晰度是指图像细节的清晰程度。它包含三方面的含义：一是指图像层次对景物质点的分辨率或细微层次质感的精细程度，即图像分辨出景物中线条间的区别的能力；二是指图像层次轮廓边界的虚实程度，即图像线条边缘轮廓的清晰程度；三是指图像两明暗层次间的差别，尤其是细小层次间的明暗对比或细微反差是否清晰。

9.2.2 图像分色原理与工艺

9.2.2.1 传统模拟分色工艺

模拟分色是对模拟的彩色原稿，采用模拟工作方式的分色设备进行分色，直接得到分色片，典型的模拟分色方式是照相制版分色，图9-2所示为照相制版实现分色及其色彩误差修正的基本工艺流程。

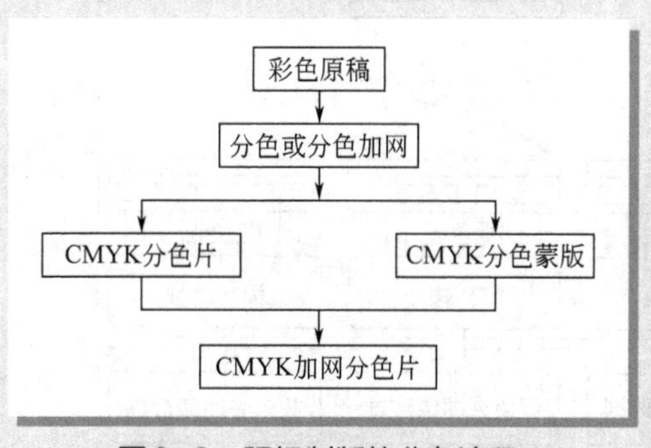

图9-2 照相制版的分色流程

照相制版是以制版照相机为分色工具，首先依据光学原理，采用照相成像方式，利用滤色片来进行色彩的分解，根据感光材料对不同光谱感光特性及其影像处理的化学原理来获得记录在感光胶片上的CMYK分色图像，再经过照相蒙版修正和手工辅助修正后，最终获得能够满足各种类型印刷要求的原版分色片，其图文信息传递的主要载体是照相胶片。但照相制版工艺技术复杂，会由于各工序的设备、原材料的变化而产生复制的非线性传递，使人们难于准确把握其变化规律，而予以准确的修正，而且局部修正需由人工根据后工序的要求来逐点、逐面地改变图像点或面的密度值。由此，对从事分色与制版人员的技术要求很高，普及难度很大，作业效率低，成本高。

照相分色采用互补分色方式，它是指根据加色法和减色法相互结合的原理，利用红、绿、蓝紫三种滤色片对色光的选择性吸收特性，将原稿反射或透射的混合色光分解为红、绿、蓝紫色三原色色光的分色方法。在分色过程中，因为两互补色混合后呈黑色，即被滤色片吸收的色光正是滤色片本色的补色光，因而使感光胶片的对应部位呈透明状态，最后获得分色阴片。因此，使用红、绿、蓝三种互补色滤色片就能够获得青、品红、黄三原色的分色阴片，具体实现方法如文后彩色插页图9-3所示。

9.2.2.2 数字分色原理与技术

数字分色是在模拟分色采用新技术、新方法和新材料对其过程不断优化和数字技术在色彩复制应用领域不断应用的共同推动下创新发展起来的，其技术核心是依托全新的图像色彩数字化设备，对色彩属性及其变换关系进行定量化描述，将模拟方式中对色彩传递各个环节的过程控制变换为不同色彩空间中的数字映射与色域变换，应用更精确的设备来提取色彩信息，应用更简单的方法来实现色彩复制以及色彩误差的修正。数字分色基本工艺过程如图9-4所示。

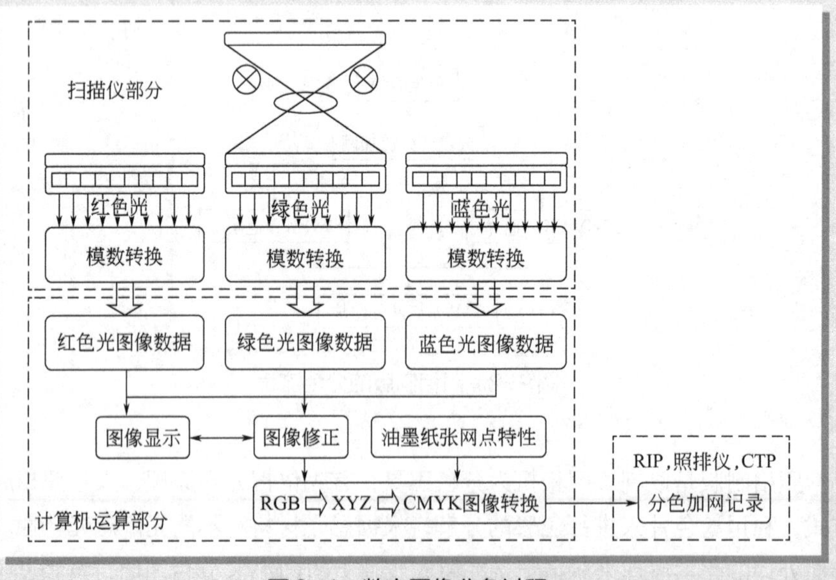

图9-4　数字图像分色过程

数字分色实际要经历两个分色过程，第一次分色是在扫描时，扫描仪在采集图像各像素点的图像光信号后，将其分解为R、G、B三色光图像，并存储于三个通道，获得图像的三色光通道信息，即图像以RGB模式存储；第二次分色是在对图像进行处理后，将RGB模式转换为CMYK模式。

（1）扫描分色

扫描分色是利用扫描仪对模拟图像原稿进行扫描数字化的过程中，对采集到的图像信息进行分色。

扫描仪是指能将二维或三维的模拟图像信息转变为数字图像信息的装置，其主要功能是将彩色图片输入到计算机中。图像扫描输入方式分为滚筒式扫描和平面式扫描两种方式。

滚筒扫描方式多采用光电倍增管作为光电转换器件，如图9-5所示，在扫描过程中，随着贴有原稿的分析滚筒的转动和照明光学系统与分析头的横向移动形成螺旋式扫描线，每根扫描线在圆周方向上又被解析为大量的图像信息单元——像素，这些像素是构成原稿图像的基本单元，它将原稿图像的不同密度转换成光量强弱，并由此转变成能进行各种处理的模拟电信号或数字信号的基础。滚筒式扫描仪具有采样精度高，可识别的阶调范围宽，能表现出图像丰富的暗调细微层次的特点。而平面扫描方式多采用电荷耦合器件作为光电转换器件，故亦称为CCD扫描方式，如图9-6所示，它将原稿贴附于扫描平台上，采用类似视频图像的行扫描或面扫描方式来获取图像信息。它的采样精度、分辨率、阶调范围、暗调细微层次虽不如滚筒扫描仪，但其价格较便宜。

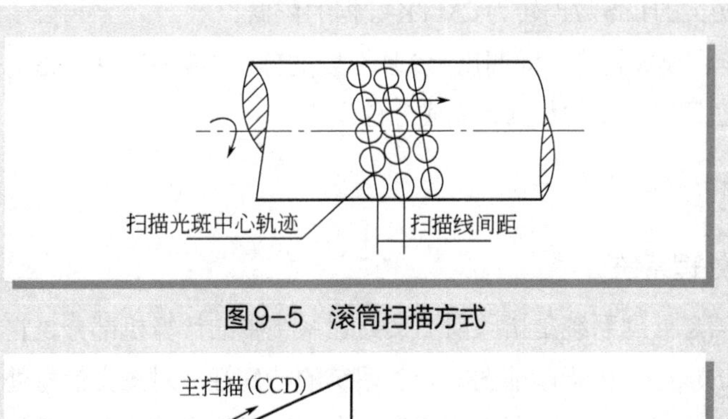

图9-5　滚筒扫描方式

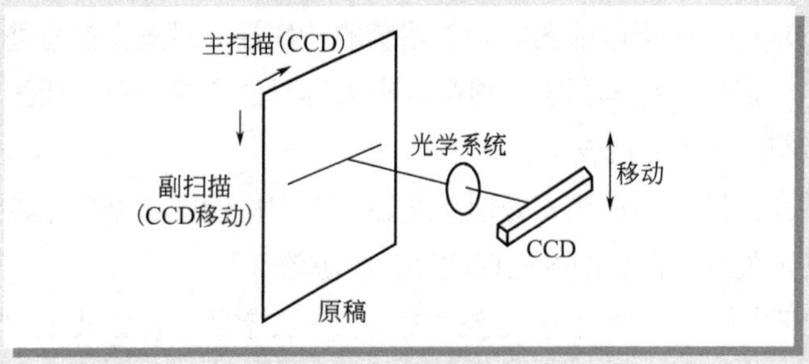

图9-6　平面扫描方式

（2）色彩空间转换

实现不同色彩空间的转换，其基本过程如下。

第1步，找到色彩的色度值与所需油墨量的一一对应关系，即色彩特征的取样。这一步的完成需要根据所使用的油墨、纸张等印刷条件实际印刷一组不同油墨组合的标准色样，不同的印刷条件会得到不同的原始数据。

第2步，构造印刷的数学模型。印刷模型是由一组数学解析式组成。对于一组给定的油墨量组合，通过解析式可以计算出它们的色度值。常用的印刷数学模型是纽介堡方程。

第3步，印刷模型的转换。因为分色过程涉及的是已知一个色彩，求出再现它所需要的CMYK每一色版的网点面积率。所以印刷模型的转换要通过迭代的方法来完成。

数字印前分色中，色彩模式的转换通常直接利用相应的图形图像处理软件或色彩管理软件实现。如在Photoshop中，图文色彩模式转换及其分色则通过三步来进行。

第1步，设置基本参数。即设置File/Preference/Monitor Setup和Printing Inks Setup的参数，建立一个基本的色彩转换的连接色域空间（Building Tables），即Lab色域空间。分色时，根据Lab色域的色彩分布，先将Photoshop中彩色图文的RGB数据换算为Lab的数据。

第2步，设置分色参数表。即设置File/Preference/Monitor Setup和Printing Inks Setup，建立一个分色参数表（Building Color Separation Tables），该参数表是将彩色图文的Lab数据转为CMYK数据的依据。

第3步，模式转换。即调用第2步形成的分色参数表，将Lab的数据转换为CMYK四色印刷油墨的数据，完成分色作业。

9.2.3 图文处理

9.2.3.1 图文信息处理系统

图文信息处理系统是指印前图文处理系统中的计算机部分，它是印前图文处理系统的核心。由于印前图文处理系统的特殊性，对图文信息处理系统有很高的要求，一般要求处理器速度很高，有大容量的存储设备，系统输入输出速度快，还应有高速网络的支持。

除硬件系统外，印前图文处理系统还应有相应的图文处理软件，如文字处理软件、图形处理软件、图像处理软件、组版软件等。

文字处理软件：主要用于文字的输入和对文字的各种编校处理，常用的有

Word、WPS软件等。

绘图软件：主要用于线划原稿的制作及复制处理，常用的有Adobe公司的Illustrator 软件和Aldus公司的Freehand软件。

图像编辑软件：主要用于对连续调图像的复制处理，即利用其各种功能对扫描输入的彩色图像进行校色、层次调整、编辑等图像印前处理工作，常用的有Adobe公司的Photoshop软件。

彩色排版软件：主要用于文字、图像的编辑排版处理，即利用其功能可以作精确复杂的版面设计处理，以获取满足印刷要求的页面，常用的有Quark公司的Quark Xpress软件和Aldus公司的Pagemaker 软件，还有国内的方正排版系列软件。

9.2.3.2 图文信息处理

（1）文字处理

文字信息处理是指根据实际需要，借助一定的程序对所输入的文字信息进行加工和处理，从而得到所需的结果信息，它包括多种不同的处理要求，如在文稿的编辑操作中，对文字（或文字中包含的字母）的增、删、改的操作；对若干个字、整个句子或整段文字的增、删、改的操作；在文字串的处理中，有分类、合并、比较、排序、检索以及对齐等的操作，这些操作都通过预先编制成相应的处理程序来实现。

（2）图形处理

图形处理是指对所输入的图形数据利用一定的软硬件工具进行加工和处理，以获得符合要求的图形数据。在印前图形处理系统中，对图形处理的主要内容有根据所输入的图形内容利用一定的绘图软件进行跟踪描绘，以获得更高质量的图形数据，对图形数据的存储格式作一定的变换，以适应实际处理的需要，以及对图形进行缩放、旋转等编辑处理。

（3）图像处理

图像处理是指用一定的技术手段，对图像施加某种变换和处理，从而达到预期的目的。图像处理主要包括对图像的层次、色彩、清晰度的处理及一些特技处理。

① 阶调层次调整　图像复制过程中由于复制条件及复制的主观要求，通常要对图像的阶调层次进行调整，如整体或局部地拉开或压缩原稿的阶调层次。现代印前处理系统中，对层次的调整是根据某种目标条件，按一定变换关系逐点改变原图像中每个像素的灰度值。

② 颜色校正　由于在彩色图像复制过程中存在许多因素会导致复制图像的色误差，因此必须对原稿及各处理过程中所产生的色差进行纠正，即颜色校正。

色彩校正的方法多种多样。对于高档输入设备，在图像输入过程中就可以进行色彩的初步校正。在图像处理过程中，可以就图像的色彩进行具体的分析和最后的校正处理，Adobe Photoshop软件中提供了多种色彩调节工具进行色彩校正，在其Image/Adjust下拉菜单中具有多个命令，这些功能各有其优缺点，应在不同的条件下使用相应的功能，以达到最佳效果。

③ 清晰度强调　由于在图像复制过程中有很多不可避免的因素会影响图像的清晰度，因此在图像复制过程中通常要对图像进行清晰度强调处理。

（4）组版

组版是利用一定的组版软件将文字、图形、图像按印刷版式的要求组合在一个版面上，以便能输出图文合一的页面。

9.2.4 加网与输出

9.2.4.1 图像加网原理

一幅连续调图像从低密度到最高密度之间有无限多连续变化的密度值，即有无数个阶调层次。在进行图像复制时，应该尽可能多地复制出图像的阶调层次，以使复制品与原稿在视觉上尽可能产生相同的层次效果。

在对连续调图像进行复制时，由于印刷墨层的厚度有限，实际复制时无法通过改变油墨层的厚度来再现丰富的图像层次，因此，不得不将连续调图像进行分解，用不连续的图像再现其层次的变化，通常采用的方法是对图像进行网格化处理，使图像分解成为大小不同或分布不均匀而黑度相同的网点，以此来模拟连续调的视觉效果，具有这种特征的图像叫做半色调图像，亦称为网目半色调图像，所以半色调图像中实际只有两个密度值——黑与白，但它给视觉上的感觉是层次的、是连续变化的。这种将连续调图像分割成网目半色调图像的过程称为加网或挂网。

现代彩色印刷中主要采用两类加网技术：调幅加网和调频加网。

（1）调幅加网技术

所谓调幅加网是指用分布均匀、大小不等的网点表现图像阶调层次变化的加网技术。传统的调幅加网是用接触网屏通过照相的方式实现的，如图9-7所示，光源发出亮度均匀的光量照射到原稿上后，原稿上不同阶调层次处会反射或透射不同强弱的光量，这些光量再到达网孔分布均匀的网屏，经网屏分割成许多细小的光束，这些光束的光强度随原稿阶调层次的不同而不同，最后到达感光片曝光，即可形成大小不同而分布均匀的黑网点。

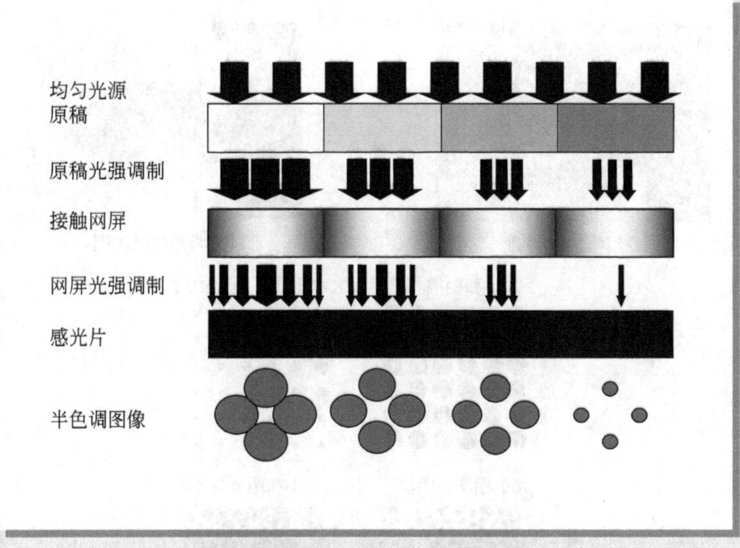

图9-7　接触网屏加网原理

采用调幅加网技术获得的图像的最大特点是反映图像阶调层次变化的网点是按一定的规律排列的，即网点按一定方向等距离地均匀排列，只是用网点的不同大小反映图像的阶调层次的变化。这种加网技术在技术上相对容易实现，对图像的阶调层次反映也较好，但由于各单色图像中网点是有规律排列的，彩色叠印时会产生影响图像质量的龟纹。

（2）调频加网技术

调频加网是由一定大小的微小点子，以随机的方式分布，根据其网点分布的密度来表现图像的层次变化，也就是说调频加网技术是指用大小相等、排列随机的微小网点在空间出现的频率来表现图像阶调层次的变化的加网技术。这种微小点子的大小，视生产厂家和品种而异，通常为4 ～ 35μm。由于调频加网中点子的配置是不规则的缘故，因此又称为随机加网技术。

采用调频加网技术获得的图像的最大特点是反映图像阶调层次变化的网点是随机分布的，且大小相等，只是用网点分布的密集程度反映图像的阶调层次的变化。这种加网技术克服了调幅加网技术会产生龟纹的缺陷，但由于其网点太小，在技术上相对难于实现，特别是对印刷工艺条件的要求较高。如图9-8所示为调幅加网和调频加网的比较：调幅加网是保持网点的空间频率（间隔）不变，而用网点的振幅强弱（即网点大小）表现图像深浅，调频加网则是保持微粒网点的振幅（大小）固定不变，而用微粒点的空间频率（间隔）变化表现图像深浅；调幅加网的网点是一种点聚集态的网点，而调频加网的网点是一种点离散态的网点。

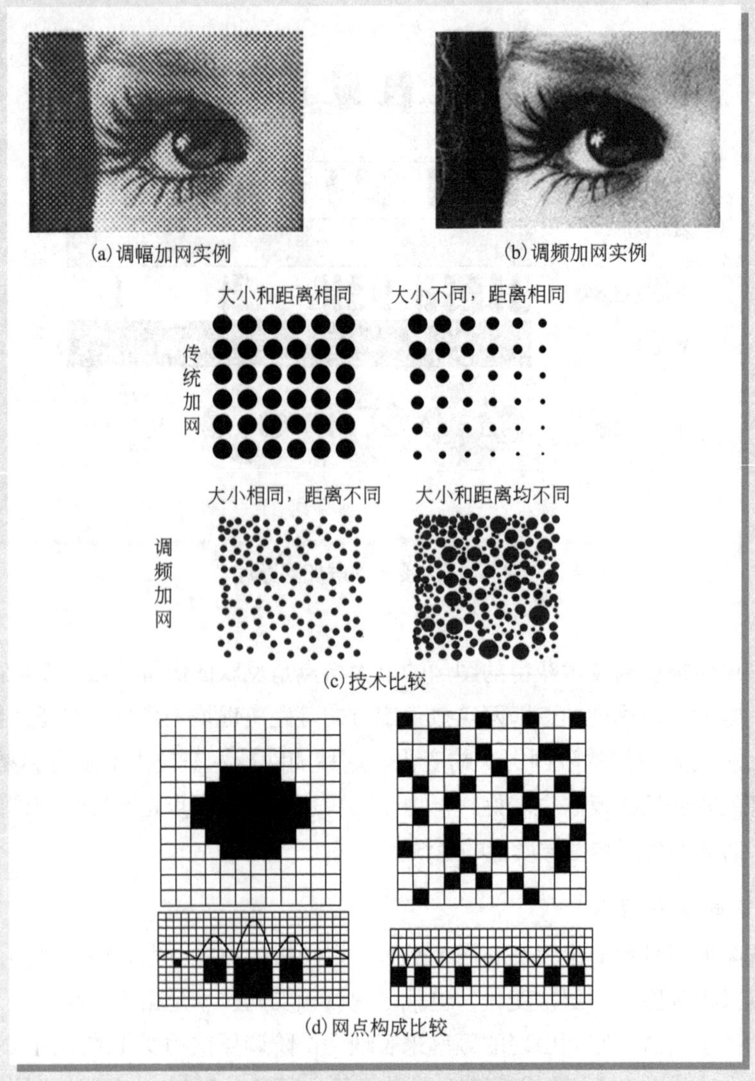

图9-8　调幅加网和调频加网的比较

9.2.4.2　图文信息输出系统

彩色印前图文处理系统的信息输出方式包括图像显示、预打样、存储、图像记录等。

（1）预打样设备

预打样的目的是将彩色印前处理系统所设计制作的结果，在正式输出印刷之前，根据设计进行检查，并做出修改，但采用与传统打样不同的打样方法，即采用彩色打印机打样，由于打印机打样不加网，也不使用实际印刷时所使用的油墨和纸张，所以和实际印刷品相比，仍有一定差距，因此，将使用彩色打印机的打样称为预打样。常用的彩色打印机主要有喷墨打印机、热敏打印机和热升华打印机等。

（2）输出设备

印前图文处理系统的输出设备主要有激光印字机、激光照排机和CTP直接制版机等。

① 激光照排机　激光照排机用于承担正式图文分色片的输出，其分辨率可达5000dpi以上，由于激光照排机的出现，使得图像、文字、图形能图文合一的一体化输出。它具有高分辨力、高记录速度、大记录尺寸和高重复套准精度等特点。在输出时。其激光曝光头在图文信息处理系统传输来的页面点阵信息的控制下，对感光片进行曝光，而输出各分色片。

激光照排机的工作过程一般是同RIP和自动冲片机紧密结合的，RIP将前端处理好的版面信息转换为加网位图信息，传送到激光照排机，并驱动其记录装置在软件上曝光，曝光结束后送到自动冲片机进行显影、定影、水洗和干燥等一系列后处理。

② CTP直接制版机　CTP（computer to plate）直接制版机是计算机直接制版系统中的印版输出设备，它实际是一台由计算机控制的激光扫描输出设备，在结构上与激光照排机非常相似，所以也称为印版照排机，它是连接印前图文处理系统和印版的关键，其作用是将数字式的版面信息直接扫描输出在印版上。CTP直接制版机一般采用激光扫描的方法直接将版面信息记录在印版上，然后通过适当的后处理即可得到印版。

9.3 印版印刷工艺

不同印刷方式的印版具有不同的特点，因此所采用的板材、工艺方法也各不相同，但目的都是要采用一定方式将图文和空白部分明显地区分开来。

9.3.1 凸版印刷

长期以来凸版印刷被广泛地应用于包装装潢中。我国包装装潢印刷由低级逐步向高级发展，首先就是从凸版印刷开始的，然后在其他印刷方式中得到发展，并使各种印刷方式协作配套，从而使包装装潢印刷工艺逐渐趋向完美，以适应现代化包装装潢技术发展的需要。

9.3.1.1 凸版印刷的原理及特点

凸版印刷是历史最悠久的一种印刷方式，它有着较深厚的技术基础。印刷时，印版的图文部分与墨辊接触而着墨，由于空白部分低于图文部分而不与墨辊接触，不会黏附油墨，当承印物与印版接触，并受到一定压力的作用，印版上图文部分的油墨就可转移到承印物上得到复制品。

凸版印刷的主要特点有：

① 凸版印刷是一种直接印刷方式，印刷过程中印版上的油墨被压挤入承印物表面的细微空隙内，使表面比较粗糙的承印物也能印出轮廓清晰、墨色浓厚的效果来。

② 凸版印版制版方便，耐印力高，印刷幅面较小，一般印刷机械面积小，机动性强，所以比较适合于包装装潢印刷的品种多、批量小的特点。

③ 凸版印刷对承印材料的适应范围较宽，包装装潢印刷应用的纸张，从一般薄纸、厚纸，直到各种高级和特种纸张、纸板，规格名目繁多，凸版印刷不仅可以承印不同质量和不同厚薄的各种纸张，而且还可以承印其他各种材料，是其他印刷方式不能比拟的。

④ 凸版印刷的印刷品的背面有轻微的凸痕，线划整齐、笔触有力、颜色饱满。

⑤ 凸版印刷对包装装潢的适应面广，能满足各方面的不同要求，被广泛应用于报刊杂志、商标、商品说明书、商品包装盒的印刷。

⑥ 凸版印刷的成本较高，印刷速度较慢，凸版印刷的制版质量难以控制，费用昂贵；不适合印刷大幅面的产品，在印刷招贴画、地图、包装材料等印刷品时，其生产成本、印刷速度都难与平版印刷竞争；印刷彩色或连续调图片时，需要使用质量较高的纸张，价格较贵。

9.3.1.2 凸版制版

凸版印刷的印版上的图文部分（即印刷着墨部分）明显高于空白部分，而且所有图文部分都在同一平面上，如图9-9所示。凸版印版有多种制作方式。这里介绍铜锌版和感光性树脂凸版两种主要的凸版制版方式。

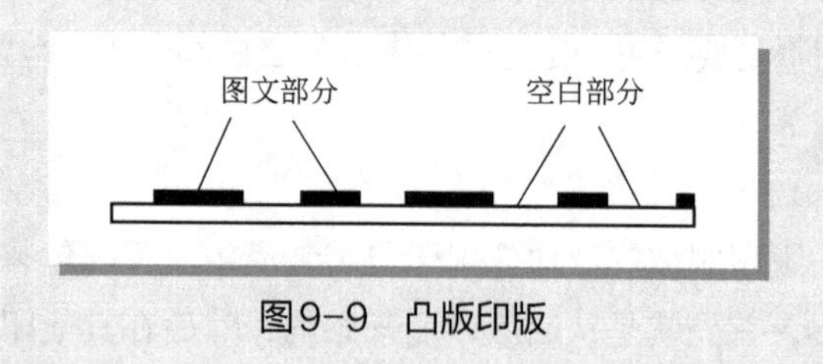

图9-9 凸版印版

（1）铜锌凸版制版

铜锌凸版是用涂布有感光胶的铜或锌板作为板材，利用照相的方法在其上制出浮雕状图文的印版，其制版工艺流程如下所述。

① 版材准备　首先根据复制图像的质量要求选择铜版或锌版，铜版适合于

制作质量要求较高、较精细的图像或图案。将选择好的铜版或锌版，裁切成需要的尺寸，用木炭研磨，去除版面的油渍、脏物后，将版放在烘版机内流布聚乙烯醇铬胶感光液，并烘干形成感光层。

② 晒版　晒版在晒版机中进行，使涂有感光层的版材表面与正阴像底片密接曝光，感光版上对应于底片透明部位的感光层见光硬化。将曝光之后的感光版用水冲洗显影，未见光部位的感光层被水冲去，裸露出金属版材的表面，见光部位的感光层硬化后不溶于水，仍保留在版材的表面，形成与原底片阴阳相反的抗蚀膜影像。

显影之后的印版需经烘烤处理，以增加硬化胶层的耐腐蚀能力，防止在腐蚀过程中产生脱胶现象。

③ 腐蚀　腐蚀的目的是为了使有硬化胶层保护的图文部分保持原状，而无胶层的空白部分下凹，从而形成凸版。腐蚀铜版使用三氯化铁溶液，腐蚀锌版使用稀硝酸溶液。

④ 整版　腐蚀后的版还要用钻头将腐蚀下凹部分继续钻深，以避免印刷时沾墨起脏。

（2）感光树脂凸版制版

感光性树脂凸版是以合成高分子材料作为成膜剂，不饱和有机化合物作为光交联剂，而制成具有感光性能的凸版版材。感光性树脂在紫外光的照射下，分子间产生光交联反应，从而形成具有某种不溶性的浮雕图像。感光性树脂凸版的版材种类很多，从树脂成型前的形态上看，可分为液体固化型和固体硬化型两大类。

① 液体固化型感光树脂版　液体固化型感光树脂版是利用该树脂感光前为液体，感光后变成固体的性质制成的，其制作过程如图9-10所示。

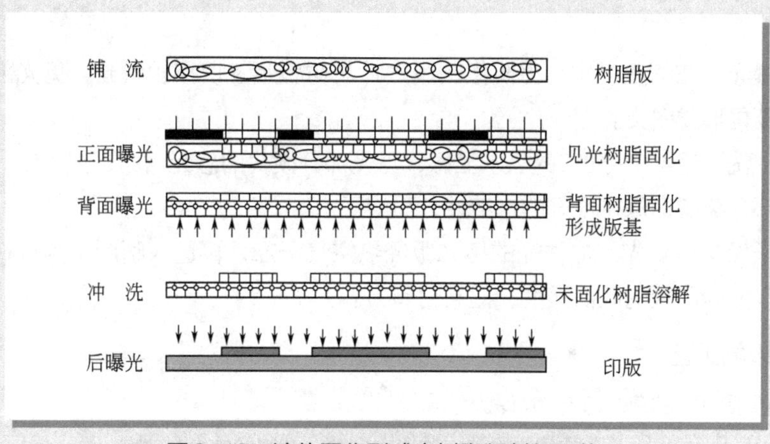

图9-10　液体固化型感光树脂版制版工艺

铺流：在曝光成型机中进行，将配制好的感光树脂液注入曝光成型机的料斗中，再从料斗中流出进行铺流。料斗顶端的刮刀将流出的感光树脂液刮成一定的厚度。

曝光：在感光树脂液上覆以透明薄膜，再在其上放置阴像制版底片，进行曝光。曝光分两次进行，首先从正面透过底片对版材进行曝光，曝光固化的树脂形成影像，然后对版材的背面进行全版曝光，形成印版的底基。

冲洗：把曝光后的树脂版放入冲洗机内用温度为35℃左右，浓度约为3% ～ 5%的稀氢氧化钠溶液冲洗，经冲洗后未受光作用的树脂被溶解，片基上留下感光硬化的图文部分。

干燥和后曝光：用红外线干燥器将洗净的树脂凸版干燥，再对印版进行一次曝光，目的是增强感光树脂版的版面强度，提高耐印力。

② 固体硬化型感光树脂版　固体硬化型感光树脂版是利用固体硬化型感光树脂在感光前为硬度较低的可溶于水的固体，而感光后固体的硬度大幅度提高的性质制成的。其制版工艺过程如图9-11所示。

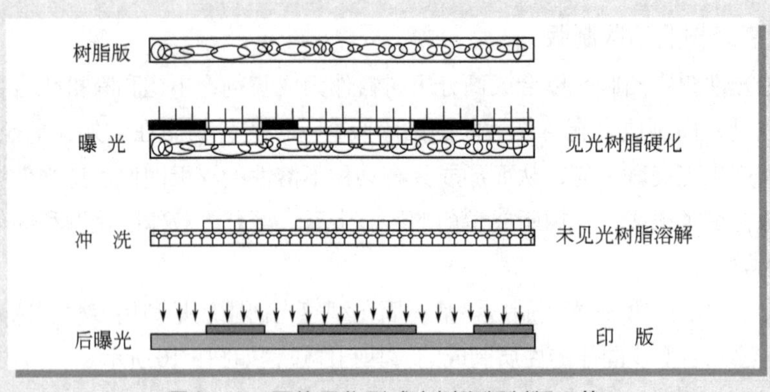

图9-11　固体硬化型感光树脂版制版工艺

曝光：在晒版机中，将阴像制版底片与树脂版密切接触曝光，见光部分的树脂硬化形成图文。

冲洗：用45 ～ 50℃的热水显影，见光部分硬化的感光树脂不溶于水，而未见光部分树脂仍保持很好的水溶性，而溶于水。

干燥与后曝光：冲洗完的感光版经热空气干燥，再送入晒版机内进行后曝光，以增强印版的版面强度，提高耐印力。

9.3.1.3　凸版印刷工艺

凸版印刷的基本工艺流程为：

印刷准备→装版→印刷→质量检查

（1）印刷准备

印刷准备工作主要包括：分析付印样和施工单；准备材料；检查印版和调节印刷机等。

① 分析付印样和施工单　分析付印样和施工单的目的是全面了解印件名称、形式、印品尺寸、印品数量、印刷方法、装订方法、印刷次序、墨色标准等，以便决定分帖、分版、确定印版摆放位置及安排好插页、插图、零页的位置。

② 准备材料　包括准备承印材料和调配油墨。

③ 检查印版　检查印版主要从以下几个方面检查：版面完整无损，图文无碰伤、断裂、残缺等，色别准确无误，印版清洁无脏点，版面平整无弯曲变形（若是弧形版则要求弧度合乎要求）。检查印版合格后，按要求计算尺寸，做好配木条的准备工作。

④ 印刷机的调节　调节印刷机的目的是将输纸部件、墨辊高低等调节到正常状态。

（2）装版

装版是根据印刷要求，把印版装置并紧固在版台或印版滚筒上，使印刷的质量和规格尺寸符合施工要求的工艺过程。装版包括对印版进行垫版、固定和调整印版规格等工艺。

① 垫版　垫版就是调节每块印版的压力，使之达到均匀一致、轻重适宜。垫版分为下垫、中垫和上垫。垫底板的工作称下垫，下垫主要解决由于底板的稍高、稍低、平整度差或因版台的缺陷造成的压力轻重不适宜等问题。垫印版的工作称中垫，中垫主要解决印版的不平，以及印版滚筒或底板的局部小面积不平等问题。对压印滚筒或压印平板包衬上面印迹的挖贴工作称为上垫，上垫是用来进一步调整由于文字的高低不一，笔画多少的不同，字体的不同，或画面层次的明暗所需要的印刷压力。

② 印版固定　印版的固定方法因版材不同而不同，平面形印版用于平压平、圆压平印刷机，必须用底板来承托，固定方法是用小铁钉将印版钉在底板上，再把底板固定在装版台的版框内。弧形印版用于圆压圆型印刷机，印版四边呈斜坡状，固定方法是用卡版螺丝将其固定在印版滚筒上。感光性树脂版多用于圆压圆型印刷机上，固定方法是用胶粘纸将印版粘在金属薄板上，再将其固定在印版滚筒上。

③ 调整印版规格　调整印版规格就是把印版按照施工单的要求固定在正确位置上的操作过程，它是在下垫、中垫之后，进行上垫之前完成的。调整印版规格除了满足印版规格尺寸的要求外，还应使图文能准确地套印。

（3）印刷

印刷时先用废纸进行试印，按照付印样张核对试印样的墨色深浅、规格尺寸和印页中有无差错，当试印样符合要求后才能正式印刷。印刷过程中，要密切注意印刷压力、印版胶辊、油墨、纸张及印刷机变化，防止输纸不准、墨色不一、印件背面蹭脏等，还需注意套印的准确性。

（4）质量检查

质量检查包括检查印刷品的完整、图文无变形、墨色均匀等，保证印品能满足委印单位要求及质量标准。

9.3.2 平版印刷

无论是现代包装装潢设计还是包装印刷工艺都需要考虑艺术性与实用性相结合，色彩多种多样与图文层次丰富相结合，印刷效果与经济效益相结合的原则。现代装潢设计中大量采用反映、再现真实景物的照片或电脑设计文件，使制版分色的色彩、层次及倍率变化达到较为理想的程度，真实自然地再现了设计意图。胶印工艺运用先进的光机电技术和设备，能提高景物、人像的真实感和艺术创造性在印刷品上的完美体现，而且胶印具有生产效率高、生产周期短、经济效益好，可同时多色连续印刷，即在单位时间内完成多色印刷等特点，在装潢印刷中占有举足轻重的地位。

9.3.2.1 平版印刷的原理及特点

平版印刷是利用油水相斥的原理，首先在版面湿水，使空白部分吸附水分而润湿，再往版面滚墨，只有印刷图文部位着墨。印刷时将纸张或其他承印物与印版接触，并加以适当压力，印版上图文部分的油墨就可转移到承印物上。现代平版印刷多采用间接印刷方式，即印版上的图文首先被转移到一个橡皮滚筒上，然后再从橡皮滚筒上转移到承印物上而成为复制品，这种间接平版印刷方式亦称为胶印。

平版印刷的主要特点有：①制版工艺简单、迅速，现代平版印刷多以PS版晒制印版，其板材轻而价廉，制版工艺简单，制版速度也很快。② 印版耐印力高，平版印版由传统的蛋白版、PVA版发展到PS版后，其印版的耐印力得到极大提高，一般PS版经烘烤后其耐印力可达40万印。③平版印刷的速度很快。④平版印刷品质量高，平版印刷的印刷成品没有像凸版印刷的成品表面不平的现象，印刷的油墨膜层较平薄，对连续调图像的阶调、色彩有较强的表现力。

9.3.2.2 平版制版

平版印刷的印版上图文部分和空白部分几乎在同一平面上，但是通过物理、化学、电学方式可在版面上建立起具有亲油性的印刷图文部分和亲水性的空白部分，如图9-12所示。平版制版就是要制出图文部分具有良好的亲油性，空白部分具有稳定的亲水性的印版，即在印版版材的同一平面上建立牢固的亲油和亲水基础。

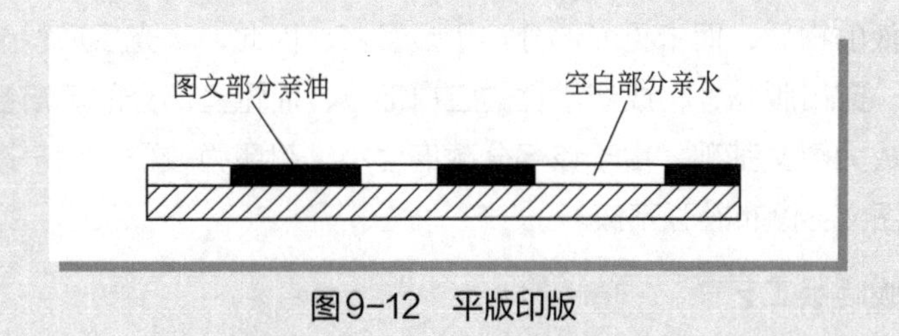

图9-12　平版印版

（1）平版印刷印版的类型

平版印刷的印版有多种类型，主要有蛋白版、平凹版、多层金属版、预涂感光版等。

① 蛋白版　蛋白版也称平凸版。以锌或铝为版基，经磨版形成砂目后，涂布由高分子物质蛋白、重铬酸铵和水组成的感光液，然后用阴图片曝光，使图文部分感光硬化，制成印版。蛋白版的图文部分是亲油疏水的硬化蛋白膜，高出版基表面3～5μm，空白部是亲水疏油的无机盐层。

② 平凹版　平凹版以锌板为版基，使用聚乙烯醇与重铬酸盐的混合液作为感光液，用阳图片晒版，经显影和腐蚀后，图文部分略低于空白部分。

③ 多层金属版　多层金属平版是由二层或三层不同的金属组合而成的平版印版。印刷部分和空白部分分别选用不同的金属，印刷部分采用亲油性的金属如铜等，空白部分采用亲水性的金属如铬、镍等。多层金属版按金属层数可分双层金属版和三层金属版。

④ 预涂感光版　预涂感光版是指预先在铝版上涂布了感光层，然后销售给印刷制版厂使用的印版。它是用重氮或叠氮、硝基等感光剂与树脂配制成的感光胶，涂布在版基上，干燥后存放备用。

现代平版制版主要采用预涂感光版，简称PS（pre-sensitized）版。PS版有阳图型PS版和阴图型PS版两种，它们分别使用阳像和阴像底片晒版，且所涂布的感光液及其感光机理不同。

阳图型PS版：阳图型PS版使用的感光剂是光分解型重氮化合物，晒版底片为阳像底片。晒版时重氮化合物见光后分解，然后用稀碱溶液显影而被溶解，露出铝版基，形成印版的空白部分，而未见光部分的感光层未发生任何变化，也不被稀碱溶液所溶解，仍留在版面上，构成印版的图文部分，可直接亲油墨。此外，也有用叠氮化合物分解出氮烯基或通过氢原子转移等改变溶解性，在这种感光液中加有线型酚醛树脂等高分子化合物，使图文基础牢固，而不需要加亲油性基漆用以补强。

阴图型PS版：阴图型PS版使用的感光剂为光聚合或光交联型重氮化合物，晒版底片为阴像底片。晒版时重氮化合物见光后产生交联或聚合反应，成为不溶于显影液的物质，而未见光部分溶于显影液，因此，曝光后通过显影，除去未感光层，露出版基，构成亲水性的空白部分，而见光部分的不溶性物质具有亲油性，成为图文基础，由于该部分耐磨性小，耐印力较低，为了改进这一弱点，需在图文上涂布补强基漆。

（2）PS版晒版工艺

PS版的晒版工艺为：

曝光→显影→停显→上墨→除脏→烤版

PS版的曝光在晒版机中进行，将晒版底片与预涂感光版接触曝光，若是阳图型PS版，则用阳像底片，阴图型PS版则用阴像底片，晒版光源使用具有近紫外光谱范围的光源。

显影可用手工显影，也可用PS版显影机进行显影。手工显影时用长绒刷，将显影液倒在版面上均匀刷显，并不断更换新鲜药液；用PS版显影机显影时，把晒好的印版送入显影机，印版自动前进，边移动边自动喷液进行显影，进而用水冲洗，晾干后输出。

停显即在显影完成后用水冲洗印版，防止显影液继续显影。

若晒制的印版不立即上机印刷，则需上墨，以避免室内光线太强，而引起印版图文部分感光。

除脏即除去版面上多余的图文或脏点，可用除脏液把它除去，操作时可用小毛笔沾上药液在版面上擦涂，然后用水冲洗清洁。

PS版的感光层本身带绿色，在铝板上显示比较明显，一般不用上墨，即可直接上机印刷。如果不立即印刷，因为若室内光线太强，印版上的图文部分会继续感光，所以也需要上墨，上墨的方法可以用圈墨方法，也可用墨辊滚墨方法。

烤版是为提高印版的耐印力而进行的，一般PS版的耐印力为10万印左右，如经过230℃温度烘烤10min左右，印版耐印力能提高4～5倍。烤版有专用的PS版烤版机。

9.3.2.3 平版印刷工艺

平版印刷是利用油水相斥的规律进行印刷的，在印刷过程中一定要使水墨达到平衡才能印出好的产品。

胶印基本工艺过程为：

印刷准备→上版→调整印刷压力→印刷→质量检查

（1）开印前的准备工作

印刷准备包括印刷材料的准备和印版质量检查。

① 印刷材料的准备　胶印中用到的主要材料有承印物、油墨、润湿液及其他一些辅助材料。为使纸张的含水量均匀一致并与印刷车间的温湿度相适应，而且使纸张对环境湿度及版面水分的敏感性降低，以保持纸张尺寸稳定，提高印刷品的套印精度，克服输纸和走纸的困难，印刷之前要对印刷用纸进行调湿处理——吊晾，即将印刷用纸放置在与胶印车间温湿度相同的环境中吊晾。

因胶印是间接印刷，为了保证印刷的墨量，油墨的浓度应较高，并且还应具有耐酸性、耐水性、抗乳化性、能在纸面上充分固着、干燥快、色调鲜艳、光泽性好、不褪色等性质，使油墨具有完善的印刷适性，在准备油墨时，可向油墨中适量加入某些辅助剂，如稀释剂、防黏剂、干燥剂等，印刷前将油墨装入墨斗，并调整上墨装置，使油墨能均匀地传递。

在胶印过程中，润湿液可起到在印版的空白部分形成水膜，抗拒印版图文部分的油墨向空白部分扩展，防止脏版，修复印刷过程中被磨损的亲水层，维持印版空白部分的亲水性，降低整个印版表面的温度等作用。润湿液主要有普通润湿液、酒精润湿液、非离子表面活性剂润湿液三种。

印刷之前还应准备好水辊绒、橡皮布、各种衬垫、汽油、滑石粉等辅助材料。

② 印版的检查　印版是印刷的基础，印版的优劣直接影响产品的质量和数量，为了减少印版上机后可能出现的差错，印刷前须对印版进行复核，其内容包括：印版的厚度，印版的类型，色别，色调，印版的咬口尺寸，十字线到咬口的距离，版面有无凹凸伤痕，印版背面有无异物等，并重点检查印版的图文质量。除此之外，印版还应清洁、平整。

（2）上版

上版即将检查合格的印版安装、固定在印刷机的印版滚筒上，并核准印版的位置，以保证套印准确。上版时要用版夹和螺丝将印版按规定位置固定在印版滚筒上，胶印机的结构不同，印版固定方法也有所不同，一般上版的方法有挂钩式、插入式等。上版时不仅要求位置准确，而且要松紧适度、快速。

（3）调整印刷压力

胶印过程实际是通过在印版滚筒与橡皮滚筒、橡皮滚筒与压印滚筒之间施加一定的压力来转移图文的，而印刷过程中压力的大小会直接影响到印刷品的质量，因此正式印刷之前，应将滚筒之间的压力调整到合适的大小。印刷压力的调整主要通过选择不同质地、厚度的滚筒包衬及包衬方法来实现。

实际中根据各类包衬的特点选择并包衬好合适的包衬后，还应根据实际印刷条件，如纸张的质地、厚薄，油墨的种类、性能，印版图文的线条、实地、网点等，对印刷压力进行适当的调整，以保证印刷品印迹清晰，墨色均匀厚实。调整印刷压力可通过调整滚筒包衬厚度和调节滚筒中心距来完成。理想的印刷压力应尽可能小些，并使三滚筒在压印时滚筒中心轴线平行，齿轮节圆相切，滚筒实际半径（即印版滚筒装上印版和衬垫，橡皮滚筒装上橡皮布和衬垫）相等，各滚筒表面线速度一致，而且要尽量减少三个滚筒在滚压过程中发生的滑动。

（4）印刷

正式开机印刷前，应先用水将印版上的胶膜擦洗干净，再用汽油除去印版表面的墨迹。先上水，后上墨，然后开机印刷。在印刷过程中，在保证印刷质量的前提下，应尽可能用最小的压力和水分来印刷。要保持水墨平衡，防止水大墨大。印品墨色前后深浅应一致，空白部位不脏。如发现问题应及时解决，以获得质量良好的印刷品。

（5）印刷品质量检查

检查印品质量首先可从主观上进行评定，评价的主要内容有：墨色鲜艳，画面深浅程度均匀一致；墨层厚实，具有光泽；网点光洁，清晰、无毛刺；符合原稿特点，色调层次清晰；套印准确；文字、线划完整；印张外观无褶皱，无油迹、脏污，产品干净整洁；背面清洁、无粘脏等污迹；裁切尺寸符合规格要求。

若晒版时附有信号条，则可进一步通过检测信号条，从客观上进行评价。信号条的种类很多，如GATF、布鲁纳尔、PDI等，有些可目测检查，有些则要借助仪器（如密度计等）来量测。利用信号条可检测以下内容：印刷品中图文有无重影和局部套印不准现象；版面水量是否适中；油墨实地密度及印刷给墨量大小；灰色平衡情况；网点扩大情况；叠色效果；套印准确状况等。

9.3.3 凹版印刷

随着商品生产的不断发展，不论在产量上还是在品种和质量上，对包装装潢材料的要求越来越高。由于凹版印刷生产的特点，能在各种大幅面的纸张、塑料薄膜以及金属箔纸等特种纸张的承印物上印刷高质量印刷品，因此凹版印刷广泛应用于商业宣传及商品包装装潢印刷。选用凹版印刷工艺，不仅在技术质量上具有一定的优势，而且在经济上可以取得良好的效益。

9.3.3.1 凹版印刷的原理及特点

凹版印刷的印版版面的印刷部分被腐蚀或雕刻凹下，而低于空白部分，而且凹下的深度随图像的黑度不同而不同，图像部位越黑，其深度越深。但是空白部分都在同一平面上，印刷时，整个版面涂布油墨，然后用刮墨刀刮去空白部分的油墨，再施以较大压力使版面上印刷部分的油墨转移到承印物上而获得印品。

凹版印刷的主要特点有：①凹版印刷品图文精美，墨色厚实，具有立体感，色彩鲜艳，层次丰富；② 凹印机结构简单，印版耐印力高，凹版印刷生产速度快，干燥迅速；③凹版印刷成本较低，印刷材料的适应面广，可以承受的印刷面大。因此凹版印刷适宜于各种精美的图片，各种大幅面、大宗产品以及各种商品包装装潢品的印刷。凹版印刷常用于印刷有价证券、精美画册、塑料挂历和塑料包装袋等的印刷。

9.3.3.2 凹版制版

凹版印刷对图像层次的表现方法与凸版印刷、平版印刷不同，凹版版面印刷部位下凹，且下凹程度随印刷图文层次的深浅而变化，如图9-13所示。因此凹版制版就是要制出凹陷程度随图文深浅而变化的印版。

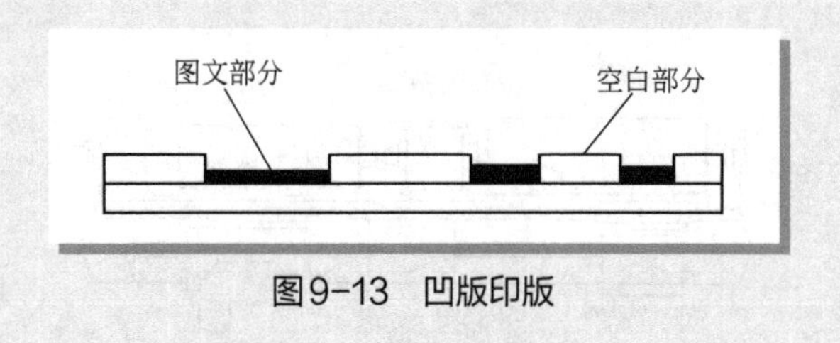

图9-13　凹版印版

凹版制版方法主要分为照相凹版制版和雕刻凹版制版两种。

（1）照相凹版制版

照相凹版又分为普通照相凹版和照相加网凹版两种，普通照相凹版又称为影写版。

① 影写版　影写版制版的基本原理是利用明胶为载体，重铬酸盐为感光剂，感光后，产生的有机化合物因感光程度不同而具有不同的溶解度，形成具有不同抗蚀能力的抗蚀膜，从而腐蚀剂透过抗蚀膜在制版铜层表面腐蚀出不同深浅的网穴，再现不同的明暗层次与色彩。

② 照相加网凹版　照相加网凹版晒版用半色调网目阳片，它有两种图像层次表现方式，一种是图像的腐蚀深度一致，而网点面积大小变化，利用网点面积的变化来表现原稿的明暗层次，另一种是网点面积大小不同，凹陷深度亦不同，网点既有大小的变化，又有腐蚀深浅的不同，因而能更好地表现图像层次。

（2）雕刻凹版

雕刻凹版又有手工雕刻凹版、机械雕刻凹版和电子雕刻凹版多种。

① 手工雕刻凹版　手工雕刻凹版制版包括雕刻法和腐蚀法两种。雕刻法是先将图文转印或描绘在版材上，然后利用各种雕刻工具通过手工雕刻而成。腐蚀法是先在版材上涂布抗腐蚀膜，然后用腐蚀液通过人工腐蚀版材形成印版。

② 机械雕刻凹版　机械雕刻凹版是通过人工控制机械雕刻机，直接在版材上雕刻出凹陷的图文而形成印版。

③ 电子雕刻凹版　电子雕刻凹版是利用电子雕刻机在印版滚筒铜层上直接雕刻出网点，制成凹版的制版方法。

电子雕刻机基本结构如图9-14所示，其基本工作原理是根据原稿密度的不同，扫描头扫描原稿反射回来的光信号的强弱不同。经过光电转换器使光信号转换为电信号，再经过放大器和数据处理，使光的强弱转换为电流的大小，控制金刚石雕刻头在凹版滚筒的铜层上刻出深浅不同的网穴，网穴的深度与雕刻刀的振幅有关，振幅越大，网穴越深。网穴的轴向剖面形状与雕刻刀尖的形状有关，雕刻刀尖的角度不同，形状不同。

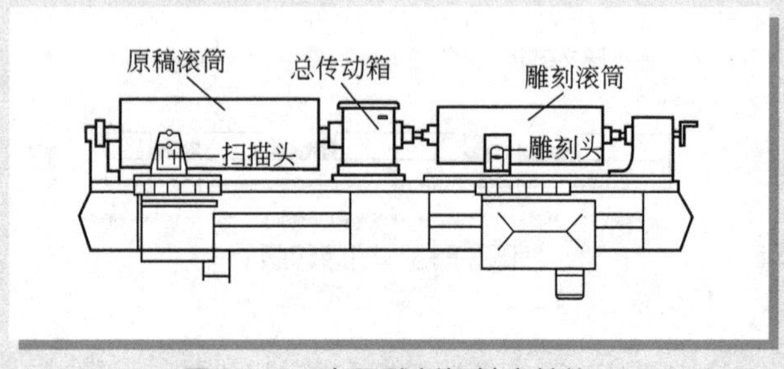

图9-14　电子雕刻机基本结构

电子雕刻制版具有制版重复性好、质量稳定性高及层次复制质量好等优点，是应用最为广泛的一种凹版制版方法。

9.3.4 丝网印刷

随着人们对商品及其包装装潢要求的提高，丝网印刷在包装装潢中的应用也将越来越广泛，在商品包装装潢中占有特殊的地位。

9.3.4.1 丝网印刷的原理及特点

印刷时，将油墨放入网框内，在印版的下面安放承印物，再用柔性刮墨刀在网框内加压刮动，使油墨从版膜上镂空部分“漏”印到承印物上，形成印刷复制品。

丝网印刷的主要特点有：

① 丝网印品墨层厚实，由于丝网印刷是通过版面网孔把油墨漏印在承印物

上，因此丝网印刷的印刷品上油墨层较厚（其厚度约为平版印刷的5～10倍），图文略微凸起，不仅有立体感，而且色彩浓厚。

② 丝网印刷适合于在各种类型的承印物上印刷，不论承印物是纸张还是塑料，是软还是硬，是平面还是曲面，是大还是小，均可作为丝网印刷的承印物。

③ 丝网印刷对印刷条件的要求很低，而且不需更多的设备便可印刷。

9.3.4.2 丝印制版

丝网印刷的印版是将真丝、尼龙丝、聚酯纤维、天然或人造纤维和金属丝的网状织物作为版材，张紧并粘固于特制的网框上，用手工、化学或照相制版的方法在网上制成版膜，再将图文部分的网膜镂空，非图文部分的网膜保留而制成的，即丝网印版上的印刷部分是由大小不同的或是由大小相同但单位面积内数量不等的网眼组成，如图9-15所示。

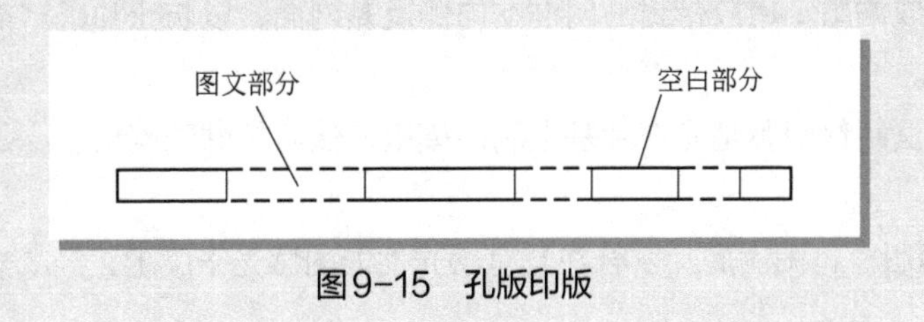

图9-15　孔版印版

丝印版的制作分为丝印版基的准备和丝印模版的制作两大步骤。

（1）丝印版基的准备　丝印版基的准备，包括网框的选择和制作、丝网的选择及绷网等工作。

① 网框　网框是支撑、扩展和固定丝网用的框架，它由金属、木材或其他材料制成。实际中应选择抗张力强、坚固耐用、操作轻便、尺寸合适的网框，并要作预应力处理，以减少绷网后网框的变形。

② 丝网　在丝网印刷中，丝网的功能是：承载模版、承载油墨及计算印迹油墨厚度和耗墨量。丝网印刷常用的丝网有尼龙丝网、涤纶丝网和不锈钢丝网。

③ 绷网　绷网就是要将丝网紧绷于网框上。绷网包括丝网的拉紧（称拉网）和在框上的固定（称固网）。

（2）丝印模版的制作

丝印模版的制作方法有多种，如手工制版法、金属制版法、感光制版法等。现代丝网印刷中主要采用感光制版法。

感光制版法分直接法、间接法和直间法三种类型，从本质上讲，三种制版方法的技术要求是一样的，只是涂布感光胶或贴膜的工艺方法有所不同。

直接法丝网制版工艺流程如下。

① 网板前处理　网板前处理的目的是保证丝网与模版的粘接牢度，主要是使用丝网洗净剂脱脂洗网、脱水、干燥，其他的前处理还有用物理方法在丝网表面摩擦进行粗化，来改善丝网对感光膜的黏着性能。

② 涂布感光胶　就是在丝网上涂布一层感光胶。直接法制版一般采用重氮感光胶，涂布的方法包括手涂法和机涂法两种类型。

③ 干燥　涂胶是在湿态下进行的，感光乳剂在液体阶段感光度低，感光度随着涂布膜的干燥而上升，完全干燥后才能达到规定的感光度，所以晒版前应充分干燥。常用的干燥设备是干燥箱。

④ 晒版　感光膜完全干燥后尽快晒版，晒版采用正像阳图底片。

⑤ 显影、干燥　将曝光后的网框浸入水中1～2min，当未感光部分吸收水分膨润时，再喷水显影。显影后用压缩空气或海绵迅速去除多余水分，进行干燥。

⑥ 修整　对印版上的气泡、砂眼及时填涂；对四边丝网进行封网，以避免印刷时造成漏墨；用胶带封贴网框的内侧及黏网面，以防止油墨溶剂侵蚀而影响黏着力。

间接法制丝网版是先在片基上制出模版，然后转贴到网板上。其工艺流程如下。

① 晒版　将阳图底片密合在具有感光性能的感光干膜上，经曝光、显影制成图像。

② 硬化处理　使曝光后产生的潜像在引发剂溶液中产生硬化作用，成为不溶于水的硬化膜。

③ 显影　把经硬膜处理后的软片，浸在40～43℃的温水中，一直显影到未曝光部分完全冲洗掉。

④ 转贴　把显影后的软片沥去水滴，将膜面朝上放在平台上，把经过前处理的网板用水冲洗一次，使丝网的表面有足够的水膜，再将丝网印刷面放在软片上，在刮墨面上铺上吸水纸，使用软胶辊滚压，换纸重复操作2～3次，并慢慢加大压力，使模版充分密着于丝网上。

⑤ 干燥　揭去丝网上的吸水纸，用冷风或热风（不超过35℃）吹干。

⑥ 封网、剥离片基　网板上转贴上模版后，在其四周还存在着不必要的开孔区，在开孔区倒上足量的封网胶，用刮板或毛刷涂均匀。先刮印刷面，再刮刮墨面，最后除去多余的胶液，待封网胶完全干燥后，从一侧轻轻地剥离片基。

直间法（混合法）制版是将直接法制版与间接法制版混合使用的一种制版方法。在制版时，先将菲林膜膜面向上平放在平台上，再放上经过前处理的网板，倒入感光胶用刮板加压涂布，吹干后揭去片基，再经过晒版、显影、干燥、修整后，完成丝印版的制作。

直间法的工艺流程如下：

阳图底片
↓
网板前处理→贴菲林片→干燥→揭去片基→晒版→显影冲洗→干燥→修整→印版

9.3.4.3 丝网印刷工艺

丝网印刷工艺依丝网印刷机的不同而略有不同，下面以常用的平面型丝网印刷机为例介绍丝网印刷工艺，平面型丝网印刷机的印刷基本工艺过程如下。

（1）印刷准备

① 承印材料的适性处理　丝网印刷材料种类很多，而且性能千差万别，为了使不同的承印物表面能满足印迹牢固、套印准确的要求，印刷前必须对承印材料进行处理。为确保印刷时定位和套印准确，需对承印物进行尺寸稳定的处理，如对纸张应进行晾纸处理，使纸张的湿度与印刷车间的湿度相一致，并清除灰尘、杂物；对于某些柔软、容易变形的材料，最好进行裱贴片基等加工处理；对有些翘曲不平的硬塑料片材，为使其平整，还需做热定型处理；由于塑料及其制品属于非极性材料，化学稳定性高，表面光滑，对油墨吸附性差，为了满足其印刷要求，应进行表面活化处理即黏附性处理；金属、玻璃、陶瓷及其制品表面的清洁度直接影响其对印刷油墨的吸附力，印刷前应彻底清除表面的油脂或脏污。

② 油墨的调配　调配油墨主要是为了获得与原稿相一致的色彩，并确保油墨具有良好的印刷适性。调配油墨时首先根据样品或色标，在标准的光源或自然光条件下进行，并正确计算耗墨量，调配出所需色相的油墨。然后根据承印材料的性质、丝网的目数和类型、墨层厚度的要求、印刷速度和环境的温度、湿度等因素，加入适当的添加剂或溶剂，以调整油墨的黏度、流动度、表面张力和干燥速度等。

③ 丝网印刷机的准备　如果有多种类型的丝印机，应根据不同的承印物的特点，如是平面的还是曲面的或是立体的，是片材还是卷材，选择机型，接着就是对印刷机的各个部件的运转功能进行检查，吸气板是否清洁，真空度是否充足，印台是否平整等进行检查和调整。

④ 刮墨刀的选择与调节　刮墨刀的胶版有软、硬差别，断面形状不一，对不同的承印物刮墨的效果也不相同，必须根据承印物性质正确选择，同时检查刀刃的平整度和清洗状况。

（2）印刷作业

① 装版　将丝网印版装到丝印机的网框夹具内。安装时要注意丝网印版与承印物的位置关系，移动承印平台，以达到调整印版位置的目的。同时调节网

版的平整度和网距，设置好挡规，然后拧紧夹具，以免印刷过程中产生错位。

② 安装刮墨刀　将刮墨刀装入刮刀夹具内，并根据印刷要求调整刮墨刀的刮印角度、刮墨刀长度方向相对于刮墨方向的偏离程度和压力，使它与整个印刷部分的网版与承印物保持相同的线接触状态。

③ 倒墨　将油墨倒入网版的非图像处，调节刮墨刀的高度，并刮匀油墨，使整个印刷部分均匀地覆盖一层薄的墨层。

④ 印刷　正式印刷时最好先试印数张，检查图像的色调再现性以及色相误差，合格后在承印台上画出装版的位置标记符号，记下网距尺寸作为下道印色套印的依据。印刷完成后，应立即清洗印版，力求彻底干净，以便丝网的回收利用。

⑤ 套印　对于多色印刷需要套印下一印色时，为了防止油墨因放置时间过长，墨膜表面产生晶化难以叠印，通常上一印色与下一印色间隔时间最好不要超过1天。同时，进行套印作业时，后印色的印版均应按第一印色的丝印版位置记号进行安装，并调整各个参数。然后试印数张，检查色相和套印误差等情况，经调节再试印达到要求后，即可进行正式连续印刷。

9.3.5 柔性版印刷

随着现代工业和合成材料工业的发展，各种包装材料愈来愈多，如纸张、瓦楞纸、合成纸、塑料、金属铝箔等不断进入包装领域，而柔性版印刷承印材料范围的广泛性正适应了包装印刷的要求。包装印刷制品除了印刷之外，一般都需要配以上光、烫印、覆膜、压痕、模切和分切等印后加工。现代的柔性版印刷机，如窄幅机组式柔性版印刷机可以将产品的印刷及加工在一条生产线上进行，极大地提高生产效率，并降低了生产成本。由于柔性版印刷可以采用水基性油墨印刷，无污染，有利于环保要求，被称为绿色印刷，因此在食品、医药卫生用品的包装上占有极大的优势。

9.3.5.1 柔性版印刷的原理及特点

柔性版印刷是使用柔性印版，通过网纹传墨辊传递油墨的印刷方式。由于柔性版印刷是采用具有柔性的，图纹呈浮雕型凸起的印版，而且承印材料与印版也是直接接触，因此，其印刷原理与直接凸版印刷的原理是一致的。但是柔性版印刷的传墨方式与其他印刷的传墨方式不同，它是通过网纹传墨辊和能定量控制油墨的刮刀技术来传墨的，油墨传输路线属于短程墨传输方式。

柔性版印刷的主要特点有：

① 柔性版印刷机采用网纹辊输墨传墨，传墨系统十分简单，与其他印刷机相比，省去了复杂的输墨辊组，输墨控制反应更为迅速，操作方便，同时也降低了印刷机的成本。

② 柔性版印刷的制版简单，并能在机外对印版滚筒上版及打样、套准检测。

③ 柔性凸版压力小，耐磨性强，耐印力一般可达80万印，最高可达百万印以上，对大批量印件可减少换版次数。

④ 采用醇溶性油墨在塑料薄膜上进行印刷，因其有较大的挥发性，再加上使用热风干燥装置，墨层可很快干燥。

⑤ 柔性版印刷多为卷筒式供料，可以充分发挥印刷机的效能。

⑥ 柔性版印刷机可与各种后加工机械连接配套，形成流水作业线，提高劳动生产率。

⑦ 卷筒料柔性版印刷机一般都配备有一套可适应不同印刷重复长度的印版滚筒，特别适应规格经常变更的装潢印刷品印刷。

⑧ 柔性版印刷对承印物具有广泛的适应性，不仅适用于在各种包装材料上印刷，还适用于在超薄型、表面极光滑的材料和超厚型、表面较粗糙的材料上进行印刷。

9.3.5.2 柔印制版

柔性版印刷所使用的柔性版材有许多种，归纳起来主要可分为两大类，即橡皮版材和感光性树脂柔性版材，柔性版用的感光树脂又有液体和固体两种。

（1）液体感光树脂版制版

液体感光树脂版感光前为液体状态，感光后成为固体的树脂版。

① 版基准备　所用版基为涤纶片。按要求尺寸裁切后，用浓碱液浸泡去脂，经水冲洗后放入酸液中进行中和，再经水洗、晾干，涂布胶黏剂晾干即可使用。

② 涂布　也称铺流，先将阴片药膜面向上放在下侧玻璃板上，把薄膜盖片放在阴图片上，起保护作用；中间用液体石蜡涂布并抽去空气。然后进行树脂铺流，最后用片基覆盖并压上上侧玻璃板，抽真空后使底片与树脂层密附。

③ 曝光　液体感光树脂版必须在固定的感光域（波长为380nm的紫外光）内曝光，才能达到聚合反应的临界光量值，引发感光树脂的光聚合反应，并由液态变为固态。

④ 显影　通过阴图底片曝光后的液体感光树脂，图文部分同非图文部分发生了光聚合反应，非图文部分未见光仍为液态，二者形成较大的溶解度之差，使用一定显影冲洗液将未聚合部分的树脂溶解掉，形成浮雕图文。

⑤ 干燥和后曝光　感光树脂吸水性强，干燥的目的是将冲洗过程中吸收的水分烘掉，使其残留余量符合制版要求，为后曝光的有效进行打下一个良好的基础。

后曝光处理目的是提高大分子的立体网状化水平，提高印版的耐磨性和机械强度。但是，后曝光时间不宜过长，否则会增大树脂的脆性，造成印版文字易断划。

（2）固体感光树脂柔性版制版

固体感光树脂曝光前为固体，曝光后成为硬化的树脂。

① 背面预曝光　预曝光也称为“裸曝光”，它是指在无任何底片的情况下进行的版材背面曝光。预曝光的目的是为了增加版基厚度，保证印刷所需要的耐印率，版基的厚度与背面预曝光时间成正比，即预曝光时间越长，基版越厚。

② 主曝光　主曝光是指将阴像底片同柔性版材正面密切接触进行曝光的过程。

③ 显影（冲洗）　经曝光的版材通过显影才能表现出浮雕型凸面图像，柔性版的显影即是将未受光的树脂胶体溶解形成凹面，而受光固化的树脂胶体则保留在版面上，成为浮雕的凸面，这样就形成了一个浮雕图像的印版。

④ 印版的干燥　柔性版经冲洗后因受溶剂的浸蚀而略有膨胀、并且黏而软，原来的直线似乎成波浪线，文字也会歪扭变形。为了使印版恢复原来的特性，必须使版材内的溶剂彻底挥发，为此要进行干燥。

⑤ 后处理　印版干燥之后，还需将其表面残留的单体物质清除，可用洁净的布及溶剂前、后擦拭，然后再干燥5min。同时为了消除印版的黏性和增加印版的硬度，用光照法或化学方法对版面进行去黏处理。

⑥ 后曝光　后曝光也称为定型曝光，是对干燥过的印版进行一次全面、均匀的曝光，时间约10min。印版后曝光的目的是为了使制好的印版彻底硬化，这对提高印版的耐折度、硬度和耐印率都很有必要，同时也能减少油墨和溶剂对印版的影响。

9.3.5.3 柔性版印刷工艺

柔性版印刷的基本工艺为：

印刷前的准备→印刷→印后加工

（1）印刷准备

印刷准备包括上版、上料及压力调节等。上版即首先将柔性印版平整地固定到印版滚筒上，然后将装好印版的印版滚筒固定在印刷机上。上料是将承印材料装到输料装置上，并调整好张力。压力调节包括墨辊与网纹辊，网纹辊与印版滚筒，印版滚筒与压印滚筒之间的压力调节，压力调节均由各压力调节机构来实现，各压力的大小由所需传递墨量的大小来决定，印刷前调节好压力后，印刷时只作微调。在准备过程中，还要对干燥装置进行预热。

（2）印刷

首先试印，并根据试印样再来调整压力、墨量、输料及收料张力、套印精度等，直到印样符合质量要求，再将印刷机逐渐加速到正常的印刷速度进行正常的印刷。在印刷过程中应对印刷质量进行跟踪检查，确保印刷的图文清晰及套印准确。

（3）印后处理

印刷完毕后，应将印品按要求放置；关掉干燥装置；清洗印版、墨槽、网纹棍等；卸下多余材料，归位放置；使印刷机各装置处于非印刷状态；关掉总动力源；清理机器周围的废纸、污物等。

9.4 其他包装印刷方式

在现代包装印刷中，除凸版印刷、平版印刷、凹版印刷、丝网印刷、柔性版印刷外，其他一些印刷方式不断渗透到包装印刷领域中，并发挥着重要的作用。

9.4.1 立体印刷

立体印刷品在包装装潢中应用很广泛，如儿童玩具、文教用品、食品盒、塑料水筒盖、扑克盒、化妆品包装、民用电器的装饰等，都可采用立体印刷品。纪念品以及纪念章等物品的外表装饰和包装盒盖的装饰也会应用立体印刷品。

9.4.1.1 立体印刷的基本原理及特点

立体印刷是根据光学原理，利用左右眼视差，通过立体摄影获得叠合有不同角度图像的原稿，经制版、印刷后再通过覆盖光栅柱面板以获得有立体感图像的印刷方式，又称为光栅板法，或三维空间印刷。立体印刷是由立体照相机对同一景物从不同角度通过透镜光栅板拍摄成底片，经制版印刷后，在每张印刷品上覆合上与拍摄时完全一致的透明塑料光栅板。如图9-16所示，当人眼通过柱面光栅板观察图像时，由于光栅的折光作用，有一图像进入左眼，另一图像进入右眼，由于左右眼视角不同，通过视觉中枢的综合，便产生了图像的立体感。

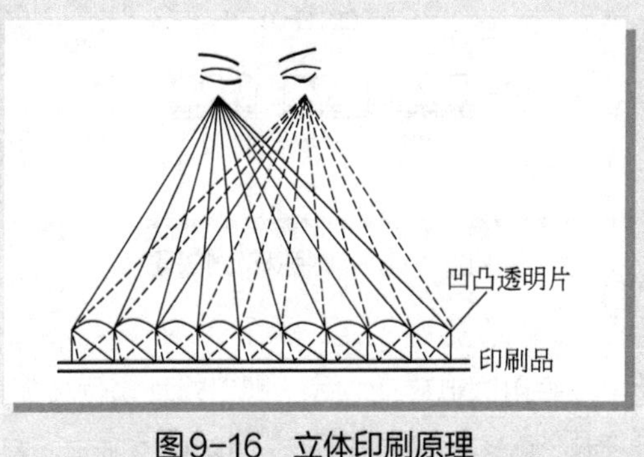

图9-16　立体印刷原理

立体印刷的主要特点有：

① 立体印刷能够逼真地再现物体，具有很强的立体感，印刷品表面覆盖一层凹凸柱镜状光栅片，能直接反映全景面画的立体效果。

② 印刷产品的图像清晰、层次丰富、形象逼真。

③ 立体印刷的原稿往往是对造型设计或景物所拍摄的立体照片，而油墨和纸张一般选择优质的铜版纸和耐高温的油墨，所以立体印刷的印刷品光泽度好、颜色鲜艳。

9.4.1.2 立体印刷的工艺流程

立体印刷的基本工艺流程为：

造型设计和选景物→立体照相→分色制版→印刷→覆盖光栅柱面板→成品

（1）立体照相

立体照片、立体图片、立体变换片等都需要特殊的立体照相机摄制。立体照相一般有直接照相法和间接照相法两种。

直接照相法是采用立体照相机在直线或弧形轨道上移动，与快门同步开闭进行连续拍摄，拍摄时可根据景物的三维空间任意选择中心点或者根据不同画面的尺寸大小使用不同的镜头。直接照相法经一次拍摄就可得到立体像，画面质量良好。间接照相法是对被摄物以不同角度从左到右断续拍摄数次，然后再将各个方向的像与光栅合成得到立体图片。

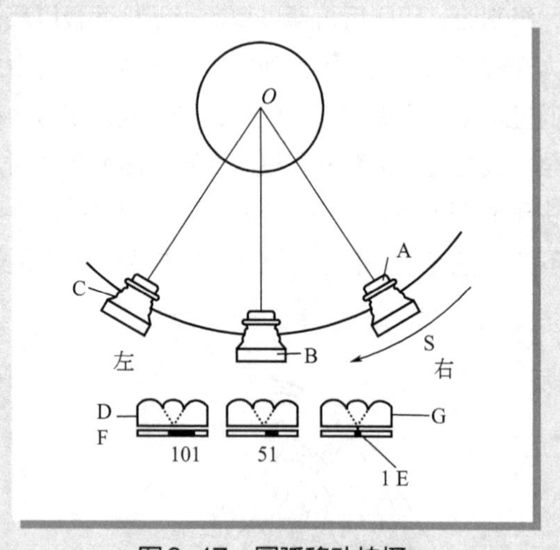

图9-17 圆弧移动拍摄

照相机的移动主要采用圆弧移动方式，即以对被摄物体所定的中心点为圆心，以中心点到感光片焦距为半径作圆弧运动。如图9-17所示，最下面一行10、5、1

指第几次摄影，G指的光栅板grating，F指感光片film，D指光栅厚度，E指获取的条状像素。拍摄时，将柱面透镜板直接加装在感光片的前面，照相机的光轴始终对准被摄物的中心。照相机运动的总距离以满足再现图像的要求为准，照相机感光片前的光栅板随机同步移动，每次曝光都会在光栅板的每个半圆柱下聚焦成一条像素，当相机完成预定距离，像素则布满整个栅距。然后冲洗，冲洗后的图像是虚的。最后覆合光栅，经覆合光栅后虚像就聚焦于一个面上，形成立体影像。

（2）分色制版

立体照相的原稿要进行分色制版，才能用于印刷。分色制版的原理方法与普通印刷分色制版的工艺基本相同。由于柱镜光栅板有放大作用，因此要使用较高的扫描线数和细网屏，分色制版使用的网线角度和一般印刷也不同，因为光栅板是平行的直线条，这种直线条与网目极易产生闪动的光景，因此要根据光栅板栅距的不同改变分色制版的网屏角度，以免产生龟纹。晒版最好采用PS版，以保证图像套印精度，更好反映图像层次。

（3）印刷

立体印刷一般采用四色胶印方式，与普通印刷工艺大致相同，只是立体印刷比普通平版印刷品的实地密度要高一些，要求网线清晰，套印精度高，否则就会影响图像的清晰度和立体感。使用的纸张也要选用质地较好、平整、光滑、伸缩性小的铜版纸。

（4）覆盖光栅柱面板

即在印刷品上通过胶黏剂覆盖光栅柱面板，光栅起到把像素还原分别映入人的左右眼的作用。胶黏剂的作用是使印刷品与光栅片能够牢固地粘贴在一起，其次还能够保护油墨层在高温下不变色。覆盖光栅柱面板通过下面两步完成。

① 光栅片的制作　光栅片分为硬塑立体光栅片和软塑立体光栅片，一般采用模具压制塑料片的方法制作光栅片，即先刻制光栅板模具，然后将塑料热压成凸球面的柱镜状光栅片。

② 覆合成型　覆合成型可以在印刷表面黏合一层轧制成一定弧度凸球面的光栅片或者把光栅模具安装在注塑机上，使透明性强的热塑材料经过加热压出柱镜状的光栅板，并同时使带有胶黏剂的印刷品黏着于光栅板的背面。

覆盖光栅柱面板的关键是必须使光栅线和印刷品上相应的网线精确对准，它直接影响到立体图片的质量。

9.4.2 发泡印刷

发泡印刷是使用微球发泡油墨，通过丝网印刷在纸或织物上经加热以获得隆起图文或盲文读物的印刷方式。它广泛应用于服装、纺织品的点缀，还用于印制盲文点字、图书封面装帧、商标包装装潢、建筑内装饰材料及其他美术制品，具有良好的装饰装潢效果。

9.4.2.1 发泡印刷的基本原理与特点

发泡印刷是在纸张、塑料、皮革、纺织品等承印物上，采用特殊的发泡油墨进行印刷，再经过加热处理，印刷图案就会随着墨膜发泡凸起，然后自然冷却凝固形成浮凸的图文。

发泡印刷的主要特点有：①发泡油墨的联结料一般为水性，故使用方便、无污染，并且墨膜具有较好的耐溶剂性、耐药性、耐磨性及在重压下不变形等特点；② 发泡印刷的图案泡孔均匀，立体感强，手感舒适柔软，近似人工绣花、贴花，并具有耐磨、耐水洗等特点。

9.4.2.2 发泡印刷基本工艺

发泡印刷是不依靠凹凸压印和雕刻凹印而使图案形成凹凸的印刷方法，一般采用丝网印刷或凹版印刷方式。发泡油墨中的发泡剂不同，其发泡印刷工艺也有所不同。

（1）微球发泡印刷

微球发泡油墨印刷到承印物上后，经烘道加热至130℃，几秒钟内油墨中的微球膨胀，形成无数小气泡，使油墨层形成浮凸形状。这是因为微球发泡印刷油墨中的主要成分是微球，它是由树脂合成的直径为5～80μm的球体，中间充有低沸点溶剂，当球体受热后，球体内的低沸点溶剂汽化，微球体积增大5～30倍。微球发泡印刷可采用丝网印刷，经低温干燥后，再加热发泡即可。

（2）沟底发泡印刷

沟底发泡印刷采用沟底发泡油墨通过丝网印刷在基材上，然后再用化学发泡或机械压花方法以获得浮凸图文。沟底发泡油墨主要是以聚氯乙烯树脂为基础，将发泡剂溶解在液态的聚合物中，当油墨受热，发泡剂汽化，使油墨层形成无数微小的气孔，图案发泡体凸起。沟底发泡印刷工艺比较复杂，有化学发花和机械压花两种方法。

① 化学发花工艺　用发泡油墨进行印刷，然后将印刷产品输入到发泡机里加热，油墨中的发泡剂受热分解产生气体，使油墨层发泡。发泡剂在油墨中的发气量和作用程度，取决于加热温度即发泡剂的分解温度。

② 机械压花工艺　用发泡油墨印刷后，将印刷品送入发泡机加热，并经过沟底压花滚筒压制，形成浮凸的图文，图文浮凸的高度取决于沟底压花滚筒的深度。这种发泡印刷品具有极细的微孔，带有光孔，轻而柔软，色调柔和，还具有良好的耐磨、耐压、耐水性能。

9.4.3 喷墨印刷

喷墨印刷是一种无版无压印刷方式，它在包装印刷中的应用越来越广泛，已被广泛地应用于包装品印刷、商品标签印刷中，喷墨印刷，还可以用于包装工业的产品流水线上，快速打印生产日期、批号、条形码等。

9.4.3.1 喷墨印刷的基本原理及特点

喷墨印刷是通过计算机控制，使油墨流从喷墨机喷嘴喷射到承印物上而获得图文的无版无压印刷方式。喷墨印刷由专门的喷墨印刷机完成，喷墨印刷机主要由油墨喷头、喷墨控制器、承印物驱动机构和系统控制器组成。它的原理是先将原稿模拟图像信息转换为数字印刷信息，以数字形式存储，印刷时，数字信号指挥喷墨装置使墨滴按要求喷射到承印物上形成图文。

喷墨印刷的特点非常突出。

① 喷墨印刷是无版印刷方式，它应用计算机将原稿图文信息转换成所要输出的信号，通过输入装置输入印刷机主存储器，它既不要软片，也不要印刷版。

② 喷墨印刷是无压印刷方式，在印刷过程中喷嘴与承印物不直接接触，并保持一定距离，因此不需要压力。

③ 喷墨印刷是可变信息印刷方式，喷墨印刷没有固定图文信息的印版，印刷时可以随时添加或更改印刷信息。

④ 喷墨印刷对承印材料适应性很强，喷墨印刷对承印物没有特殊要求，既可以在垂直墙壁、圆柱面、罐头盒、瓦楞纸箱等物体上印刷，也可以在凹凸不平的皱纹纸、普通纸、皮毛、丝绸、铝箔等柔性材料上印刷；还可以在陶瓷、玻璃等易碎物品上印刷。

⑤ 喷墨印刷是全自动化的工作过程，它采用电子计算机控制整个工艺过程，全部操作过程实现了自动化，可完成单色或多色印刷。此外喷墨印刷装置结构比较简单，体积小，质量轻，操作和维修较为方便，机器的运转费用也较低。

9.4.3.2 喷墨印刷的方式

按照喷墨的方式不同，可将喷墨印刷分为连续式和间歇式喷墨。

(1) 连续式喷墨印刷

如图9-18所示，墨汁通过电振动晶体振荡变成具有一定频率向外喷射的墨滴，经过充电电极后，变成一颗颗带电的墨滴，它所带的电荷量取决于图像信号的强弱，从喷头喷出带电的墨滴经过高压电场偏转板后发生偏转，被引导到承印物特定的区域而形成图文。当图文信号为零时，墨滴在偏转板内不发生偏转，而直射到收集管内，返回供墨系统中。

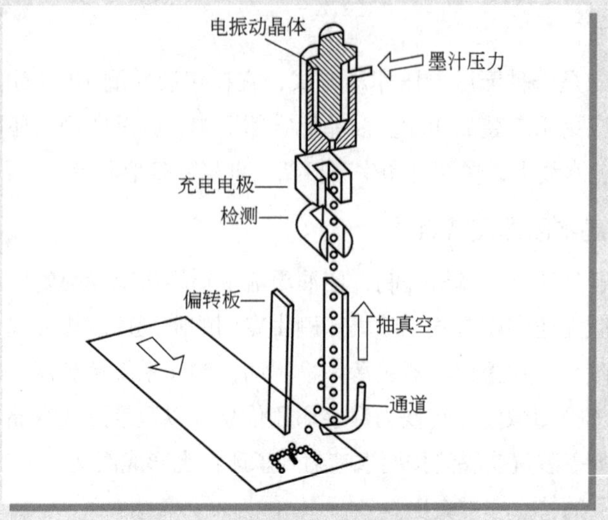

图9-18　连续式喷墨印刷方式

（2）间歇式喷墨印刷

如图9-19所示，喷嘴中的墨汁由供墨装置轻轻加压后，在喷嘴处形成凸出气泡，但不会喷出。在喷嘴前放一电极板，凸出的墨汁在高压作用下，其表面张力被破坏，形成向外喷射的墨滴，直接喷射到承印物上形成图文。间歇喷墨方式，只有在形成图像的部位根据指令产生墨滴，无图文部位则不产生墨滴。

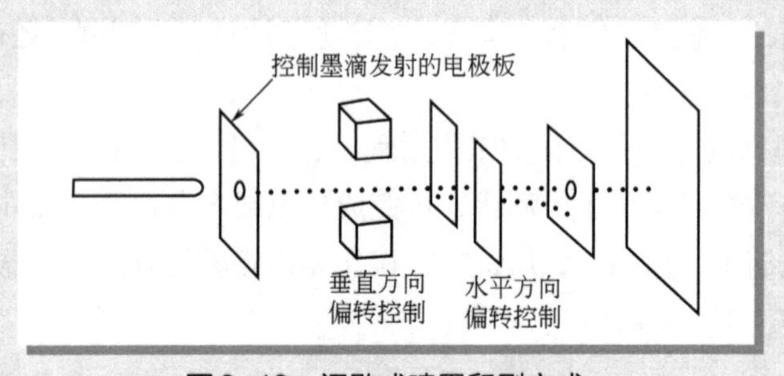

图9-19　间歇式喷墨印刷方式

9.4.4 全息照相印刷

9.4.4.1 全息照相印刷的基本原理及特点

全息照相是根据光的干涉原理将景物上每一质点的振幅（光强）和位相同时记录下来，再根据光的衍射原理，将景物的每一个质点射出的光波的全部信息还原出来，得到全息图像。全息图像之所以具有立体感是因为照相时使用频率固定，且相遇后会发生干涉作用的两束激光作光源，感光材料所记录的是被摄体的每一个质点射出的光波的全部立体信息，不仅记录了被摄体上光的强度，而且记录了被摄体上光的位相即物体的凸凹变化。

通过分光镜把激光器发出的光束分为两束。其中一束经扩束镜照射到置于感光底版前的物体上，由物体漫反射到感光底版上，称为物光束。另一束经扩束镜直接照射到感光底版上，称为参考光束。由于两束激光有极好的方向性、单色性和相干性，在曝光时，两束激光在感光底版上相遇而发生干涉，从而形成无数极为细密的、看上去杂乱无章的、明暗交替的干涉条纹。底版上记录的两束激光相互干涉的显微结构并不提供直接可辨识的图像，而只是一种包含被记录物体的显现图像和空间位置所有信息在内的光学码。当用原来的参考光束（此时为再现光束）照射时，由于光的衍射效应，就能使原来的物光束完全再现，当观察者在一个相应的方向透过全息图片进行观察时，尽管实物已不存在，但人眼仍能接受到原物的光波，看到三维物体像，即虚像。如果用一束与原来的参考光束传播方向相反的光束来照射这张全息图片，在全息图片的前面，即在原物所在的位置上，就会产生一个三维的物体像，即实像。

9.4.4.2 模压彩虹全息图片制作工艺

利用全息照相获得的实像可以用屏幕接受，也可以采用模压的方法大量复制彩虹全息图片。模压彩虹全息图片基本制作工艺如图9-20所示。

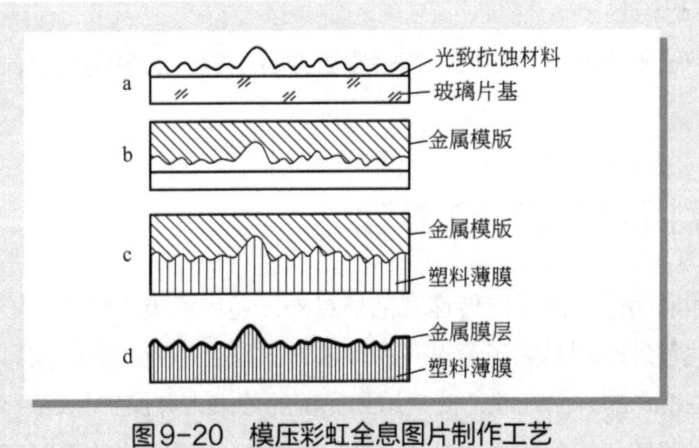

图9-20　模压彩虹全息图片制作工艺

（1）拍摄全息图

将激光经分光器分成两束光，一束物光束经反光镜和扩束镜照射到物体上，再经物体漫反射到达感光片上；一束参考光束经扩束镜和反光镜直接照射到感光片上。两束光在感光版上发生干涉，记录下它们的干涉条纹，经冲洗，得到一张全息图片。

（2）制作全息图母版

分光镜将激光器发出的激光分成两束，一束经反光镜和扩束镜照射在全息图上，经全息图衍射，在其后生成一个原物体的实像，在实像位置放一感光板，以实像为物光波，另一束光波经反光镜和扩束镜同时照在感光板上。经曝光处理，便得到一张浮雕型位相全息图，即制作模压彩虹全息图片的母版。

（3）母版表面金属化

用真空蒸镀或喷射的方法，在母版表面镀上一层很薄的金属膜，也可以用化学镀银的方法镀上一层金属膜。

（4）电铸金属模板

在表面已金属化的母版上，电铸以适当厚度的镍，做成一块机械性能良好的金属模板。

（5）压印

将金属压模板装在压印机上，用质量优良的聚氯乙烯薄膜进行热压，将浮雕型全息图压印在薄膜上。

（6）真空镀铝膜

为获得清晰、明亮的图像，在塑料薄膜的表面上再真空蒸镀一层铝膜，以提高其反射性。

（7）镀保护膜

为保护铝膜表面不受损伤，在铝膜表面再蒸镀一层氧化硅胶，或涂一层塑料膜。

9.5 包装印刷品的表面加工处理

包装印刷品除了向用户传递商品信息外，还应能吸引顾客、给顾客以美的享受。因此包装印刷品除了通过各种印刷方式印上相应的商品信息外，往往还要进行一些特殊的表面处理，使之达到完美的效果，并保护其表面图文信息。

对商品包装印刷品的表面加工处理，可根据实际需要的不同而选用不同的加工方式，常用的有凹凸压印、模切、压痕、上光、覆膜、电化铝烫印等。

9.5.1 凹凸压印

凹凸压印是印刷工业中一种特殊的加工工艺，它是利用一对凹凸版，不用油墨，通过压力在已印刷完毕的印刷物表面压印出浮雕状图文，以增强印刷纸面的立体层次的工艺方法。凹凸压印除了只用压力不用油墨外，还需制作一套凹凸版，即凹面印版和凸面模板，并运用压印机完成凹凸压印。

凹凸压印多用于印刷品和纸包装品的表面加工，如商标、包装纸盒、贺年卡、标签等的表面装潢，使其具有画面生动美观、立体感强的效果。

凹凸压印的基本工艺过程如下。

（1）原稿准备

由于凹凸印是靠强压的作用在印刷物表面形成凹凸图文，所以要求原稿的线条简明，层次变化少，画面主题部分（凸出部）不宜过多，以便获得良好的凹凸效果。

（2）制凹面印版

凹面印版既是压印时的凹版，又是制作凸版的母型，需能承受较大的压力，所以一般选用有足够的强度和刚性的铜版或钢版为版材。制版前还应对版材进行表面光洁平整等预加工处理。制版时先用底片对版材进行晒版，形成图文，然后用雕刻或腐蚀的方法在印版表面制成凹陷的图文。雕刻既根据印版上晒制的图文用手工方法雕刻出有层次变化的凹面印版。腐蚀既采用与铜锌凸版相同的制版方式，在版面上形成凹下图文。一般而言，凹版图文深度越深，凹凸效果越显著，为了提高凹凸印的立体效果，适当增加凹版图文深度，腐蚀后可再进行深雕刻加工，从而得到有明显层次、轮廓的凹版。

（3）翻制凸面模版

制作凸面模版是要复制一块与凹版完全相吻合的凸版，它不仅与制作凹版所用版材不同，而且制版方法也有所不同。制作凸面模板可采用石膏凸版工艺和新型的高分子凸模工艺。采用石膏凸版工艺时，先将凹版母版固定在平压机的压印平台上，然后以石膏层为版材，由凹版母板压制出石膏压印凸版，若翻制的凸版图文有局部缺陷或图文轮廓不鲜明时，可用石膏浆进行修补。高分子凸模工艺则是将聚氯乙烯板与凹版母版重合后，放入具有加热和冷却装置的压机内，通过调节温度和压力，得到与凹版形状一样，凹凸相反的凸版。

（4）装版

将凹面印版安装固定在凹凸压印机版台的铁框中，凹面模版应尽量装在铁框居中的位置上，铁框放入版台时需将锁紧螺钉旋紧，凹面模版要垫平且位置准确，以保证压印时套合准确。

（5）压印

压印一般采用平压平型凸印机或专用压凸机进行。在凹凸模板装好后，根据压印图文面积大小和凸起的高度等因素合理调整压印力，将印刷好的印刷品放入凸版和凹版之间，即可开始压印。

9.5.2 模切和压痕

模切是以钢刀排成模框（或用钢板雕刻成模框），在模切机上把包装印刷品压切成一定形状的工艺过程。压痕是利用钢线，通过压印，在包装印刷品上压出痕迹或留下可弯折的槽痕的工艺过程。模切压痕可使包装印刷品边缘形成各种形状，产生某种特殊的艺术效果，或达到某种使用功能。

模切和压痕是现代商标、标牌、标签印刷以及纸容器印刷中不可缺少的工序，是实现包装印刷现代化的重要手段之一。模切和压痕广泛用于印制造型各异的商标和标签，制作各种结构的包装盒和包装箱等，通过模切和压痕工艺，不仅可加强包装装潢产品的艺术效果，增加使用价值和销售价值，而且还可合理利用材料，提高生产率，降低产品成本。

（1）刀具加工

模切和压痕经压力作用完成不同的加工要求。压痕只要求在盒料上压成深深的槽痕，盒料不能断裂，以便于下工序的造型加工。模切则要利用锋利的刀具在刃口将盒料压切断裂，得到所要求的盒料形状。模切和压痕刀具主要有钢线和钢刀，钢线主要作为压痕线使用，钢刀作为模切使用，是模切印版的主要材料。按设计与打样的规格和造型要求，对模切、压痕刀具进行成型加工，以供制作模切压痕版使用。

（2）模切压痕版的制作

制作模切压痕版是将加工成型的刀具按版面规定要求排列成版面的工艺。首先根据产品设计规格和造型，划好规格样并与印刷图文核对无误后，将刀型固定在模压版的指定位置。

（3）装版

根据生产施工通知单和成品样校对印版，符合要求后，将模切压痕印版按规定位置固定在模切压痕机的版框内，并调整模切压痕效果，使产品符合设计要求的工艺过程称为装版。

（4）模切压痕

装版经试印无误后便可进行模切压痕，模切压痕可按两道工序用模切机、压痕机分别完成，也可根据产品加工要求将模切与压痕工序合并在一起，由模切压痕机一次完成。首先调整钢刀压力和钢线压力，使模切加工产品切口干净利落，无刀花、毛边，压痕清晰、深浅适度。调整版面压力时通过在模切印版表面垫纸和试压印的方法使版面各刀线压力均匀一致。再根据印刷品规格要求，合理选定规矩位置并将印版固定好，以防压印中错位。确定规矩时一般尽量使模压产品居中。然后在主要钢刀刃口处粘橡皮，使压印后的印刷品在橡皮的弹性恢复力作用下，从刃口间推出。一切调整工作就绪后，压印出样张，作一次全面检查，当产品各项指标都符合要求后，才能正式生产。

9.5.3 上光和覆膜

上光是在印刷品表面涂、喷或印上一层无色透明的涂料（即上光油），经流平、干燥、压光后，在印刷品表面形成一层薄且均匀的透明光亮层。覆膜是将塑料薄膜涂上黏合剂，再将其覆盖在以纸张为承印物的印刷品表面，经橡皮滚筒和加热滚筒加热、加压后黏合在一起，形成纸塑合一的产品。

由于纸张纤维素的作用，印刷品表面的光亮度、耐磨度、抗水性、耐光耐晒性能以及防污性都还不够理想，如果在印刷品表面涂布一层亮光油形成亮光油膜层，或者覆贴一层透明无色的塑料薄膜层，印刷品表面不仅增强了光亮度，改善了耐磨性能，提高了商品的装饰艺术效果，同时也使防污、防水、耐光、耐热等特性得到改善，对保护和延长印刷品的使用时间，提高商品的档次和竞争能力，都起到重要作用。

9.5.3.1 上光工艺

根据工艺特点，不同上光工艺有上光和压光两种。

（1）上光

即刷胶，印刷品经过光油槽均匀涂布上光油，再经过干燥，就在印刷品表面形成了亮光油膜层，干燥方式有红外线干燥、热风干燥、微波干燥等。刷胶后的印刷品必须经冷却后才能堆积，以避免堆放时发生粘连现象。

（2）压光

即加压涂布，是先利用普通上光机在印刷品表面涂布压光涂料，干燥后再经压光机中热压的作用，冷却后剥离，而使印刷品表面涂膜形成高光泽效果。

9.5.3.2 覆膜工艺

覆膜是将涂布有黏合剂塑料薄膜与需覆膜的印刷品通过压膜方式而形成纸塑合一的印刷品。

覆膜工艺根据原材料和设备的不同，分为即涂覆膜工艺和预涂覆膜工艺。即涂覆膜工艺是现涂布黏合剂，经烘干后，再加压完成覆膜。预涂覆膜工艺是采用涂布好黏合剂的塑料薄膜，经热压作用，完成覆膜。

上光、覆膜是两种不同的工艺。上光是对印刷品表面涂布上光油，罩上一层亮膜，生产工艺比较简单，成本也低，但效果不及覆膜好。覆膜是用热压加工方法在印刷品表面粘贴一层聚乙烯或聚丙烯薄膜，形成一种纸塑合一的印刷品，具有良好的光亮度和耐磨性能。

9.5.4 电化铝烫印

电化铝烫印也称烫箔，是以金属箔（电化铝箔）或颜料箔，通过热压转印到印刷品或其他物品表面上的特殊工艺，其实质是利用热压作用，将铝层转印到承印物表面，即在热压作用下，热熔性的有机硅树脂和胶黏剂受热熔化，有机硅树脂熔化后粘接力减小，铝层便与金属箔基膜剥离，热敏胶黏剂在热压作用下将铝层粘接在印刷品上，胶黏剂再冷却固化，电化铝就牢固地转印到被烫物表面了。

在印刷品表面烫印电化铝，能增强印刷品的艺术效果，使主题突出醒目，表面光亮，色彩鲜艳丰富。电化铝箔的化学性能比较稳定，可以经受较长时间的日晒雨淋而不褪色。由于电化铝烫印具有良好的装潢效果，而且材料来源广泛，成本不高，烫印工艺技术质量较好，因此电化铝烫印广泛用于各种包装装潢、商标图案、书刊封面、产品说明书、宣传广告，甚至各种塑料制品、日用百货等印刷品的表面加工中。

电化铝烫印工艺包括制版、装版和烫印。

（1）制版

电化铝烫印版一般选用铜版，其制版工艺与一般的凸版用铜锌版的制版工艺相同，即在涂布有感光胶的铜板上用正阴像底片曝光后，经显影、烤版、腐蚀等工序后，即可制得烫印版，只是要求比一般凸版腐蚀得深一些。

（2）装版

即将烫印版装在电热板上。首先按照版面大小选择适当规格的加热板，再将烫印版安装并用硅胶粘固在电热板内居中位置。

（3）烫印

烫印的基本过程是铝箔先与印刷品接触，在烫印版热量和压力作用下，铝箔上的转印层被熔合，并转印到印刷品上，然后除去压力，电化铝箔的基膜与转印层脱离。电化铝的关键是合理确定烫印温度、烫印压力及烫印时间等。

9.6 包装印刷新技术及发展

随着计算机技术、数字技术等高新技术不断地应用于印刷技术领域，印刷技术不断向数字化、标准化方向发展，围绕质量的控制、工艺的简化、操作的规范化等方面出现了许多新的工艺和技术，并在不断地完善。

9.6.1 色彩管理

在实际印刷和图像处理过程中，经常会出现在屏幕上看来漂亮的色彩，在印刷后却晦暗浑浊，或者黯然失色，与屏幕所见到的是两回事，一幅图像用彩色打印机打印时颜色令人满意，而印刷时则颜色灰暗，或者同样的数据在不同的设备上得不到同样的颜色。之所以会出现这些问题，其原因是因为平版制版过程中图文信息传递的失真性，以及印刷所用的各种设备和材料对色彩的表现方式不一样，从而造成了彩色复制的不一致性。解决色彩的这种不一致性的问题的方法是色彩管理。所谓色彩管理，是指运用软、硬件结合的方法，在生产系统中自动统一地管理和调整颜色，以保证在整个生产过程中颜色传递的一致性。

所以色彩管理的主要目标是：实现不同输入设备间的色彩匹配，包括各种扫描仪、数字照相机、Photo CD等；实现不同输出设备间的色彩匹配，包括彩色打印机、数字打样机、数字印刷机、常规印刷机等；实现不同显示器显示颜色的一致性，并使显示器能够准确预示输出的成品颜色；最终实现从扫描到输出的高质量色彩匹配。

色彩管理的目的是要实现所见即所得。因为人眼对物体颜色的感觉受环境因素的影响很大，因此实施色彩管理之前，必须建立稳定的颜色环境，使在色彩管理全过程中，对同一颜色，人眼在原稿上、屏幕上和印刷品上所观察到的颜色效果是一样的，所以色彩管理要使用标准的光源，一般采用色温为5000K或6500K、具有较高显色指数的标准光源，此外，还应注意环境条件的影响，不同的颜色的背景及环境对人眼的颜色判断的准确性影响也很大。

进行色彩管理，一般要顺序地经过三个步骤：即设备校正（calibration）、设备色彩特征化（characterization）及色彩空间转换（conversion），简称为“3C”。

（1）设备校正（calibration）

图像复制过程中，为确保仪器的表现正常，所有仪器必须校准后才可使用，设备校正是指通过对印刷复制系统的所有设备进行调校，使之达到标准的显色效果。设备校正包括两方面的内容：调校各单台设备，使其达到标准的颜色表达效果，以及通过综合调校，使各设备之间的显色效果达到一致。

（2）设备色彩特征化（characterization）

色彩特性是指每个图像输入或图像输出设备，甚至彩色显色材料，所具有的色彩范围或色彩表现能力。设备色彩特征化的目的是确立图像设备或显色材料的色彩表现范围，并以数字方式记录其特性，以便进行色彩转换之用。也就是说设备色彩特征化就是要创建设备色彩特征文件。设备特征文件的创建通过分光光度计对所选的一组标准色块进行物理测量，并用相应的软件计算而产生。这些色块通过测量被创建成一个电子文件，然后通过专用软件计算一个将设备色度值（如RGB或CMYK）转换成CIElab色彩空间值的数学描述。正确制作设备特征文件的过程是精确地将所有的RGB或CMYK色彩值转换成CIElab色彩值的基础。

（3）色彩空间转换（conversion）

色彩空间转换是指仪器与仪器或仪器与显色材料或显色材料与显色材料之间的颜色空间的转换。因为不同仪器或显色材料的色彩范围都各有不同，例如彩色显示屏是RGB色彩，而常规四色印刷是CMYK色彩；而且不同牌子（甚至相同牌子）的彩色显示屏的色彩范围未必一样，同样地不同制造商的四色油墨的色彩范围亦可能不相同。所以色彩管理中的色彩转换就是将一种设备所表示的颜色转换到用另一种设备表示，但不是提供百分百相同的色彩，而是发挥仪器或显色材料所能提供最理想的色彩，同时也预测实际复制再现的结果。

9.6.2 数字印刷

数字印刷是与传统模拟印刷的概念迥然不同的现代印刷技术，它不用软片，不经过分色制版，省略了拼版、修版、装版定位、调墨、润版等工艺过程，不存在水墨平衡问题，从而大大简化了印刷工艺，实现短版、快速、实用、精美而经济的印刷工艺。

9.6.2.1 数字印刷的定义及分类

所谓数字印刷，是指利用某种技术或工艺手段将数字化的图文信息直接记录在印版或承印介质（纸张、塑料等）上，即将由电脑制作好的数字页面信息经过RIP处理，激光成像，直接输出印版或印刷品，从而取消了分色、拼版、制版、试车等步骤，直接将数字页面转换成印版或印刷品，而不需经过包括印版在内的任何中介媒介的信息传递。数字印刷从输入到输出，整个过程可以由一个人控制。

因此，数字印刷是全数字化的印刷技术，其技术核心是全数字化工作流程，其过程是从计算机直接到印版或纸张，即CTP技术，如图9-21所示，所以CTP有以下四种含义：

computer to plate，脱机的直接制版。

computer to press，在机的直接制版。

computer to proof，直接打样或数字打样。

computer to paper，直接印刷或数字印刷。

（1）直接制版技术

直接制版技术是指由计算机到直接完成印版制作的工艺过程。直接制版是通过数字式版面信息转换成点阵（RIP）后，利用印版照排机将数字式的页面信息直接扫描输出在印版版材上，然后经显影，即制成印版。其工艺流程如图9-22所示。

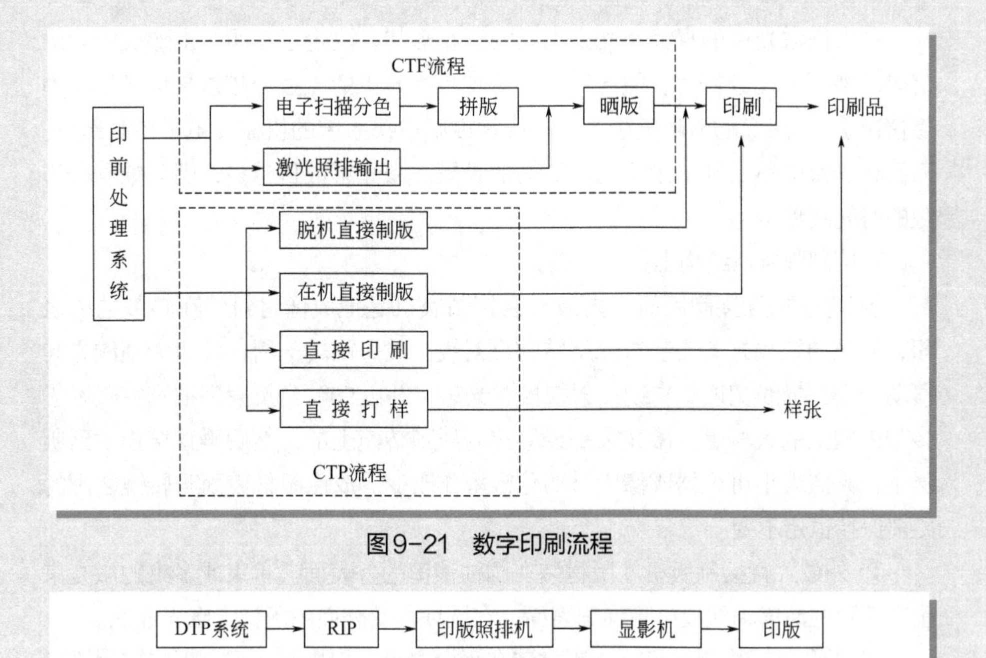

图9-21 数字印刷流程

图9-22 直接制版工艺

根据所制作的印版是通用印版还是在某一印刷机上专用的印版，可将直接制版分为在机直接制版和脱机直接制版两种工艺。在机直接制版技术是所制作的印版仅供某一台印刷机使用，其制版系统的直接制版机与印刷机联为一体，也就是说此类制版系统既是一台印版制版机又是一台印刷机。脱机直接制版技术是为多台印刷机制作印版，即其制版系统的直接制版机与印刷机是分离的，也就是说制版机和印刷机相互独立工作。

直接制版实际是印前处理技术向后工序的延伸，它将处理好的图文合一的版面信息不是输出在感光胶片上，而是输出在一般上，因此直接制版技术省去了传统制版工艺中输出分色片、修版、拼版、晒版等环节及其所需的各种设备和化学药品，因而提高了生产的自动化程度，缩短了作业时间和生产周期，也便于进行数据化、规范化的工艺管理，生产质量能得到很好的控制。

CTP直接制版机由精确而复杂的光学系统，电路系统，以及机械系统三大部分构成。在输出印版时，由激光器产生的单束原始激光，经多路光学纤维或复杂的高速旋转光学裂束系统分裂成多束（通常是200～500束）极细的激光束，每束光分别经声光调制器按计算机中图像信息的亮暗等特征，对激光束的亮暗变化加以调制后，变成受控光束。再经聚焦后，几百束微激光直接射到印版表面进行刻版工作，通过扫描刻版后，在印版上形成图像的潜影。经显影后，计算机屏幕上的图像信息就还原在印版上供胶印机直接印刷。

每束微激光束的直径及光束的光强分布形状，决定了在印版上形成图像的潜影的清晰度及分辨率。微光束的光斑越小，光束的光强分布越接近矩形（理想情况），则图像的清晰度越高。扫描精度则取决系统的机械及电子控制部分。而激光微束的数目则决定了扫描时间的长短。微光束数目越多，则刻蚀一个印版的时间就越短。

直接制版机从结构上分为三类。

① 内鼓式直接制版机　内鼓式直接制版机是把成像材料装在转鼓的内表面，沿鼓的轴线方向安装有一旋转的反射镜，鼓每旋转一周，转镜沿轴线方向移动一个扫描线宽度。转镜反射扫描激光束，并以90°角反射到被真空吸附于转鼓内壁上的版材上。激光束是经聚焦后射到转镜上的，然后再直接投射到版材上，光点大小可根据成像版材的分辨率作改变。成像版材表面与转镜之间的距离保持恒定不变。

② 外鼓式直接制版机　版材装在圆柱滚筒的外表面。单束或多束的激光束垂直于圆柱滚筒轴线投射到滚筒表面，在圆柱滚筒外面的版材上曝光成像。

③ 平台式直接制版机　将版材装在平台之上。扫描时，平台板向前水平移动，激光头与平台保持垂直方向水平移动。

此外，直接制版系统按光源划分有多种：氩离子激光，波长488nm，适用于卤化银扩散型CTP版材和感光树脂型CTP版材。二极管激光，波长700～1200nm，适用于红外感光的胶片和印版。双频（Nd-YAG）激光，波长532nm。激光寿命长，体积小，有发展应用的潜力。近红外半导体激光发生器，波长830nm，适用于热敏型CTP版材。

（2）直接印刷技术

数字直接印刷是直接把数字文件/页面（digital file/page）转换成印刷品的过程，即直接印刷最终影像的形成过程也一定是数字式的，不需要任何中介的模拟过程或载体的介入，也称为数字印刷。数字直接印刷是一种无版或无固定版式的印刷方式，因而可实现可变信息的复制，也就是说在传统印刷的五大要素（原稿、印版、印刷机械、油墨、承印物）中，印版并不是数字印刷所必须的，但是数字直接印刷仍属于印刷的范畴，这是因为无论从输出速度来看，还是从印刷质量来看，数字印刷品与传统的印刷品可以完全没有任何差异。所以直接印刷的印刷信息是100%的可变信息，即相邻输出的两张印刷品可以完全不一样，可以有不同的版式、不同的内容、不同的尺寸，甚至可以选择不同材质的承印物，如果是出版物的话，装订方式也可以不一样。

虽然数字直接印刷系统的基本构成与传统印刷是基本一样的，如图9-23所示。但是数字印刷是建立在全数字化生产流程基础上的一种全新的印刷方式，它与传统印刷存在较大差异。

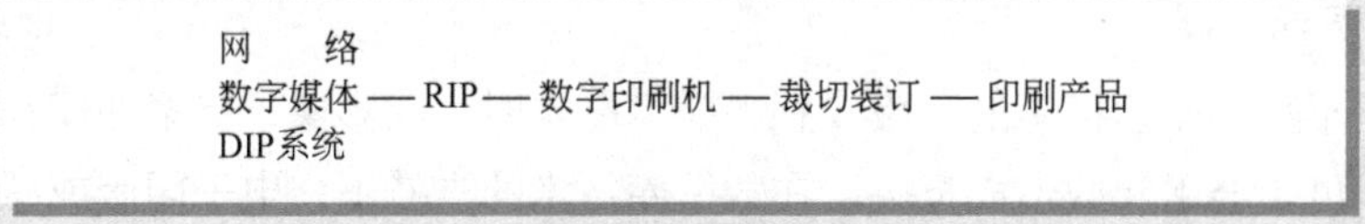

网　络
数字媒体 — RIP — 数字印刷机 — 裁切装订 — 印刷产品
DIP系统

图9-23　直接印刷系统的基本构成

（3）直接打样技术

直接打样是将数字式页面直接转换成彩色样张的工艺过程，即由计算机直接获得样张的数字式过程，也称为直接数字式彩色打样（DDCP，direct digital color proofing）。直接打样又分为屏幕软打样和直接输出样张的硬打样。

与机械打样相比，直接打样系统灵活，省时、省料、省工，可随时监测制版过程，及时发现印前处理过程中的问题并采取补救措施，还可供客户修改校样、签样，为制版提供依据，利用数字直接打样还可以进行异地打样。但直接打样还不能完全代替印刷打样。

9.6.2.2　数字印刷的特点

数字印刷是一个全数字生产流程，它将印前、印刷和印后完全整合成为一个整体，由计算机集中操作、控制和管理。因此数字印刷具有如下特点。

（1）全数字化

数字印刷是一个完全数字化的生产流程，数字流程贯穿了整个生产过程，从信息的输入一直到印刷，甚至装订输出，都是数字流的信息处理、传递、控制过程。

（2）印前、印刷和印后一体化

数字印刷把印前、印刷和印后融为一个整体。从系统控制的角度来看，它是一个无缝的全数字系统，系统的入口（即信息的输入）是数字信息，系统的出口（即信息的输出）就已经成为如书、杂志、卡片、商标、宣传品、包装物等等所需要形态的产品。

数字信息的来源渠道很多，可以是网络传输的数字文件或图像，也可以是印前系统传输的信息，还可以是其他数字媒体，如光盘、磁光盘、硬盘等携带的数字信息，并通过网络和数字媒体传递信息。数字印刷系统是一个完整的印刷生产系统，由控制中心、数字印刷机、装订及裁切部分组成，所有操作和功能都可根据需要进行预先设定，然后由系统自动完成。

数字印刷的产品种类也是多样化的，既可以是商业印刷品，也可以是出版物、商标、卡片，甚至包装印刷品（个性化包装印刷），覆盖了相当广泛的专业领域。

(3)灵活性高

由于数字印刷机中的印版或感光鼓可以实时生成影像，档案即使在印刷前修改，也不会引起或造成损失。在数据库技术的支持下，电子印版或感光鼓可以在每次印刷之前，生成不同的影像，即改变每一页的图像或文字，使每一页的印刷内容都不同，从而实现了用户自定义图文数据的复制，即可变数据印刷(variable data printing)。因为数字印刷实际是一种无固定印版的印刷方式，这种信息变化的灵活性解决了现代个性化印刷的需要。

(4)印刷周期短

数字印刷将印前图文处理的页面信息直接记录在承印介质上，而且只要事先设定好各种参数，系统可自动完成生产过程，中间省去了制版等许多复杂的环节，其生产周期比传统印刷大大缩短。

(5)可实现短版印刷

数字印刷免除了传统印刷中工作量非常大的并需较高费用的印刷前准备工作，如上版、水墨平衡等，使印数较少的短版印刷的价格趋于合理，甚至可以只印刷一份，包括黑白和彩色印刷品。虽然就印刷单张的费用而言，数字印刷较传统印刷要高，但是由于传统印刷前的制版费用对不同印数是一样的，所以同样的短版业务如用传统印刷方式来做的话，费用将会更高。

(6)可实现按需生产

现代社会的特点是新技术不断出现，人们对信息的时效性要求越来越高，这导致了信息更新速度快，使相应印刷品的生命周期缩短。印刷服务商可根据最终用户对实际产品的数量和生产周期的要求，进行的出版物和商业印刷产品的生产及分发过程，称为按需印刷(print on-demand，简称POD)。数字印刷可以实现100%可变数据印刷，且不需制版，生产周期短，因此具备按需生产的能力，可以根据具体要求，生产制作顾客需要的信息产品。

9.6.3 数字化工作流程

所谓数字化生产流程是指通过计算机及其网络将出版印刷生产的各个工序与环节集成，构成一个包括印前、印刷、印后加工及过程控制与管理的全数字生产作业的数字集成出版系统，它以数字化的生产控制信息，将印刷生产中的印前、印刷、印后加工三个分过程联系起来，整合成一个不可分割的系统，以数字工艺作业表代替传统工艺作业单，进行生产过程中信息的传递、控制与管理，以数字打样、直接制版、数字印刷代替传统生产作业，使需印刷的数字化图文信息完整、准确地在各工序间传递，并最终加工成印刷成品，最大限度地提高产品质量，减少工艺环节，降低时间冗余，保证产品质量的高效、稳定和一致。

在数字化工作流程中，不仅仅只是从图文信息和印刷生产控制信息流两方面的信息实现数字化，还应实现集成化的数字化生产环境。所以数字化工作流程就是要将印前处理、印刷、印后加工工艺过程中的多种控制信息纳入计算机管理，用数字化控制信息流将整个印刷生产过程联系成一体。

因此数字化工作流程就是要将人眼所看到的信息以数据方式压缩到印刷空间，通过计算机来控制这些数据，达到对印刷过程的控制，从而做到准确可靠、生产工艺高度集成，使印刷过程中的失误降低到最低，最大限度地减少浪费，而提高生产效率。

9.6.3.1 PDF工作流程

PDF数字化工作流程如图9-24所示，客户提供图文原稿、版式和制作要求。印刷单位接受数字化的信息后，首先进行图文信息的数字化处理过程，包括文字的输入、图像的扫描输入、图形制作，然后按照客户的要求，以数字化的方式处理图文信息，并编排版面，再把形成的多个页面拼成印刷整版，通过"扫描"功能生成描述Postscript或PDF信息，再经过RIP解释处理后，输出分色片或者直接输出印版或样张。

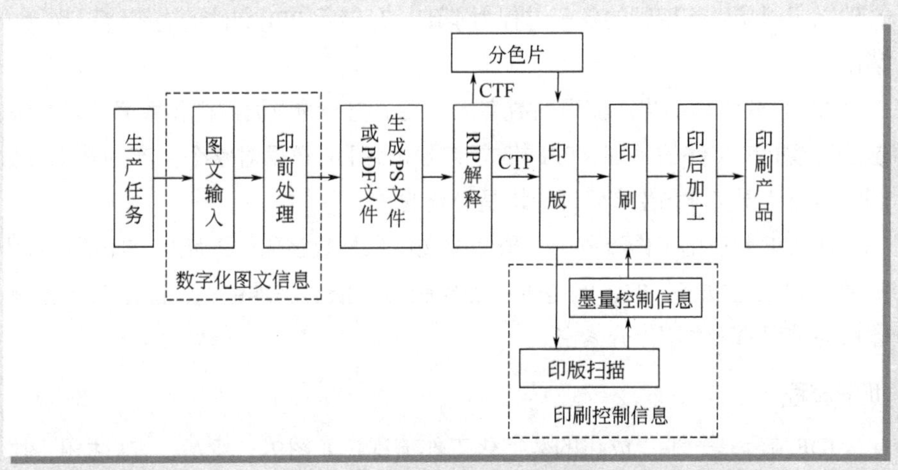

图9-24　PDF数字化工作流程

当客户同意正式付印后，开始批量印刷。印刷时，可以通过专门的印版扫描设备扫描印版，得到印版的墨量统计信息，以便正确控制印刷机的油墨量，或者操作人员根据自己的经验来调节控制印刷机各墨区的油墨量；印刷完成后，经过折页、裁切、装订等印后加工步骤，获得印刷成品。

因为数字工作流程中包含的数字化作业从开始到结束均需要以数字文件为

基础，不仅生产指令、产品技术参数、质量检验要求等要求以数字文件的形式存在，而且处理和加工的结果也要表示为数字文件。为了使所有的设备制造商、软件开发商和系统集成商在开发、设计和制造支持数字工作流程的设备和软件时，有可以遵循的共同准则，就需要制定统一的文件格式标准，使它成为数字工作流程的基础。所以CIP3制定的标准并不是某种生产标准或产品检验标准，而是一种文件格式标准，这就是印刷生产格式PPF。

印刷生产格式PPF用PostScript语言写成，它所包含的信息主要有以下几种。

① 管理信息　是针对本项印刷任务的各种管理信息，包括每个印张构成（双面单面）、晒版印刷的网点传递特性曲线、折页方式和数据、计算墨区控制数据用的四色低分辨率图像、裁切数据、套准规矩的位置及印刷控制条各测量块的密度和色度数据、允许的密度差、色差等。

② 印后加工信息　主要包括印后加工的方式，如精装/平装、配页、折页、订书、上胶、附页粘贴、三面裁切等，以及各种对应的数据。

③ 私有数据　包括各生产厂家的一些专属信息。

一个PPF文件可以包含对印刷作业的描述、一个相关目录（PPF目录）以及产品标记和注解等。PPF文件的内容可保存起来，也可以编辑PPF文件。PPF文件以印刷品生产期间的各子过程为基础，存储后 PPF文件的内容可以交换或读出。

PPF格式为印刷生产流程的数字化定义了统一的数据结构和数据编码方法，这是形成PPF文件的基础。PPF格式涉及和处理的数据对整个生产的技术参数制定乃至计划安排和生产管理等均是必要的。

在PDF数字化工作流程中，虽然图文信息是数字化的，而且在印刷过程中油墨控制也是数字化的，但是生产的控制信息依然是零散的，即印前、印刷、印后各过程的联系不十分紧密。

9.6.3.2　JDF流程

JDF流程是一种集成化的数字化工作流程，如图9-25所示，客户提供图文原稿、版式和制作要求。印刷公司接收任务以后，根据印刷产品的基本特点和客户要求，确定适宜的工艺路线和印刷、印后加工设备。

印前处理阶段的进行与PDF工艺大致相同，整版拼大版后，有关印刷品折手、裁切装订、套准线等信息已经确定下来，这些信息将直接用于印后设备调控时使用，经过RIP解释处理后，得到每一张印版的记录信息。除了用于在胶片和印版上记录外，还可以统计印刷机各油墨区的基础数据，而省去了印版扫描的步骤。

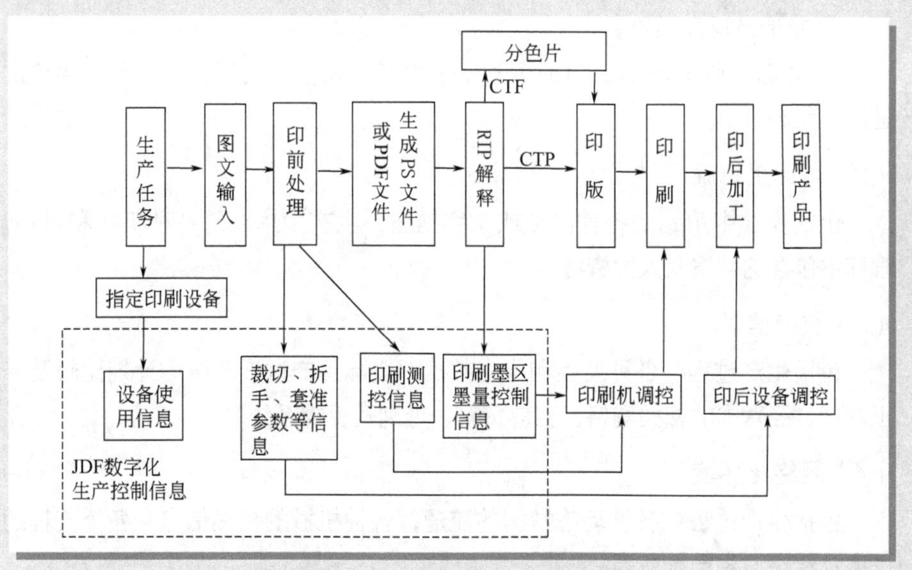

图9-25　JDF数字化工作流程实例

印后加工的数据在印前处理过程中确定，只需将相关数据输入相应的印后设备的控制系统中，预调的过程将大大缩短，使印后设备很快进入工作状态，得到最终的成品。

JDF以XML语言为架构，由JDF所定义的一个印刷活件，包括下列四个部分：制程资料（processes）、可运用资源（resources）、沟通信息（message）以及网络化环境（network）。

（1）制程资料

可由设备、器材执行生产的工作链。同一制程可以有不同途径；可以联结组合的生产节点；可以是多重工作链的组合。制程包含生产中每个环节上的设备，同一工作可以通过不同途径实现，各生产工序的连接组合，多条生产线的组合。制程包含的元素定义如下。

① 生产节点（nodes）——是对产品或制程的描述。它可以包含子节点；可以运用、修改、制造资源；可以将Job分开或合并处理；必须在前一节点完成后，下一节点才会执行。

② 可运用资源（resources）——被制程所运用的资源。它可以是数字或文件资料；可以是实际的物体如生产机具、原物料、档案、人力资源等。

③ 监控、检查物件（Audit objects）——用于比较生产计划与实际进度，同时提供修正功能。

④ 客户资料（customer related information）——是与经营相关的资料，及客户基本资料。

⑤ 查询及反馈系统。

⑥ 动态资料（dynamic data）——是生产机具相关资讯，它体现了生产的进度与状态。

（2）可运用资源

包括作业中用到的各种参数或文字描述，生产中用到的各种机械和材料，管理中包含的档案及人力资源等。

（3）交换信息

包括生产过程中各种监控和检查数据，实际生产进度和生产计划比较及修正数据，经营中的相关资料，客户资料，查询及反馈系统。

（4）网络化环境

包括生产过程中各种动态数据的流通，各种机械的相关信息，各个流程的进度及状态，生产排序等。

上述主要内容涵盖了整个印刷生产工作流程，并以数字化形式存在，大大提高了生产效率。

由此可见，JDF格式文件除包含PPF文件中所含有的信息以外，还加入了制程信息、管理信息和远程遥控的信息，使生产过程有序进行，信息管理和回馈自动完成，实现远程控制。从而保证印前、印刷和印后真正做到数码流程一体化，也使整个印刷工作管理更加科学化。

复习思考题

1. 试述彩色图像印刷复制的基本工艺过程。
2. 数字分色工艺的关键技术是什么？
3. 调频加网和调幅加网的主要区别是什么？
4. 试述印前图文处理系统的构成及基本工艺流程。
5. 平、凸、凹、丝网印刷的印版各有何特点？
6. PS版晒版的基本工艺流程是什么？
7. 试述胶印的基本原理与特点。
8. 柔性版印刷的特点有哪些？
9. 试述喷墨印刷的特点及适用范围。
10. 数字印刷有哪些类型？其特点如何？

10 Chapter

第10章

商品包装标志

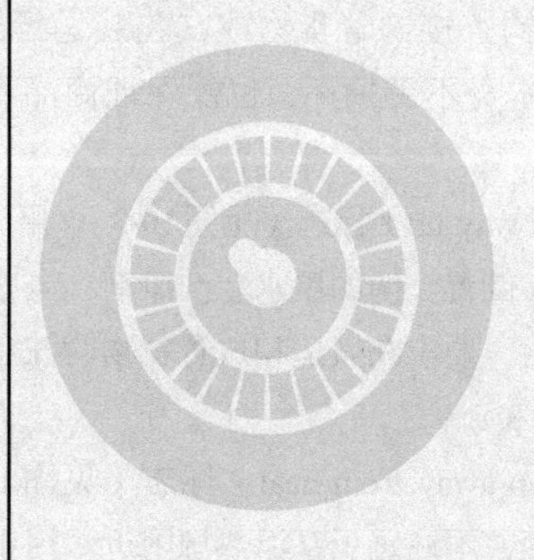

商品运输包装标志是指在运输包装外部制作的特定记号或说明。包装好的货物只有依靠标志，才能进入现代的物流而成为现代运输包装。物质流动要经过多环节、多层次的运动和中转，要完成各种交接，这就需要依靠标志来识别货物。货物通常是包装在密闭的容器里，经手人很难了解内装物是什么，更何况内装产品性质不同、形态不一、轻重有别、体积各异，保护要求就不一样。这就需要通过标志来了解内装产品，以便正确有效地进行交接、装卸、运输、储存等。

运输包装标志主要是赋予运输包装件以传达功能。目的是：识别货物，实现货物的收发管理；明示物流中应采用的防护措施；识别危险货物，暗示应采用的防护措施，以保证物流安全。

10.1 包装储运图示标志

包装储运图示标志是根据产品的某些特性如怕湿、怕震、怕热、怕冻等而确定的。其目的是为了在货物运输、装卸和储存过程中，引起从业人员的注意，使他们按图示标志的要求进行操作。

① 易碎物品（handle with care）标志（见图10-1）。用于货物的外包装上。表示包装内货物易碎，不能承受冲击和震动，也不能承受大的压力，如灯泡、电表、钟表、电视机、电冰箱、陶器、瓷器、玻璃器皿等，要求搬运时必须小心轻放。见国家标准GB/T 191—2008（1）。

② 禁用手钩（use no hooks）标志（见图10-2）。用于货物的外包装上。表示不得使用手钩直接钩着货物或其包装进行搬运，例如纸箱、麻袋等包装件，保护包装本身不受损坏，也能保证商品不受损失。见国家标准GB/T 191—2008（2）。

③ 向上（this way up）标志（见图10-3）。用于货物的外包装上。表示包装内货物不得倾倒、倒置。例如墨水、洗净剂、电冰箱等产品在倾倒的情况下会受损以致影响使用，要求在搬运和放置货物时注意其向上的方向。见国家标准GB/T 191—2008（3）。

④ 怕晒（keep away from heat）标志（见图10-4）。表明该运输包装件怕热、不能直接照晒，不许置于高温热源附近。用于货物的外包装上。见国家标准GB/T 191—2008（4）。

⑤ 怕辐射（keep away from radiation）标志（见图10-5）。表示包装内货物一旦受辐射会变质或损坏。见国家标准GB/T 191—2008（5）。

⑥ 怕雨（keep away from moisture）标志（见图10-6）。用于怕湿的货物。表示包装件在运输过程中要注意防雨或直接洒水，在储存中要避免存放在阴暗

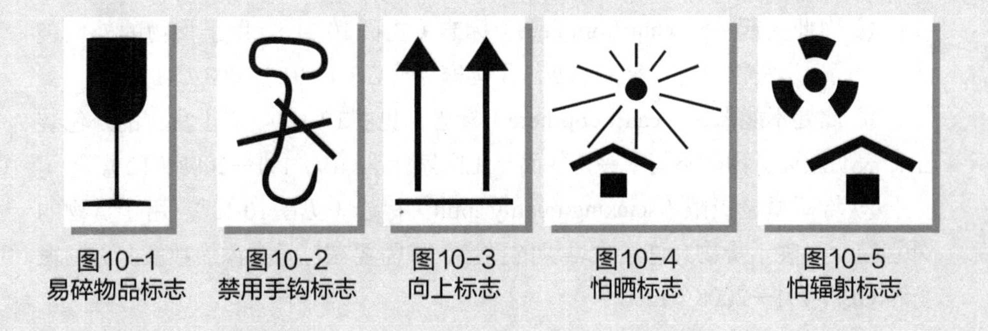

图10-1 易碎物品标志　图10-2 禁用手钩标志　图10-3 向上标志　图10-4 怕晒标志　图10-5 怕辐射标志

潮湿或低洼处。见国家标准GB/T 191—2008（6）。

⑦ 重心（centre of gravity）标志（见图10-7）。用于货物重心所在平面及货物外包装上，指示货物重心所在处。在移动、拖运、起吊、堆垛等操作时，避免发生倒箱等损坏现象。见国家标准GB/T 191—2008（7）。

⑧ 禁止翻滚（do no roll）标志（见图10-8）。表示搬运货物时不得滚动，只能作直线移动，如平移、上升、放下等。见国家标准GB/T 191—2008（8）。

⑨ 此面禁用手推车（disable wheelbarrows on this surface）标志（见图10-9）。用于货物的外包装上。表明搬运货物时，此面禁止放于手推车上。见国家标准GB/T 191—2008（9）。

⑩ 禁用叉车（disable forklift）标志（见图10-10）。用于货物的外包装上。表明不能用升降叉车搬运的包装件。见国家标准GB/T 191—2008（10）。

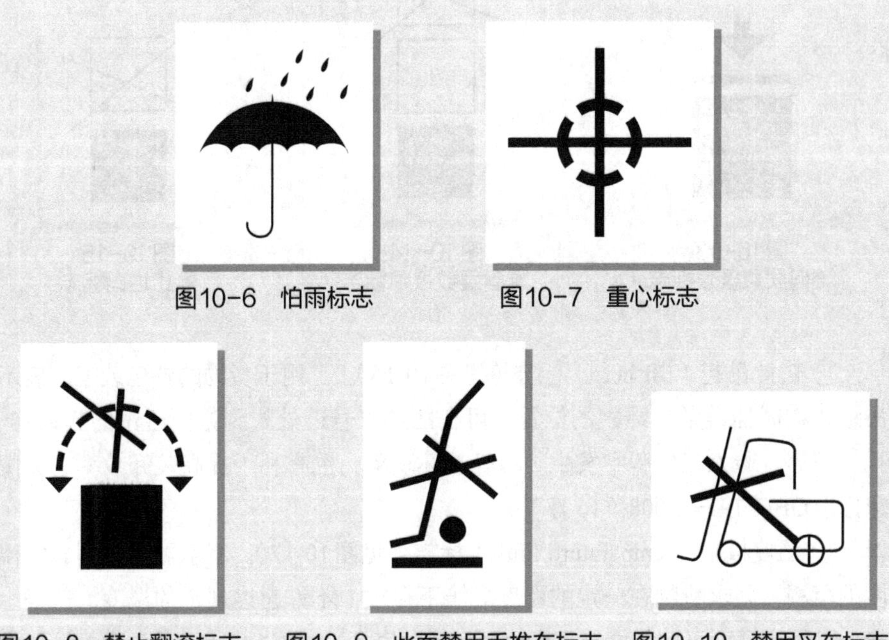

图10-6　怕雨标志　图10-7　重心标志

图10-8　禁止翻滚标志　图10-9　此面禁用手推车标志　图10-10　禁用叉车标志

⑪ 由此夹起（pick up from here）标志（见图10-11）。用于货物的外包装上。表明搬运货物时可用夹持的面。见国家标准GB/T 191—2008（11）。

⑫ 此处不能卡夹（can't clip here）标志（见图10-12）。用于货物的外包装上。表明搬运货物时不能用夹持的面。见国家标准GB/T 191—2008（12）。

⑬ 堆码质量极限（stacking quality limit）标志（见图10-13）。用于货物的外包装上。表示货物允许最大堆垛的重量，按需要在符号上添加数值。见国家标准GB/T 191—2008（13）。

⑭ 堆码层数极限（stacking layer limit）标志（见图10-14）。用于货物的外包装上。表明可堆码相同运输包装件的最大层数，包含该包装件，n表示从底层到顶层的总层数。见国家标准GB/T 191—2008（14）。

⑮ 禁止堆码（stacking prohibited）标志（见图10-15）。用于货物的外包装上。表明改包装件只能单层放置。见国家标准GB/T 191—2008（15）。

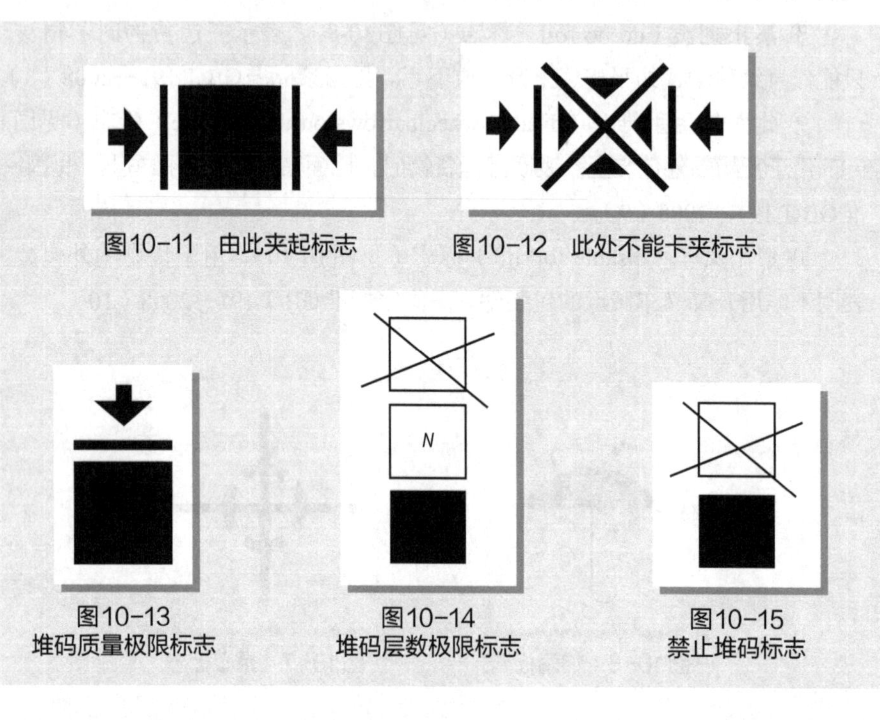

图10-11　由此夹起标志

图10-12　此处不能卡夹标志

图10-13 堆码质量极限标志

图10-14 堆码层数极限标志

图10-15 禁止堆码标志

⑯ 由此吊起（lift here）标志（见图10-16）。 用于货物的外包装上。表示吊运货物时挂链条或绳索的位置。可在图形符号近处找到方便起吊的起吊钩、孔、槽等。避免在装卸中发生破箱等损坏现象，也有利于提高装卸效率。见国家标准GB/T 191—2008（16）。

⑰ 温度极限（temperature limit）标志（见图10-17）。表示需要控制规定温度的范围。要求货物在一定的温度环境下存放，不许超过规定的温度。符号上最低和最高温度可按货物的需求填写。见国家标准GB/T 191—2008（17）。

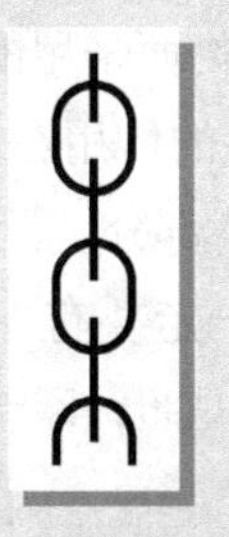

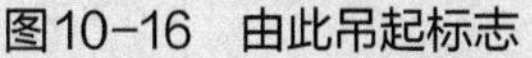

图10-16　由此吊起标志

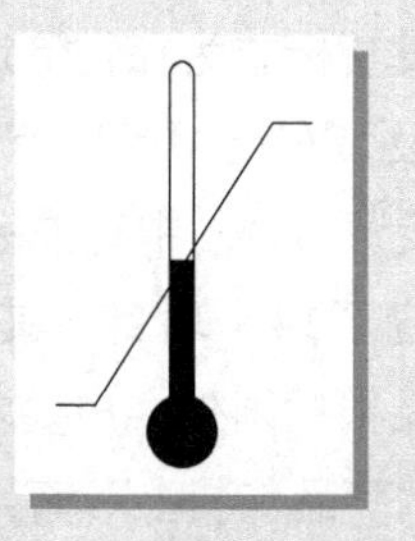

图10-17　温度极限标志

上述包装储运图示标志外框为长方形，其中图形符号外框为正方形，尺寸一般分为4种（见表10-1）。包装体积特大或特小的运输包装件，其标志的尺寸可等比例放大或缩小。

表10-1　图形符号几标志外框尺寸

序号	图形符号外框尺寸/mm	标志外框尺寸/mm
1	50×50	50×70
2	100×100	100×140
3	150×150	150×210
4	200×200	200×280

标志颜色一般为黑色。如果包装的颜色使得标志显得不清晰，则应在印刷面上用适当的对比色，黑色标志最好以白色作为标志的底色。必要时，标志也可以使用其他颜色，除非另有规定，一般应避免采用红色、橙色或黄色，以避免同危险品标志相混淆。

印刷时外框线及标志名称都要印上；涂打时外框线及标志名称可以省略。印刷标志用纸应采用厚度适当、有韧性的纸张印刷。

包装储运图示标志使用时，对粘贴的标志，箱状包装应位于包装两端或两侧的明显处；袋、捆包装位于包装明显的一面；桶形包装应位于桶盖或桶身。对涂打的标志，可用油漆、油墨或墨汁，以镂模、印模等方式按上述粘贴标志的位置涂打或者书写。对钉附的标志，应用涂打有标志的金属板或木板，钉在包装的两端或两侧的明显处。对于“由此起吊”和“重心点”两种标志，要求粘贴、涂打或钉附在货物包装的实际位置。

标志的文字书写应与底边平行。粘贴的标志应保证在货物储运期间内不脱落。

10.2 运输包装收发货标志

收发货标志是外包装件上的商品分类图示标志及其他标志和文字说明排列格式的总称。

运输包装收发货标志为在物流过程中辨认货物而采用的。它对物流管理中收发货、入库以及装车配船等环节起着特别重要的作用。它也是在发货单据、运输保险文件以及贸易合同中有关标志事项的基本部分。具体内容详见表10-2。

表10-2中规定了14个项目，其中分类标志一定要有，其他各项则合理选用。外贸出口商品根据国外客户要求，以中外文对照，印制相应的标志和附加标志。国内销售的商品包装上不填英文项目。

商品分类图示标志尺寸规定见表10-3。

表10-2　运输包装收发货标志内容

序号	项目			含义
	代号	中文	英文	
1	FL	商品分类图形标志	CLASSIFICATION MARKS	表明商品类别的特定符号
2	GH	供货号	CONTRACT NO	供应该批货物的供货清单号码（出口商品用合同号码）
3	HH	货　号	ART NO	商品顺序编号，以便出入库、收发货登记和核定商品价格
4	PG	品名规格	SPECIFIC TIONS	商品名称或代号；标明单一商品的规格、型号、尺寸、花色等
5	SL	数　量	QUANTITY	包装容器内含商品的数量
6	ZL	重量（毛重）（净重）	GBOSS WT NET WT	包装件的重量（kg） 包括毛重和净重
7	CQ	生产日期	DATE OF PRODUCTION	产品生产的年、月、日
8	CC	生产工厂	MANUFACTURER	生产该产品的工厂名称
9	TJ	体积	VOLUME	包装件的外径尺寸 长×宽×高（cm）=体积（m^3）
10	XQ	有效期限	TERM OF VALIDITY	商品有效期至×年×月
11	SH	收货地点和单位	PLACE OF DESTINATION AND CONSIGNEE	货物到达站、港和某单位（人）收（可用贴签和涂写）
12	FH	发货单位	CONSIGNOR	发货单位（人）
13	YH	运输号码	SHIPPING NO	运输单号码
14	IS	发运件数	SHIPPING PIECES	发运的件数

表10-3　商品分类图示标志尺寸　　mm

包装件高度（袋按长度）	分类图案尺寸	图形的具体参数		备注
		外框线宽	内框线宽	
500及以下	50×50	1	2	平视距离5m，包装标志清晰可见
500～1000	80×80	1	2	
1000以上	100×100	1	2	平视距离10m，包装标志清晰可见

十二大类商品图示标志见图10-18。

百货类标志（白纸印红色）

文化用品类标志（白纸印红色）

五金标志（白纸印黑色）

交电类标志（白纸印黑色）

化工类标志（白纸印黑色）

针纺类标志（白纸印绿色）

医药类标志（白纸印红色）

食品类标志（白纸印绿色）

农副产品类标志（白纸印绿色）

农药类标志（白纸印黑色）

化肥类标志（白纸印黑色）

机械类标志（白纸印黑色）

图10-18　商品图示标志

运输包装收发货标志在字体、颜色、标志方式和标志位置的选用上应按标准来进行。

收发货标志内容字体有如下规定：中文都用仿宋体字；代号用汉语拼音大写字母；数码用阿拉伯数码；英文用大写的拉丁文字母。

收发货标志的颜色有如下的规定。

① 纸箱、纸袋、塑料袋、钙塑箱，根据商品类别按表10-4规定的颜色用单色印刷。

表10-4　收发货标志按商品类别的规定

商品类别	颜色	商品类别	颜色
百货类	红色	医药类	红色
文化用品类	红色	食品类	绿色
五金类	黑色	农副产品类	绿色
交电类	黑色	农药	黑色
化工类	黑色	化肥	黑色
针纺类	绿色	机械	黑色

② 麻袋、布袋用绿色或黑色印刷；木箱、木桶不分类别，一律用黑色印刷；铁桶用黑、红、绿、蓝底印白字，灰底印黑字；表内未包括的其他商品按其属性归类。

运输包装收发货标志，按照包装容器的不同等需要，可以采用印刷、刷写、粘贴、拴挂等方式。

① 印刷适用于纸箱、纸袋、钙塑箱、塑料袋。在包装容器制造过程中，将需要的项目按标志颜色的规定印刷在包装容器上。有些不固定的文字和数字在商品出厂和发运时填写。

② 刷写适用于木箱、桶、麻袋、布袋、塑料编织袋等，利用印模、镂模，按标志颜色规定涂写在包装容器上。要求醒目、牢固。

③ 粘贴。对于不固定的标志，如在收货单位和到达站需要临时确定的情况下，先将需要的项目印刷在60g/m^2以上的白纸或牛皮纸上，然后粘贴在包装件有关栏目内。

④ 拴挂。对于不便印刷、刷写的运输包装件筐、篓、捆扎件，将需要的项目印刷在不低于120g/m^2的牛皮纸或布、塑料薄膜、金属片上，拴挂在包装件上（不得用于出口商品包装）。

运输包装件收发货标志位置应按GB 6388—1986《运输包装收发货标志》标示部位，在不同包装容器上，有下面各项规定。

① 六面体包装件的分类图示标志位置，放在包装件五、六两面的左上角。收发货标志的其他各项见图10-19～图10-22。

② 袋类包装件的分类图示标志放在两大面的左上角，收发货标志的其他各项见图10-23。

③ 桶类包装的分类标示标志放在左上角，收发货标志的其他各项见图10-24。

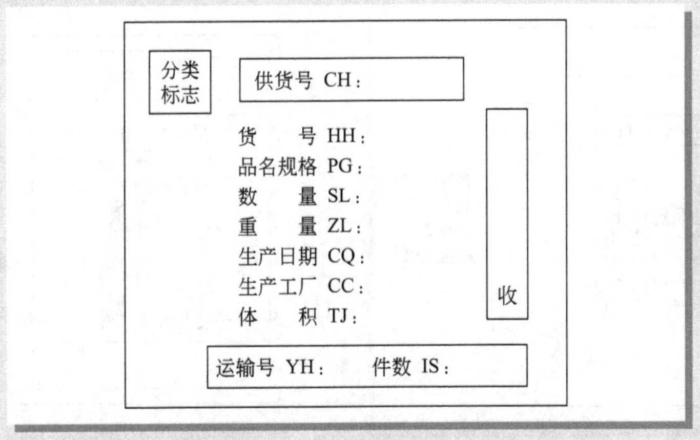

图10-19　纸箱五、六两面收发货标志的标示位置

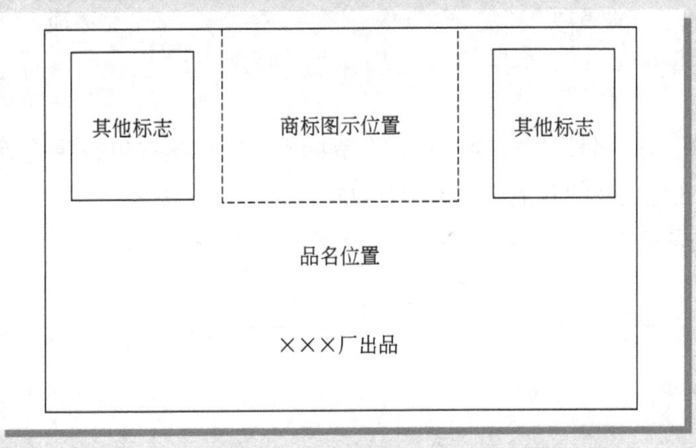

图10-20　纸箱二、四两面收发货标志的标示位置

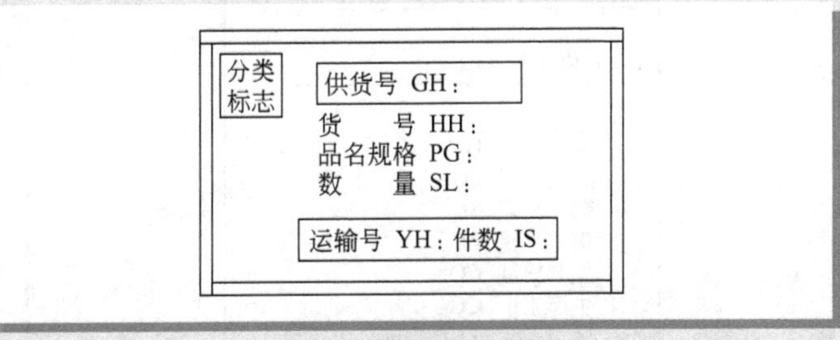

图10-21　木箱五、六两面收发货标志的标示位置

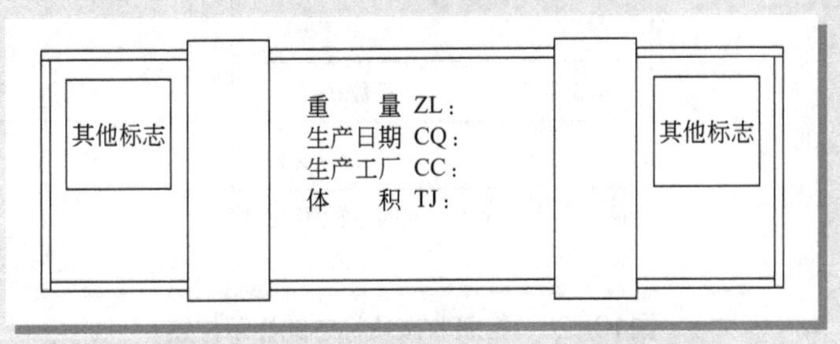

图10-22　木箱二、四两面收发货标志的标示位置

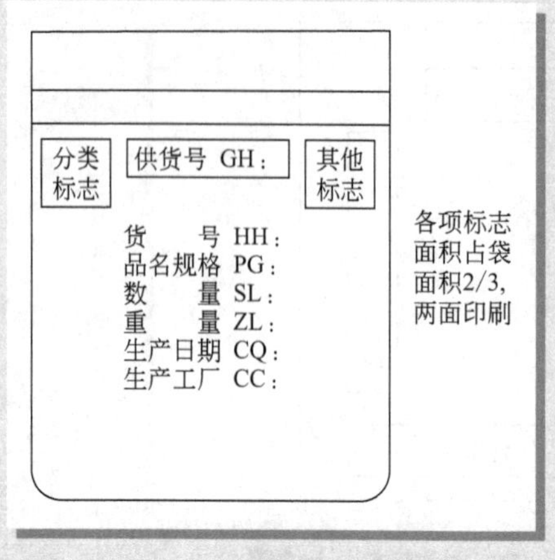

图10-23　袋类包装的收发货标志的其他各项

图10-24　桶类包装的收发货标志的其他事项

④ 筐、篓、捆扎件等拴挂式收发货标志，应拴挂在包装件的两端；草包、麻袋拴挂在包装件的两上角，见图10-25。

⑤ 粘贴标志应贴在包装件的五、六两面的有关栏目内。

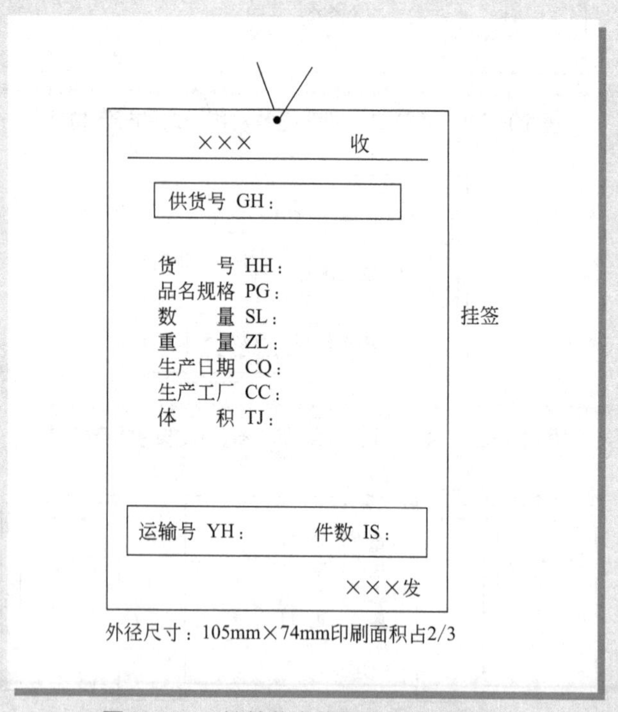

图10-25　挂签收发货标志的标示位置

10.3 危险货物包装标志

危险货物包装标志是用来标明化学危险品的。这类标志为了能引起人们特别警惕，采用特殊的彩色或黑白菱形图示，见国家标准GB 190—2009危险货物包装标志。

危险货物包装标志必须指出危险货物的类别及危险等级，这类标志有：

① 危害环境物质和物品标记，见图10-26。见国家标准GB 190—2009。

图10-26 危害环境物质和物品标记

符号：黑色，底色：白色

② 爆炸性物质或物品（explosive）标志，见文后彩色插页图10-27。用于货物外包装上。表示包装体内有爆炸品，受到高热、摩擦、冲击或其他物质接触后，即发生剧烈反应，产生大量的气体和热量而引起爆炸，例如炸药、雷管、导火线、三硝甲苯、过氧化氢等产品。见国家标准GB 190—2009九类危险品中第一类。

③ 易燃气体（inflammable gas）标志，见文后彩色插页图10-28。用于货物外包装上。表示包装体内为容易燃烧并因冲击、受热而产生气体膨胀，有引起爆炸和燃烧危险的气体，例如丁烷等。见国家标准GB 190—2009九类危险品中第二类第一项。

④ 非易燃无毒气体标志，见文后彩色插页图10-29。用于货物外包装上。非易燃无毒气体是指运输时在20℃时的压力不小于280kPa的气体或经冷冻的液体。包括：i.窒息性气体——通常在大气中能释放或置换氧的气体；ii.氧化性气体——一般能产生氧的气体，比空气更能引起其他物质燃烧或助燃；iii.不被列入其他分项的气体，例如氮气、二氧化碳、氧气、空气等。见国家标准GB 190—2009九类危险品中第二类第二项。

⑤ 毒性气体（toxic gas）标志，见图10-30。用于货物外包装上。表示包装体内为有毒气体，即易因冲击、受热而产生气体膨胀，有引起爆炸、造成中毒危险的气体。见国家标准GB 190—2009九类危险品中第二类第三项。

图10-30　毒性气体标志

符号：黑色，底色：白色

⑥ 易燃液体（inflammable liquid）标志，见文后彩色插页图10-31。用于货物外包装上。表示包装体内为易燃性液体，燃点较低，即便不与明火接触，也会因受热、冲击或接触氧化剂引起急剧的、连续性的燃烧或爆炸，例如汽油、甲醇、煤油、松香水等产品。见国家标准GB 190—2009九类危险品中第三类。

⑦ 易燃固体（inflammable solid）标志，见文后彩色插页图10-32。用于货物外包装上。表示包装体内为易燃性固体、燃点较低，即便不与明火接触，也会因受热、冲击或摩擦以及与氧化剂接触时，能引起急剧的、连续性的燃烧或爆炸的物品，例如电影胶版、硫磺、赤磷樟脑、赛璐珞、炭黑等产品。见国家标准GB 190—2009九类危险品中第四类第一项。

⑧ 易于自燃的物质（spontaneously combustible）标志，见文后彩色插页图10-33。用于货物外包装上。表示包装体内为自燃性物质，即便不与明火接触，在适当的温度下也能发生氧化作用，放出热量，因积热达到自燃点而引起燃烧，例如香蕉水、黄磷、白磷、磷化氢等产品。见国家标准GB 190—2009九类危险品中第四类第二项。

⑨ 遇水放出易燃气体的物质（dangerous when wet）标志，见文后彩色插页图10-34。用于货物外包装上。表示包装体内物品遇水受潮能分解，产生可燃性有毒气体，放出热量，会引起燃烧或爆炸，例如电石、金属等产品。见国家标准GB 190—2009九类危险品中第四类第三项。

⑩ 氧化性物质（oxidizing agent）标志，见文后彩色插页图10-35。用于货物外包装上。表示包装体内为氧化剂，如氯酸钾、硝酸钾、碳酸铵、亚硝酸钠、铬酸酐、过锰酸钾等产品，具有强烈的氧化性能，当遇酸、受潮湿、高热、摩擦、冲击或与易燃有机物和还原剂接触时即能分解，引起燃烧或爆炸。见国家标准GB 190—2009九类危险品中第五类第一项。

⑪ 有机过氧化物（organic peroxide）标志，见文后彩色插页图10-36。用于货物外包装上。表示包装体内为有机过氧化物，本身易燃、易爆、极易分解，对热、震动、摩擦极为敏感。见国家标准GB 190—2009九类危险品中第五类第

二项。

⑫ 毒性物质（poison）标志，见图10-37。用于货物外包装上。表示包装体内为有毒物品，具有较强毒性，少量接触皮肤或侵入人体内，能引起局部刺激、中毒，甚至造成死亡的货物。例如氰化物、钡盐、铅盐等产品。见国家标准GB 190—2009九类危险品中第六类第一项。

⑬ 感染性物质（infections products）标志，见图10-38。用于货物外包装上。表示包装体内含有致病微生物的物品，误吞咽、吸入或皮肤接触会损害人的健康。见国家标准GB 190—2009九类危险品中第六类第二项。

图10-37 毒性物质标志

符号：黑色，底色：白色

图10-38 感染性物质标志

符号：黑色，底色：白色

⑭ 一级放射性物质（radioactive Ⅰ）标志，见文后彩色插页图10-39。用于货物外包装上。表示包装体内为放射量较小的一级放射性物品，能自发地、不断地放出α、β、γ等射线。见国家标准GB 190—2009九类危险品中第七类第一项。

⑮ 二级放射性物质（radioactive Ⅱ）标志，见文后彩色插页图10-40。用于货物外包装上。表示包装体内为放射量中等的二级放射性物品，能自发地、不断地放出α、β、γ等射线。见国家标准GB 190—2009九类危险品中第四七类第二项。

⑯ 三级放射性物质（radioactive Ⅲ）标志，见文后彩色插页图10-41。用于货物外包装上。表示包装体内为放射量很大的三级放射性物品，能自发地、不断地放出α、β、γ等射线。见国家标准GB 190—2009九类危险品中第七类第三项。

⑰ 裂变性物质（fissile material）标志，见图10-42。用于货物外包装上。表示包装体内为在核反应堆中经热中子轰击可发生原子核裂变而放出大量核能的物质。例如235U、239Pu、233U等可用作反应堆及核弹的燃料。见国家标准GB 190—2009九类危险品中第七类第四项。

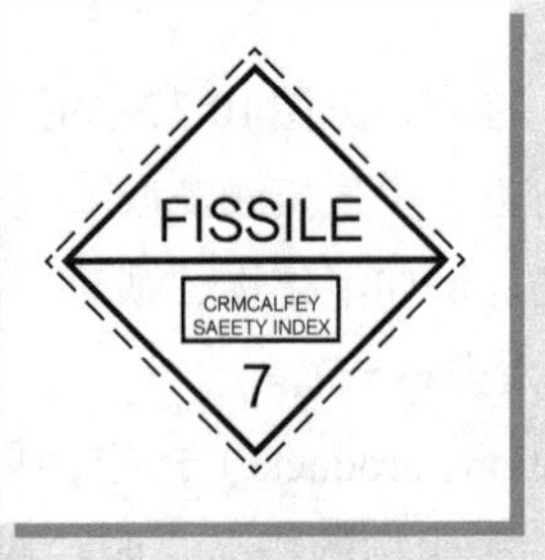

图10-42　裂变性物质标志

符号：黑色，底色：白色

黑色文字，在标签上半部分写上："易裂变"

在标签下半部分的一个黑边框格内写上："临界安全指数"

⑱ 腐蚀性物质（corrosive）标志，见图10-43。用于货物外包装上。表示包装体内为带腐蚀性的复制品，如硫酸、盐酸、硝酸、氢氧化钾等产品，具有较强的腐蚀性，接触人体或物品后，即产生腐蚀作用，出现破坏现象，甚至引起燃烧、爆炸，造成伤亡的货物。见国家标准GB 190—2009九类危险品中第八类。

⑲ 杂项危险物质和物品标志，见图10-44。用于货物外包装上。本类货物系指在运输过程中呈现的危险性质不包括在上述八类危险性中的物品如：a）危害环境物质；b）高温物质；c）经过基因修改的微生物或组织。本类货物分为两项：第1项磁性物品，系指航空运输时，其包件表面任何一点距2.1m处的磁场强度H≥0.159A/m；第2项另行规定的物品，系指具有麻醉、毒害或其他类似性质，能造成飞行机组人员情绪烦躁或不适，以致影响飞行任务的正确执行，危及飞行安全的物品。见国家标准GB 190—2009九类危险品中第九类。

图10-43　腐蚀性物质标志

符号：黑色，底色：上白下黑

图10-44　杂项危险物质和物品标志

符号：黑色，底色：白色

上述危险货物包装标志尺寸，按标准规定一般分为下列四种，见表10-5。1号适用于拴挂，2、3、4号适用于印刷或标打。

表10-5　危险货物标志尺寸

尺寸号别	长/mm	宽/mm
1	50	50
2	100	100
3	150	150
4	250	250

注：如遇特大或特小的运输包装件，标志的尺寸可按规定适当扩大或缩小。

危险货物包装标志图形应按规定的颜色印刷或标打。用于粘贴的标志可单面印刷。印刷标志用纸，应采用厚度适当、有韧性的纸张。危险货物包装标志使用时，对粘贴或拴挂的标志，箱状包装应位于包装两端或两侧的明显处；袋状、捆扎包装应位于包装明显的一面；桶形包装应位于桶盖或桶身；集装箱应粘贴四面。标志的粘贴应保证在货物储运期内不脱落。对钉附的标志，应用有标志的金属板或木板，钉在包装的两端或两侧的明显处。

复习思考题

1. 简述商品包装标志的作用及种类。
2. 危险货物标志使用时应注意些什么？
3. 包装储运用图示标志使用时应注意什么？
4. 运输包装收发货标志使用时应注意什么？

自测题示例

一、单项选择题（从下列各题四个备选答案中选出一个正确答案，并将其代号写在题干中的括号内。答案选错或未选者，该题不得分。每题1分）

1.（　　）、经济、美观是包装容器造型设计的基本原则。

A.节省　B.便宜　C.方便　D.适用

2. 包装分为软包装、硬包装和半硬包装的分类依据是（　　）。

A.结构形态　B.刚性　C.结构特点　D.密封性能

3. 包装材料按其材质可分为（　　）。

A.天然材料和加工材料　B.软包装材料、硬包装材料和半硬包装材料

C.运输包装材料和销售包装材料　D.纸和纸板、塑料、金属、木材、玻璃和其他材料

4. 瓦楞纸板主要用来生产（　　）。

A.纸箱　B.纸杯　C.纸袋　D.纸筒

5. 易加工、折叠性能优良且具有良好印刷性能的材料是（　　）。

A.塑料　B.纸和纸板　C.金属　D.玻璃

6. 包装材料与包装的相互对等性主要表现在三个方面，它们分别是性质、价格和（　　）。

A.重量　B.尺寸　C.体积　D.种类

7. 包装分为内包装、中包装和外包装的分类依据是（　　）。

A.包装件所处的空间位置　B.包装的使用范围

C.包装容器的使用对象　D.包装使用的市场情况

8. 考虑到温度、湿度和运输条件的不同，选择包装材料时应注意（　　）。

A.包装材料与包装类别、单元相互协调　B.包装材料与内装物相互对等

C.包装材料与流通环境相适应　D.包装材料与市场需求相吻合

9. 具有一定的耐热性但不耐温度急剧变化的材料是（　　）。

A.塑料　B.木材　C.玻璃　D.金属

10. 由纸板折叠或糊制而成，形式多样，易于进行精美印刷的纸容器是（　　）。

A.纸盒　B.纸袋　C.纸杯　D.纸箱

11. 塑料瓶的成型方法为（　　）。

A.热成型　B.模压成型　C.压延成型　D.吹塑成型

12. 玻璃容器分为模制瓶和管制瓶的分类依据是（　　）。

A.制造工艺　B.形状　C.瓶口类型　D.用途

13. 下列属于运输包装容器的是（　　）。

A.纸盒　B.玻璃瓶　C.集装箱　D.金属罐

14. 用来衡量颜色含色量饱和程度的色彩要素是（　　）。

A.纯度　B.明度　C.色相　D.亮度

15. 香烟包装的计量方式是（　　）。

A.容积式　B.称量式　C.记数式　D.连续称量式

16. 酒的灌装方式是（　　）。

A.重力式　B.等压式　C.真空式　D.强制压力式

17. 下列标准中属于包装综合基础标准的是（　　）。

A. 包装机械标准　　B. 包装术语标准　　C. 包装材料标准　　D. 产品包装标准

18. 我国汉民族喜庆时多用的颜色是（　　）。

A. 紫色　　B. 黑白色　　C. 黄色　　D. 红色

19. 木质材料在包装材料中约占的比例是（　　）。

A.50%　　B.25%　　C.15%　　D.10%

20. 纸和纸板为原料制成的包装，其产值约占整个包装材料产值的比重是（　　）。

A.60% 左右　　B.45% 左右　　C.30% ～ 40%　　D.25% 以下

21. 纸制包装容器指的是（　　）。

A. 纸袋　　B. 纸盒　　C. 纸箱　　D. 用纸和纸板制成的容器

22. 用瓦楞纸板制作的容器有（　　）。

A. 纸杯　　B. 纸筒　　C. 纸箱　　D. 特殊纸容器

23. 包装按产品分类的是（　　）。

A. 保鲜包装　　B. 速冻包装　　C. 食品包装　　D. 透气包装

24. 评价产品包装质量的依据是（　　）。

A. 合理包装　　B. 包装技术　　C. 包装容器　　D. 包装标准

25. 包装装潢画面不能不用（　　）。

A. 文字　　B. 色彩　　C. 图形　　D. 相片

26. 商标是从属于商品，商标设计应符合（　　）。

A. 中华人民共和国商标法　　B. 消费者的爱好

C. 商品生产企业负责人的意愿　　D. 设计人员的创意

27. 装潢画面的说明文字一般选用（　　）。

A. 美术字体　　B. 印刷字体　　C. 手写体　　D. 草书

28. 相比较而言印刷性能优良的材料是（　　）。

A. 金属箔　　B. 塑料　　C. 纸　　D. 玻璃与陶瓷

29. 按厚度来区分纸和纸板，凡厚度在（　　）以下的统称为纸。

A.0.1mm　　B.0.2mm　　C.0.05mm　　D.1.0mm

30. 按定量（单位面积的重量，以每平方米的克数表示）来区分纸和纸板，凡定量在（　　）以下的统称为纸。

A.250g/m^2　　B.120g/m^2　　C.100g/m^2　　D.80g/m^2

31. 能降低运输费用，本身比较轻的包装材料是（　　）。

A. 纸　　B. 塑料　　C. 玻璃与陶瓷　　D. 金属

32. 用热合法易于封口的袋类容器是（　　）。

A. 塑料袋　　B. 纸袋　　C. 布袋　　D. 麻袋

33. 热稳定性好并耐温度剧变的材料是（　　）。

A. 纸　　B. 塑料　　C. 玻璃　　D. 陶瓷

34. 在露天很容易降解的废弃包装容器是（　　）。

A. 纸制容器　　B. 塑料容器　　C. 金属容器　　D. 玻璃与陶瓷容器

35. 装饰性能好，表面具有特殊光泽的包装材料是（　　）。

A. 纸　　B. 塑料　　C. 玻璃陶瓷　　D. 金属

36. 下列包装材料中折叠性能好的材料是（　　）。

A. 纸和纸板　　B. 塑料　　C. 胶合板　　D. 金属箔

37. 相同外力作用下抗破碎能力强的容器是（　　）。

A. 塑料容器　B. 金属容器　C. 陶瓷容器　D. 纸容器

38. 从世界各国瓦楞纸箱的发展看，它已经取代或正在取代传统的（　　）。

A. 塑料周转箱　B. 木箱　C. 铝合金集装箱　D. 玻璃钢制集装箱

39. 强制性国家标准代号为（　　）。

A. GB　B. GB/T　C. ZB　D. ZB/T

40. 包装按质量水平可分为（　　）。

A. 高档包装、中档包装和普通包装　B. 软包装、硬包装和半硬包装

C. 密封包装和非密封包装　D. 便携式包装和开窗式包装

41. 容器为天然包装材料的是（　　）。

A. 木桶、木盒、木箱等　B. 纸袋、纸盒、纸箱等

C. 陶瓷瓶、陶瓷钵等　D. 草袋、竹筐、条篓等

42. 包装分类的首要问题是（　　）。

A. 包装标准　B. 强化管理　C. 分类标志　D. 学术交流

43. 下列材料中原料充沛、价格低廉的是（　　）。

A. 纸　B. 塑料薄膜　C. 金属箔　D. 复合材料

44. 易于回收复用和再生的材料是（　　）。

A. 纸和纸板　B. 塑料　C. 玻璃与陶瓷　D. 金属

45. 包装成一令的平板纸有（　　）。

A. 300张　B. 500张　C. 800张　D. 1000张

46. 卷筒纸的长度一般为（　　）。

A. 5000m　B. 6000m　C. 7000m　D. 8000m

47. 能承受内压强度大的容器是（　　）。

A. 纸制容器　B. 塑料容器　C. 陶瓷容器　D. 金属容器

48. 下列四种包装箱，质量轻、能折叠、便于运输的容器是（　　）。

A. 木箱　B. 瓦楞纸箱　C. 塑料周转箱　D. 集装箱

49. 下列属于运输包装容器的是（　　）。

A. 纸盒　B. 塑料周转箱　C. 玻璃瓶　D. 金属罐

50. 根据国家规定，食品类标准的代号是（　　）。

A. W　B. X　C. Y　D. Z

51. 我国标准的分级，根据标准适应领域和有效范围划分为（　　）。

A. 二级　B. 三级　C. 四级　D. 五级

52. Q/ES 3163—90是（　　）。

A. 国家标准　B. 行业标准　C. 企业标准　D. 专业标准

53. 下列标准中属于《质量管理和质量保证标准》的代号是（　　）。

A.ISO 9000–2　B.ISO 9002　C.ISO 9003　D.ISO 9004–2

54.《环境管理体系　要求及使用指南》的代号是（　　）。

A. ISO 14001　B. ISO 14004　C. ISO 14040　D. ISO 14050

55. 国家标准《质量管理体系审核指南》的代号是（　　）。

A. GB/T 19001　B. GB/T 24010　C. GB/T 19011　D. GB/T 24012

56. 红光的波长范围是（　　）。

A. 490 ～ 570nm　B. 570 ～ 590nm　C. 590 ～ 630nm　D. 630 ～ 780nm

57. 我国回族在办丧事时用的颜色是（　　）。

A. 紫色　B. 白色　C. 黄色　D. 红色

58. 商品包装条形码印刷时不能采用的颜色搭配是（　　）。

A. 蓝与黑　B. 黑与白　C. 黄与黑　D. 红与黑

59. 商品包装条形码印刷时可以采用的颜色搭配是（　　）。

A. 红与金　B. 红与蓝　C. 黄与黑　D. 红与白

60. 绿色设计着眼于（　　）。

A. 人与自然的生态平衡关系　B. 生产企业与消费者之间的关系

C. 生产企业与销售企业之间的关系　D. 简单化包装设计

61. 色光三原色指的是（　　）。

A. 黄光、白光、青光　B. 红光、白光、蓝光

C. 红光、绿光、蓝光　D. 品红光、青光、黄光

62. 色料三原色指的是（　　）。

A. 黄、品红、青　B. 黄、绿、蓝　C. 青、黄、黑　D. 白、黑、紫

63. 色彩的距离感取决于明度和色相，距离近的色彩是（　　）。

A. 纯色　B. 灰色　C. 暗色　D. 复色

64. 色彩的轻重感主要取决于明度，色重的是（　　）。

A. 白色　B. 浅蓝　C. 浅黄　D. 土黄

65. 印度禁忌的颜色是（　　）。

A. 红色　B. 绿色　C. 蓝色　D. 白色

66. 商标注册申请书一式（　　）。

A. 一份　B. 二份　C. 三份　D. 四份

67. 国家标准易碎物品标志的颜色是（　　）。

A. 白纸印红色　B. 白纸印绿色　C. 白纸印黑色　D. 白纸印黄色

68. 五金类商品收发货标志规定在纸袋上印（　　）。

A. 红色　B. 绿色　C. 黑色　D. 棕色

69. 食品类包装在布袋、麻袋上印（　　）。

A. 红色　B. 绿色　C. 黑色　D. 蓝色

70. 收发货标志中文用字体是（　　）。

A. 宋体　B. 黑体　C. 楷体　D. 仿宋体

71. 拴挂在运输包装件上的标志，其纸张不低于（　　）。

A. $80g/m^2$　B. $100g/m^2$　C. $120g/m^2$　D. $150g/m^2$

72. 剧毒品标志是（　　）。

A. 红色纸印黑字　B. 绿色纸印黑字　C. 蓝色纸印黑字　D. 白纸印黑字

73. 危险货物包装标志尺寸分为四种，2号标志的尺寸为（　　）。

A. 50mm × 50mm　B. 100 mm × 100mm

C. 120 mm × 120mm　D. 150 mm × 150mm

74. 国际物品编码协会分配给香港的EAN号码为（　　）。

A.690　B.692　C.471　D.489

75. 商标法规定注册商标的有效期为（　　）。

A.3年　B.5年　C.10年　D.15年

76. 标准按对象可分为（　　）。

A. 产品标准和方法标准　B. 安全标准和环保标准

C. 技术标准和管理标准　D. 组织标准和工作标准

77. 国家标准规定电子技术及计算机类代号是（　　）。

A. I　B. L　C. P　D. R

78. 技术标准还可细分为（　　）。

A. 产品标准　B. 管理标准　C. 组织标准　D. 工作标准

79. 国家标准《追求组织的持续成功　质量管理方法》的代号是（　　）。

A. GB/T 19001　B. GB/T 19002　C. GB/T 19003　D. GB/T 19004

二、多项选择题（从下列各题五个备选答案中选出二至五个正确答案，并将其代号写在题干中的括号内。答案选错或未选全者，该题不得分。每题2分）

1. 包装的基本功能包括（　　）。

A. 保护功能　B. 方便功能

C. 销售功能　D. 美化功能

2. 瓦楞纸板按瓦楞的形状分为（　　）。

A.U形　B.V形　C.UV形　D.A形　E.B形

3. 包装的方便功能主要体现在（　　）。

A. 方便生产　B. 方便储运　C. 方便使用　D. 方便处理　E. 方便装卸

4. 包装的销售功能是通过包装设计来实现的，优秀的包装设计能直刺激消费者的购买欲望，并导致购买行为的是（　　）。

A. 精巧的造型　B. 合理的结构　C. 醒目的商标　D. 得体的文字　E. 明快的色彩

5. 按包装容器的密封性能分为（　　）。

A. 易开启式包装　B. 组合式包装　C. 密封包装　D. 单件包装　E. 非密封包装

6. 按包装容器的刚性不同可分为（　　）。

A. 可拆卸包装　B. 软包装　C. 硬包装　D. 半硬包装　E. 密封包装

7. 包装材料从生态循环的角度可分为（　　）。

A. 天然包装材料　B. 加工包装材料　C. 绿色包装材料

D. 复合包装材料　E. 非绿色包装材料

8. 包装材料除具有适当的保护性能、易回收处理性能外，还应有（　　）。

A. 易加工操作性能　B. 外观装饰性能　C. 方便使用性能

D. 节省费用性能　E. 不透气性能

9. 选用包装材料必须遵循经济、科学的原则外，还有（　　）。

A. 适用　B. 美观　C. 方便　D. 节省　E. 牢固

10. 用于销售包装的广口塑料包装容器有（　　）。

A. 塑料杯　B. 塑料盘　C. 塑料盒　D. 塑料桶　E. 塑料周转箱

11. 为适应运输、装卸工作现代化的集合包装形式有（　　）。

A. 集装箱　B. 集装托盘　C. 集装袋　D. 塑料周转箱　E. 木箱

12. 以低碳薄钢板为基材的包装材料有（　　）。

A. 白铁皮　B. 马口铁　C. 镀铬薄钢板　D. 铝合金薄板　E. 铝箔

三、名词解释（每题3分）

1. 包装容器
2. 瓦楞纸板
3. 绿色设计
4. 包装
5. 条形码
6. 标准化

7. 运输包装标志
8. 商标
9. 复合包装材料
10. 包装设计

四、简答题（每题5分）

1. 简述包装标准体系。
2. 简述商标的作用和特性。
3. 简述商品包装标志的作用及种类。
4. 简述包装装潢中字体的种类和类型。
5. 什么是色彩？它有哪些基本要素？
6. 简述包装标准的构成。
7. 简述商标的作用。
8. 简要说明包装在市场经济中的作用。
9. 简述商标的特性。
10. 简述商品包装标志的作用及种类。
11. 简述包装装潢字体的类型及种类。
12. 简述商品条形码使用的意义。
13. 简述电脑平面设计要素及作用。
14. 简述包装企业标准化生产的意义。
15. 简述包装装潢设计的定位。
16. 简述CI的概念及所包含的基本内容。

五、论述题（每题10分）

1. 试述包装学科的性质特点以及研究对象和主要内容。
2. 试述包装装潢设计的定位设计思想以及如何正确运用构成要素来体现其定位。
3. 试述包装与商品的关系。
4. 试述包装分类的意义。
5. 试述CI的功能作用。
6. 试述绿色包装设计的基本原则。
7. 包装设计的定位决策

六、综合应用题

自选某品牌的产品包装，谈谈该包装设计是否合理？请运用所学的包装设计知识，详细阐述自己的观点。

自测题示例部分参考答案

一、单项选择题

1. D
2. B
3. D
4. A
5. B
6. D
7. A
8. C
9. C
10. D
11. D
12. A
13. C
14. A
15. C
16. A
17. B
18. D
19. B
20. B
21. D
22. C
23. C
24. D
25. A
26. A
27. B
28. C
29. A
30. A
31. A
32. A
33. D
34. A
35. B
36. A
37. B
38. B
39. A
40. A
41. D
42. C
43. A
44. A
45. B
46. B
47. D
48. B
49. B
50. B
51. B
52. C
53. A
54. A
55. A
56. D
57. B
58. A
59. C
60. A
61. C
62. A
63. A
64. D
65. D
66. B
67. C
68. C
69. B
70. D
71. C
72. D
73. B
74. D
75. C
76. C
77. B
78. A
79. D

二、多项选择题

1. ABC
2. ABC
3. ABCD
4. ABCDE
5. CE
6. BCD
7. CE
8. ABCD
9. ABC
10. ABC
11. ABC
12. ABC

常用包装术语

汉英对照

A

安瓿　ampoul; ampoule; ampul; ampule

按盖　press cap; snap-on cap

凹版印刷　gravure printing;recess printing

拗方　square can body forming

B

白纸板　white board

板材　board

版材　printing plate material

半刚性容器　container，semi-rigid

半裹式裹包机　part wrapping machine

半色调　halftone

半色调照相　halftone photography

半自动包装机　semi-automatic packaging machine

包装　package，packaging

包装保护性不足　underpackaging

包装标志　packing mark

包装标准　package life

包装材料　packaging material

包装材料的降解　degradation of packaging material

包装材料制造机械　production machine of packaging

包装成本　package cost

包装成分　packaging constituent

包装储运指示标志　indicative mark

包装单元　package unit

包装定位设计　package location design

包装废弃物　package waste

包装废弃物　packaging waste

包装辅助材料　ancillary packaging materials

包装辅助物　packaging auxiliaries

包装工艺　package process

包装功能　function of package

包装过度　over packaging

包装货物　package cargo

包装机　packaging machine

包装机械　packaging machinery

包装计量　package metro-measuring

包装检验　package inspection

包装件　package

包装可靠性　package reliability

包装垃圾　packaging litter

包装模数　package module

包装燃料　packaging derived fuel (PDF)

包装日期　date of package

包装容器　packaging container

包装容器透湿度　pack container moisture permeability

包装容器图　figure of packaging container

包装容器制造机械　production machine of containers

包装设计　package design

包装试验　package examination

包装寿命　package life

包装系统　packaging system

包装学　packaging，science of packaging

包装印后加工 package post-press processing

包装印后加工工艺　post-press finishing

technology of package
包装印刷　package printing
包装印刷材料　package printing materials
包装印刷工业　package printing industry
包装印刷工艺　package printing process
包装印刷故障　package printing trouble
包装印刷机械　package printing machinery
包装印刷品　package printing matter
包装印刷油墨　package printing ink
包装有效期　effective date of package
包装造型　package modelling
包装装潢　package decoration
包装组分　packaging component
薄壁拉伸罐　drawn and ironed can
薄隔片管嘴　membrane nozzle
保存日期　keeping date
保光泽纸　paper，antitarnish
保护盖　over cap
保鲜　retanfreshnes
保鲜包装　fresh-keeping packaging
保质日期　guarantee date
杯　cup
背面　back side
倍率　Extension
被印材料　printing material
苯胺染料印刷　Aniline printing
绷网　stretching
绷网机　stretcher
闭口钢桶　tight head steel drum
闭口桶　tight head drum
边褶　gusset
边褶袋　gusseted sack
边褶袋筒　gusseted tube
边褶缝合阀开口袋 open mouth-sewn-gusseted sack
边褶缝合阀口袋　valved-sewn-gusseted sack
扁圆罐　obround can
变频振动试验　variable frequency vibration test
变质　deterioration
便携包装　carrier pack，carry-home pack
标签　label
标签机　labelling machine，labeller
标签机械　labelling machine
标签印刷　label printing
波纹　corrugation
玻璃包装　glass packaging
玻璃罐　glass jar
玻璃瓶　glass bottle
玻璃网屏法　Glass screen method
玻璃印刷　glass printing
玻璃纸　Cellophane
不干胶标签机 non-drying labeling machine
不干胶纸　self-adhesive paper

C

材料　material
裁板　slitting
彩度　Saturation
彩色　colour，coloured
彩色电子分色机　electronic color scanner
彩色负片　negative color
彩色空间　color space
彩色软片　color film
彩色样张　color proof sheet
彩色印刷　poly color printing
彩色正片　positive chrome
侧位阀口　side valve

层　ply

层叠式柔性版印刷机　stack flexographic press

层合材料　laminated materials

插管式充填机　insertion pipe type filling machine

插合式封口机　tucking-in closing machine

拆卸机　machines for the unloading of unit load

缠绕式裹包机　spiral wrapping machine

产品包装图　package figure

产品定位　product location

常压灌装机　atmospherical pressure filling machine

敞开包装　open package

超声波封口机　closing ultrasonic machine

超声波清洗机　ultrasonic cleaning machine

超声波杀菌机　ultrasonic sterilization machine

车辆模拟振动试验　vehicle simulate vibration test

衬（填充）绳 fiter（filler）cord

衬袋箱　bag-in-box

衬袋箱（盒）定型—充填—封口机　inner-bag fibreboard case（box）erecting，forming，and sealing machine

衬垫　wad liner

衬垫材料、缓冲材料　cushioning material

衬套　liner

称重式充填机　gravimetric filling machine

成钩　hooking

成型—充填—封口机　forming，filling and sealing machine; form-fill-seal machine

成圆　cylinder forming

冲击　impact

冲击台　impact table

冲压成型—充填—封口机　deep-drawing，filling and sealing machine

充氮封存　preserved in nitrogen

充气　gassing

充气包装　gas packaging

充气包装机　gas flushing packaging machine

充气装置　gas-flushing device

充填　filling

充填—封口机　filling and sealing machine

充填机械　filling machine，filler

抽真空装置　evacuating device

初始包装　original package

储存　storage

储存期　storage time

处置　disposal

吹塑中空成型机　plastic blow moulding machine

垂直冲击机　vertical impact test machine

垂直冲击试验　vertical impact test

磁碟　floppy disc

磁性印墨　magnetic ink

磁性印刷　magnetographics

次要燃料　secondary fuel

脆值　fragility

长霉　moulding

长霉包装　mould growth test

长霉试验　mould growth test

重复冲击试验　repetitive shock test

重复使用　reuse

D

搭接　lap

搭接接缝　lap side seam

打标　marker

打样　proofing

打样机　proofing machine

打印装置　marker

打纸型　matrix making

袋　bag，pouch，sachet，sack

袋成型—充填—封口机　bag forming，filling and sealing machine

袋筒　tube

单板层积材　laminated veneer lumber，LVL

单件计数充填机　counting filling machine with unit register

单片喷雾灌　monobloc aerosol can

单体包装　individual packaging

单瓦楞纸箱　single corrugated box

单项试验大纲　single-test schedule

单一燃烧　mono-combustion

单元包装　unit package

单元包装机　machine for the assembly of unit load

单元货物　unit loads

单元货物稳定性试验　unit loads stability test

单张纸胶印机　sheet-fed offset press

弹性材料　elastic material

蛋白质黏合剂　protein adhesive

等离子体处理　plasma treatment

等压灌装机　isobar filling machine

低气压试验　low pressure test

低气压试验箱　the box of low pressure

低温试验　low temperature test

底部搭接　bottom overlap

底部黏合　bottom pasting

底衬板　bottom patch

底盖　bottom cap

底盘　skid assembly

点　dot

电镀凸版　electrotyping

电化学磨版　electrochemically grained plate

电化学制版　electrochemically platemaking

电解清洗机　electrolytic cleaning machine

电离清洗机　ionization cleaning machine

电离杀菌机　ionization sterilization machine

电脑辅助设计　computer aided design（CAD）

电脑直接印刷　computer to print

电脑直接制版　computer to plate

电清洗　electro-cleaning

电晕处理　corona treatment

电子凹版　electro gravure

电子出版　electronic publishing

电子扫描分色机　electronic scanner

电子凸版　electronic engraving

电子修色机　electronic color klischography

电子原稿　computer peady electronic files

电子制版　electronics platemaking

电阻焊罐　resistance welding can

垫圈　gasket

雕刻凹版　intaglio engraving

雕刻凹版、凹版　intaglio

雕刻凹版、印墨　plate engraving ink

雕刻凹版印刷　intaglio printing process

雕刻凸版　block plate

雕刻制版　intaglio plate engraving

吊摆冲击试验机　pendulum impact test machine

吊摆试验　pendulum test

吊牌　tag

跌落试验　drop test

跌落试验设备　drop test set

订标签机　tag labelling machine

钉盖　spiked cap

钉合　stitching，nailing

钉合机　stitching machine，nailing machine

钉合式封口机　stitching machine，nailing machine

钉箱机　stitcher

定量灌装机　dosing filling machine

定量数据　quantitative data

定频振动试验　constant frequency vibration test

定时充填机　timed filling machine

定时式充填机　timed filling machine

定向刨花板　oriented strand board

定向调整台　directional adjust table

定影　fixing

动物黏合剂　animal adhesive

堵网　mesh clogging

镀铜　copperizing

镀锡薄钢板; 马口铁　tinplate

短版印刷　short-run printing

堆肥　compost

堆码机　stacking machine

堆码试验　stacking test

对接接缝　butt-welded side seam

多层包装　multi-pack

多层袋　multi-wall bag，multi-wall sack

多次试验大纲　multi-test schedule

多功能包装机　multi-function packaging machine

多件计数充填机　counting filling machine with multiple register

多色版印墨　process ink

多丝丝网　multifilament mesh

多用包装机　multi-purpose packaging machine

调幅网点　amplitude modulation screening

调节辊　intermittent roller

E

儿童安全包装　child-resistant packaging，packaging to friendly child

儿童安全盖　child-resistant cap (closure), safety closure

儿童防护包装　child-resistant package

二重卷边　double seam

F

发泡聚苯乙烯　expanded polystyrene

发泡聚乙烯　expanded polyethylene

发泡设备　foaming machine

阀垫　valve gasket

阀杆　valve stem

阀口　valve

阀口袋　valved sack

阀门　valve

阀门促动器　valve actuator

阀门固定盖　valve mounting cap

阀套　valve housing

翻边　flange

反差　contrast

反差滤色镜　contrast filter

反射原稿　reflection copy

反射原稿　the camera back masking method

反印　set-off

方材　square timber

方罐　rectangular can

方形锥颈桶　square taper drum

防爆包装　explosion-proof packaging

防潮　moisture proofing

防潮包装　water vapo (u) r proof packaging，moistureproof packaging

防尘包装　dustproof packaging

防尘折翼　dust flap (s)

防虫包装　insect-resistant packaging

防磁包装　magnetic field-resistant packaging

防盗包装　tamperproof packaging，pilfer-proof packaging

防盗盖　tamperproof seal，pilfer-proof closure

防盗容器　tamperproof container

防辐射包装　radiation resistant packaging

防腐　asepticise

防腐包装　asepticise packaging

防腐剂　preservative

防护　protection

防护包装　protective packaging

防护包装材料　protective packaging materials

防护包装技术与方法　protective packaging techniques and methods

防护包装容器　protective packaging containers

防护包装设计　package design

防护等级　levels of protection

防护性包装材料　packaging materials，protective

防护罩　shroud

防滑处理　anti-slip treatment

防静电包装　electrostaticsproof packaging

防静电处理　anti-electronic treatment

防昆虫型包装设计　insect-proof type package design

防霉　mould-proofing

防霉包装　mouldproof packaging

防燃包装　flameproof packaging

防水　water proofing

防水包装　waterproof packaging

防酸　acid-proof

防伪包装　anti-fake packaging

防锈　rust prevention

防锈包装　rustproof packaging

防锈材料　rust preventives

防锈剂　rust inhibitor

防锈期　rustproof life

防血纸　paper，blood proof

防震包装　shockproof packaging

放大机　enlarger

放射性物质包装　radioactive materials packaging

废弃物能源化处理　waste-to enery process

废弃物预处理　pre-treated waste

分配台　distribute table

分切　slitting

分切机　stitting

分色　color separation

焚化　incineration

风淋试验　wind and rain test

封闭端　closed end

封闭箍　closing ring

封闭器　closure

封闭物　closure

封闭箱　fully sheathed case

封存　preservation

封存包装　preservation and packaging

封存期　preservation life

封底胶带（缝合袋中）capping tape（in sewn sacks）

封合　seal

封口　sealing

封口机械　sealing machine，closing machine

蜂窝纸板　honeycomb fibreboard

蜂窝纸板生产设备　honeycomb board production equipment

缝合　sewing

缝合袋　sewn sack

缝合机　sewing machine

缝合－胶带粘贴封闭（胶带位于缝合之上）　sewn and taped closure（tape over sewing）

缝合式封口机　sewing machine

缝合线　sewing thread

辐射杀菌机　radicidation sterilization machine

辅助包装设备　auxiliary packaging equipment

腐蚀制版法　etching process

负压灌装机　low vacuum filling machine

复合　lamination

复合包装材料　multi-layer packaging material

复合薄膜　composite film;laminated film

复合薄膜包装袋　composite film bag

复合材料包装　consolidated packaging

复合材料袋　consolidated materials sack

复合罐　composite canister

复合机　laminator

复合印刷　sandwich printing

复卷装置　rewinding

复卷装置　rewinding unit

复照仪、制版照相机　process camera

复制版　duplicate plate

覆盖式裹包机　cover wrapping machine

覆膜　film laminating

覆膜机　laminating machine

G

改性材料　converted materials

钙塑瓦楞箱　calp box

盖　cap, lid, cover

盖钩　cover hook

盖内表面　interior（end）surface

盖外表面　exterior（end）surface

感光树脂版制版法　photopolymer plate making

感光树脂柔性版　photopolymer flexo plate

感光性树脂版　Photopolymer

干式静电印刷　xerography

干式清洗机　dry-cleaning machine

干燥　drying

干燥机　drying machine

干燥机械　drying machine

干燥剂　drier

干燥空气封存　preserved in dry atmosphere

干燥时间　drying time

刚性容器　container rigid; rigid container

钢捆扎带　steel strapping

钢瓶　cylinder

钢丝捆扎箱　wirebound case

钢塑复合桶　steek and plastic composite barrel

钢提桶　steel pails

钢桶　steel drum

钢桶封闭器　steel drum type closure

杠杆开启盖　lever lid

杠杆开启罐　lever lid tin

杠杆式封闭箍　lever-lock ring

高明调　highlighting

高温试验　high temperature test

隔板自动插入装置　automatic partition feeder

隔离涂覆纸　release coated papers

隔离物　divider, separator

隔热　heat insulating

隔热包装　heat insulating packaging

工业包装　industrial packaging
固定纸盒　set-up box
刮胶　applying
挂标签机　tie-on labeling machine
挂耳　lug
关闭装置　closing device
观察窗　window
观察装置　viewing device
管壁　tube wall
管盖　tube cap
管肩　shoulder
管口　orifice
管嘴　nozzle
灌注　pouring
灌装—封口机　filling and sealing machine
灌装机械　filling machine
罐　can
罐盖　end, lid, cover
罐身　can body
罐身接缝　side seam
罐体　can without lid
光化学处理　light treatment
光辉部　highlight
光降解　photodegradation
广口瓶　jar
辊筒　cylinder
滚动试验　rolling test
滚压盖　roll-on cap
滚箍　rolling hoop
滚筋　beading
滚筒芯体　cylinder core
滚压封口机　roll-on capping machine
滚压盖　roll-on cap
裹包　wrapping
裹包机　wrapping machine
裹包机械　wrapping machine
过版机　transferring machine
过度包装　overpackaging

H

海绵橡胶　sponge rubber
含水率　moisture content
焊缝　welded seam
焊料　tin solder
焊盐　solder salts
焊药　flux
号码印刷　numbering
盒　carton, box
横向热封合　transverse heat sealing
横向推进器　cross wise driver propeller
横向黏合　transverse pasting
红外片　infrared film
红外片法　infrared film method
糊合　pasting
护角　corner protector
护棱　edge protector
花格箱　caate
滑盖　slip lid
滑盖罐　slip lid tin
滑木箱　skiden wooden case
化学分解　chemical degradation
化学干燥机　chemical drying machine
化学杀菌机　chemical sterilization machine
化学型包装设计　chemical type package design
环保包装　environmentally conscious packaging
环筋　bead
环境封存　preserved in controlled atmop

phere

环圈　ring

缓冲　cushioning

缓冲包装　cushioning packaging

缓冲材料　buffer material

缓冲系数　cushion coefficient

缓冲型包装设计　cushion type package design

换向器　turning machine

皇冠盖　crown, crown cap

黄纸板　yellow straw board

回收利用　recovery

回转式贴标机　rotary labelling machine

回转台　rotary table

混合燃烧　co-combustion

活页盖　hinged lid

活页罐　hinged lid tin

活字排版　movable type setting

货签　shipping tag

J

机械分解　mechanical degradation

机械式干燥机　mechanical drying machine

机械式捆扎机　mechanical strapping machine

机械式清洗机　mechanical cleaning machine

基本盖　basic end

激光焊罐　laser welded can

汲取管　dip tube

集合包装　assembly packaging

集合台　assemble table

集中冲击试验　concentrated impact test

集装袋　flexible freight container

集装机；单元包装机　machine for the assembly of unit load

集装机械　machine for the assembly of unit load

集装件拆卸机（单元包装拆卸机）　machines for the unloading of unit load

集装箱　freight container

挤压夹持设备　extrusion and holding equipment

计量泵式充填机　dosing pump type filling machine

计数充填机　counting filling machine

记录装置　take note set

加标　labelling

加固　bracing

加固材料　blocking material

加强筋　reinforcement

加色光　additive Color

加色混合法　additive color mixing process

加色法　additive process

加载装置　exert load set

夹紧搬运试验；挤压夹持　clamp handle test

夹扣　clip

间接分色法　indirect process

间接凸版印刷　indirect relief printing

间接制版法　indirect plate making system

间歇喷墨式　Intermittent jet

茧式包装　cocoon packaging

检验机　inspection machine

检重　check-weighing

检字　type selection

减色法　substrative process

减色光　substractive color

减色混合法　substrative color mixing process

简单阀口　simple valve

简单缝合封闭　simple sewn closure

溅墨　ink misting

降解（分解）　degradation

交叉封扣　intersectional seal

胶带　gummed tape

胶带式封口机　adhesive tape sealing machine

胶合板　plywood

胶合板桶　plywood drum

胶合板箱　plywood case

胶囊　capsule, gelatin capsule

胶乳黏合剂　latex adhesive

接触网屏　contact screen

接缝补涂料　lacquer for striping

接缝式裹包机　seam wrapping machine

秸秆箱　stalk box

结扎式封口机　binding sealing machine

金属包装　metal packaging

金属包装容器　metal packaging containers

金属包装印刷　metal packaging printing

金属薄板　tin plate

金属薄板处理　tin plate treatment

金属薄板印刷　tin plate printing

金属薄板印刷机　tin plate offset press

金属罐　metal can

金属盒　metal carton, metal box

金属筐　metal basket

金属框架　metal crate

金属喷雾容器　metal aerosol

金属浅盘　metal tray

金属软管　metal collapsible tube

金属桶　metal drum, keg

金属箱　metal box

金属印墨　metallic ink

紧耳盖　crimp cover, lug cover

紧密度　tightness rating

紧密封口　tight sealing

浸润纸　impregnated papers

浸水试验　water immersion test

浸水装置　water immersion set

浸涂　dipping

浸洗　pickling

颈口　neck

净重　net weight

净重式充填机　net weighing filling machine

静电　static electricity

静电印刷　electronographic printing

静电印刷　electrostatic printing

静电制版　electrostatics platemaking

局部包装　part package

锯齿边痕　saw-tooth effect

聚氨酯泡沫塑料　polyurethane foam

聚氯乙烯泡沫塑料　polyvinyl chloride foam

聚乙烯醇　Polyvinyl alcohol（PVA）

聚乙烯酸酯　Polyvinyl acetate（PVAC）

聚酯瓶　polyester bottle

卷边厚度　seam thickness

卷边宽度　seam length

卷边内部结构　interior seam measurements

卷边式封口机　double sealing machine

卷边外部结构　exterior seam measurements

卷开罐　key open can

卷盘　drum

卷筒纸胶印机　web-fed offset press

卷轴　reel, core

K

卡口盖　lid with lug

卡片包装　carded packaging

开槽　slotting

开槽机　slotter

开袋—充填—封口机　sack opening, filling and sealing machine

开顶罐　open top can

开罐钥匙　can opening key

开卷装置　unwinding unit

开口袋　open-mouth sack

开口钢桶　open head steel drum

开口装置　opening device

开瓶—充填—封口机　bottle opening, filling and sealing machine

开箱（盒）—充填—封口机　fibreboard case(box)erecting, filling and sealing machine

开箱（盒）机　case(box)erecting machine

开箱不良品率　rate of no good products after the case

拷贝　copy

拷贝机　copier

珂罗版、珂罗版制版法　collotype

珂罗版印墨　collotype ink

珂罗凸版　collobloke

可剥性塑料　strippable plastics

可拆卸包装　dismountable package

可拆卸木箱　dismountable case

可返回包装　returnable packaging

可回收利用包装　recoverable packaging

可控水平冲击试验　controlled horizontal impact test

可控水平冲击试验机　controlled horizontal impact tester

可燃材料　combustible material

可调容量式充填机　adjustable volume filling machine

可携带包装　carrier pack, carry-home pack

可循环再生包装　recyclable packaging

可再湿性黏合剂　remoisten-able adhesive

可折叠包装　collapsible package

可重复利用容器　returnable container

可重复使用包装　reuseable packaging

刻痕　score

刻膜　film engraving

孔版　porous plate; porous printing

孔版、网版　silk screen

孔版印刷　silk screen printing

快旋盖　twist-off lug cap

快旋盖　twist off　lug cap

宽口罐 step-side can

筐、篓　basket

框架木箱　wooden framed case

捆结机　tying machine

捆扎　strapping, tying, binding

捆扎包装　strapping package, binding

捆扎带　strapping

捆扎钢带　metal strip

捆扎机　strapping machine

捆扎机械　strapping machine

L

垃圾燃料　refuse derived fuel（RDF）

拉环　ring tab

拉伸包装　stretch wrapping

拉伸包装机　stretch wrapping machine

蜡丸　wax pill of Chinese machine

蓝　Blue

冷固化黏合剂　cold-setting adhesive

梨形罐　pear can

礼品包装　gift package

连续冲击试验　bump test

连续调　continuoustone
连续调负片　continuoustone negative
连续调照相　continuoustone photography
两片罐　two-piece can
两片喷雾罐　two-piece aerosol can
量杯式充填机　measuring filling machine
料位式充填机　level filling machine
菱镁混凝土包装　magnesium packaging
菱镁混凝土箱　magnesite concrete box
令　ream
流通过程　distribution process
流通系统　distribution system
六角滚筒试验　revoluting hexagonal drum test
露光　exposing; exposure
螺杆式充填机　auger type filling machine
螺圈　bung flange
螺栓盖　bolted cover
螺纹颈口　screw neck
螺旋盖　screw cap
螺旋形封闭箍　bolted-lock ring
铝/塑复合材料　aluminium/plastic consolidated materials
铝箔　aluminium foil
铝箔袋　aluminium foil bag
铝纸　aluminium paper
铝质罐　aluminium can
履带式计数充填机　strip counting filling machine
滤色镜　Light filter

M

脉冲封口机　impulse sealer;impulse sealing machine
毛重　gross weight
毛重式充填机　gross weighing filling machine
铆钉　rivet
密封罐　hermetically sealed can
密封圈　grommet
密封填料　seam compound
模切　die cutting
模切机　die-cutting machine
模压法　plate moulding
母版　Master plate
木盒　wooden box
木夹板包装　wood platen packaging
木丝　excelsior
木桶　wooden barrel
木托盘　wooden pallet
木箱　wooden case, wooden boxes
木制底盘wooden skid
木质包装　wooden packaging

N

耐候试验　weather resistance test
耐碱纸　paper, alkaliproof
耐酸纸　paper, acid-resistant
耐印力　durability
内包装材料　packaging materials, interior
内包装容器　inner package container
内衬　liner
内尺寸　inside dimension, inner dimension
内套式阀口internal sleeve valve
内涂布　inner coating
内涂料　internal coating
内装物　contents
能量回收利用　energy recovery
黏合　adhesion; adhesive bonding; gluing

黏合剂　adhesive

黏结剂　adhesive

黏结式封口机　adhesive sealing machine

凝露　condensation

牛皮箱板纸　kraft liner

扭结式裹包机　twist wrapping machine

P

排列式柔性版印刷机　in-line flexographic press

牌号定位　sign location

盘卷包装　drum package

泡沫塑料　expanded plastics, plastic foam

泡沫橡胶　expanded rubber

泡罩包装　blister packaging

泡罩包装机　blister packaging machine

配送包装　distribution packaging

配套包装　set package

喷胶　photopolymer coating

喷淋试验　water spray test

喷淋装置　water spray set

喷墨印刷　Ink jet printing（IJP）

喷涂　padding, spraying

喷雾包装　aerosol packaging

喷雾惯用铝材　slugs of aluminium for aerosol cans

喷雾罐　aerosol can

喷雾推动剂　propellent

膨胀圈　expansion ring

碰撞试验；连续冲击　bump test

碰撞试验台　collide table

琵琶桶　barrel

拼装式胶合板箱　assembled plywood case

平凹版、深蚀版　deep-etch plate

平版　planographic plate

平版橡皮印刷机　offset press

平版印刷　offset printing; planographic printing

平版印刷机　lithographic printing press

平版制版　planographic plate making

平边袋　flat sack

平边袋筒　flat tube

平边缝合阀口袋　valved-sewn flat sack

平边缝合开口袋　open mouth-sewn-flat sack

平边热封合阀口袋　valved heat sealed flat sack

平边热封合开口袋　open-mouth heat sealed flat sack

平面丝网印刷机　flat surface screen printing machine

平切底（带或不带底盖）　flush cut bottom with or without bottom cap

平头管　butt-ended tube

平凸版　letterset; wrap-around

平网丝网印刷机　flat-bed screen printing machine

瓶　bottle

瓶盖套　capsule, shrink capsule

普通（平滑）纸袋纸　normal（flat）sack paper

普通玻璃纸　phone-transperence

普通木箱　common wooden case

普通照相凹版、实用照相凹版　conventional gravure

Q

其他材料　other materials

企业形象　CIS

启封　unpackaging

起吊试验　hosting test

气垫　air cushion

气化　gasification

气流式充填机　stream type filling machine

气密封口　hermetic sealing

气密试验　air-tight test

气泡塑料薄膜　bubbled plastic film

气调包装　modified atmospheres packaging

气动式捆扎机　pueumatic strapping machine

气孔　perforation

气雾罐　aerosol can

气雾罐用铝材　slugs of aluminium for aerosol cans

气相防锈薄膜　VCI film, volatile corrosion inhibitor paper

气相防锈纸　VCI paper, volatile corrosion inhibitor paper

气相缓蚀剂　vci

浅冲罐　drawn can

浅盘　tray

桥架式冲击试验　bridge impact test

撬开盖　pry-off cap, press-on cap

撬开罐　pry-off-cap, press-on cap

切角　notching

揿口　thumb cut

青　cyan

青色网点　cyan screen dots

倾翻试验　toppling test

清洗　cleaning

清洗机　cleaning machine

清洗机械　cleaning machine

曲面丝网印刷机　curved surface screen printing machine

全裹式裹包机　full wrapping machine

全开盖　full open end

全开口桶　removable head drum

全漂白　fully bleached

全色调　Full tone

全自动包装机　automatic packaging machine

R

燃料　fuel

燃烧　combustion

热成型—充填—封口机　thermo-forming, filling and sealing machine

热打码色带　hot stamping ribbon

热封合　heat seal

热封合袋　heat sealed sack

热封合—缝合—胶带粘贴封闭　heat sealed and sewn taped closure

热固化黏合剂　hot-setting adhesive

热固型油墨　heat set ink

热降解　thermal degradation

热熔黏合剂　hot-melt adhesive

热式干燥机　heat drying machine

热式杀菌机　heat sterilization machine

热塑性塑料软管薄膜袋　thermoplastic flexible film sack

热压封口机　heat sealing machine

热转印膜　hot stamping foil for infusion bag

容积式充填机　volumetric filling machine

溶剂型黏合剂　solvent adhesive

熔焊式封口机　fusion weld sealing machine

溶合　welding

熔融成型—充填—封口机　melting-forming, filling and sealing machine

柔性版印刷机　flexographic printing

柔性包装容器　flexible container

乳胶泡沫橡胶　latex foam rubber

乳液型黏合剂　emulsion adhesive

软包装　flexible package

软管 collapsible tube

软管塞盖 plug cap

软管印刷 collapsible tube printing

软管印刷机 flexible tube printer

软焊 soldering

软片 Film

S

塞盖 plug lid

塞子 plug

赛璐珞 celluloid

三度空间 geometic color space

三片罐 three-piece can

三片喷雾罐 three-piece aerosol can

三重卷边 triple seam

散光 fog

散货包装 bulk packaging

扫金 bronzing

色饱和 color content

色彩平衡 color balance

色度 luminance

色度学 colorimetry

色明度 color definition

色浓度 color density

色相 hue

杀菌—干燥机 sterilization and drying machine

杀菌机 sterilization machine

杀菌机械 sterilization machine

晒版机 printing-down apparatus

商标印刷 label printing

商业包装 commercial package

上光 varnishing

上光机 varnishing machine

上蜡 waxing

伸性纸袋纸 extensible sack paper

深冲罐 deep drawn can; drawn and redrawn can

渗漏试验 leakage test

生产日期 date of production

生物降解 biodegradation

生物型包装设计 biological type packaging design

湿度指示卡 humidity indicator

湿强度纸袋纸 wet strength sack paper

湿热试验大气条件 hot hamiding test atmoshere condition

湿式清洗机 wet-cleaning machine

拾放式充填机 pick-off filling machine

试验部位标识 identification of testing parts

试验大纲 test schedule

试验强度值 test intensity value

试验样品 sample

适度包装 appropriate packaging

收发货标志 shipping mark

收缩包装 shrink packaging

收缩包装机 shrink packaging machine

收缩薄膜 shrink film

收缩标签机 shrink labelling machine

手动照排机 manual phototypesetting machine

寿命周期分析 life cycle assessment

输送带 conveyer belt

输送机 conveyer

树脂基黏合剂 resin base adhesive

数字印刷 digital printing

双瓦楞纸箱 double corrugated box

水平冲击试验 horizontal impact test

水溶型黏合剂 water-soluble adhesive

丝网印版制版　screen plate making

撕拉条　tear strip, tear tape

速冻包装　deep frozen (quick-frozen) food packaging; deep froze (quick-froze) packaging

塑/塑复合材料　plastic/plastic consolidated materials

塑料凹版印刷机　plastic rotogravure press

塑料包装　plastic packaging

塑料包装筒　plastic drum

塑料包装印刷　plastic packaging printing

塑料薄膜　plastic film

塑料薄膜包装袋　plastic film bag

塑料薄膜袋　plastic film bag

塑料编织袋　plastic woven sack

塑料袋　plastic film sack

塑料捆扎带　plastic strapping

塑料片材　plastic sheet

塑料瓶　plastic bottle

塑料桶　plastic drum

塑料箱　plastic box

塑料印刷　plastic printing

塑料真空板　hollow plastic board

塑料周转箱　plastic circulating bin

塑料注射成型机　plastic injection moulding machine

随机振动试验　radom vibration test

碎纸　shredded paper

T

塌瘪　collapse

坛　earthen jar

碳素纸敏化　carbon tissure sensitizing

烫箔模切机　foil-stamping and die-cutting machine

烫金机　stamping machine

烫印　hot fill stamping

陶瓷印刷　ceramic printing

陶瓷油墨　ceramics ink

套标机　sleeve machine

套管嘴　cannula nozzle

套圈　ferrule

套色法　register method

特殊网屏　special screen

特殊印刷　special printing

特殊印刷机　special printing press

梯形罐　trapezoidal can

提环　drop handle

提梁　bale handle

提手　handle

提桶　pail

填充机　filling machine

填充剂　filling up

填充料　fillers

填装端　filling end

条码　bar code

条形包装　strip packaging

条形码印刷　bar code printing

贴标签机　labelling machine

贴花印刷　decal-comania printing

贴花原纸　decal paper

贴体包装　skin packaging

贴体包装机　skin packaging machine

通孔　mesh opening

通气容器　breather

通用包装机　universal packaging machine

铜板　copper plate

铜版纸　art coated paper; art paper

桶顶　top of drum

投料机　batch charger

透明包装　transparent package; see-through package

透明度　transparency

透明胶纸　gelatin paper

透气　gas transmission

透气包装　breathing packaging

透气孔　air-vent

透气率　gas transmission rate

透射原稿　transparency copy

透湿度试验　water vapour permeability test

透湿率　vapor transmission rate

透水性试验　water permeability test

透印　print through

凸版　relief plate; typography plate

凸版印刷　relief printing

凸版印刷机　typographic printing press

凸版制版　rellief plate making

凸边　chimb

凸边高度　head depth, head draw

凸边加强环　chimb reinforcement

图案定位装置　register equipment

涂布　coating

涂布式美术印刷纸（铜版纸）　coated art paper

涂层处理　coating treatment

涂底色　base coating

涂胶器　glue applicator

涂料罐　lacquered tinplate can

推、拉搬运试验　push and pull handle test

推入式充填机　push type filling machine

托盘　pallet

托盘包装　palletizing

托盘运输　pallet traffic

脱膜液　remover

脱水　dehumidification

脱锡　detinning

椭圆　oval can

U

U形钉　staple

W

瓦楞原纸　corrugating medium paper

瓦楞纸　fluted paper

瓦楞纸板　corrugated firbeboard

瓦楞纸板生产设备　corrugated fiberboard production equipment

瓦楞纸板印刷　corrugated board printing

瓦楞纸箱　corrugated box

外包装容器　exterior container

外尺寸　outside dimension, external dimension

外清漆　over lacquer

外套式阀口　external sleeve valve

外涂料　rustproof lacquer

外印铁板材　lithograph printing and vanished blanks

王冠盖　crown, crown cap

网版印刷　screen printing

网点拉长　drag

网版印刷　screen printing

网点腐蚀　dot etching

网点扩大　dot gain

网点周边　dot edge

网面　wire-side

网屏、雕刻网屏　screen

网屏架　screen holder

网屏角度　screen angles

网屏距离　screen distance

危害因素　hazard factor

危险货物包装性能试验　test for dangerous goods package performance

危险品包装　dangerous articles package

危险品包装标志　hazardous substances mark

危险物冲击试验　hazard impact test

微波杀菌机　microwave sterilization machine

微皱纹纸袋纸　micro-creped sack paper

维持燃料　support fuel

未漂白　unbleached

位置变换装置　position changing device

温湿度冲击试验　temperature and humidity rapid change test

温湿度交变试验　temperature and humidity alternate change test

温湿度调解处理　temperature and humidity conditionning

温湿度箱；温湿度室　the box of temperature and permeability

文字处理机　word processing

无版印刷　plateless printing

无纺织物袋　non-woven fabric bag

无粉腐蚀机　powder-less etching machine

无菌包装　aseptic packaging

无菌包装机械　aseptic packaging machine

无压印刷　non-impact printing

物理型包装设计　physical type package design

物理性印刷　physical printing

X

吸附性材料　sorptive material

吸湿包装　moisture absorption packaging

吸湿材料　absorption material

锡焊罐　soldered can

系列包装　series package

细　fine

细瓦楞覆面机　flute paper lining machine

纤维板　fibre board

纤维板桶　fibre drum

纤维板箱　fibreboard case

显影　developing; development

显影机　developing machine

显影剂　developing agent

显影液　developer

现场发泡　foamed in place

现场发泡机　foam-in-place machine

箱　box, case, chest

箱（盒）成型—充填—封口机　case（box）forming, filling and sealing machine

箱式托盘　box pallet

箱纸板　liner board

橡胶基黏合剂　rubber base adhesive

橡皮板　rubber plate

橡皮辊筒　blanker cylinder

橡皮凸版　rubber plate

橡皮印刷机　offset machine

消费者定位　consumer location

消光膜　extinction film

销售　sales

销售包装　consumer package, sales package

小开口桶　small open drum

斜面冲击试验　incline impact test

斜面冲击试验机　bevelimpact test machine

斜体　italic

锌板　zinc plate

信息记录　information recorded

性能试验大纲　performance test schedule

许用脆值　permissible fragility

旋合式封口机　screw-closure closing machine

旋塞　bung

循环再生　recycling

Y

压凹凸　embossing

压边　crimping

压筋　ribbing

压力式封口机　pressure closing machine

压力试验　compression test

压力试验机　compression test machine

压敏胶带　pressure sensitive tape, self-adhesive tape

压敏黏合剂　pressure-sensitive adhesive

压缩打包　baling

压缩打包机　baling press, baler

压纹封口机　embossing closing machine

压纹式封口机　embossing closing machine

压型机　moulding press

压旋盖　press and twist cap

压印　embossing

压印辊筒　impression cylinder

盐雾试验　salt spray test

盐雾试验箱　the box of salt spray

颜料　pigment

验瓶机　bottle inspector

阳极氧化　anodic oxidation

氧浓度指示卡　oxygen concentration indicator card

液密封口　liquid sealing

液位灌装机　level filling machine

液压式捆扎机　hydraulic strapping machine

液压试验　hydraulic test;pressure test

一次性包装　portion package

一次性使用管　one-shot tube

一寸开口　one-inch aperture

移印机　pad printer

移印头　pad

异形顶桶　interrupted chimb drum

异形罐　irregular can

易开盖　easy-open end

易开罐　easy open can

印版辊筒　Plate cylinder

印后加工机械　post-press finishing machinery

印后作业　postpress

印前表面处理　surface pretreatment

印前作业　prepress

印刷　graphic arts; graphic communication; printing

印刷版　printing plate

印刷机　printing press

印刷机械　printing machine

荧光印墨　fluorescent ink

硬纸板罐；纸板罐　fibreboard can

硬纸板桶　fibre drum; fibreboard drum

硬纸板箱　solid fibreboard box

硬质包装　rigid package

用过的包装　used packaging

油墨粉化　chalking

有机循环再生　organic recycling

有危险残留物的用过的包装　used packaging with hazardous residues

鱼雷形管嘴　torpedo nozzle

原材料循环再生　material recycling

原稿　original

原稿制版法　vandyke process

原色　primary color

圆边　curl

圆点　round dots

圆罐　round can

圆桶　drum

圆网丝网印刷机　rotary screen printing machine

圆压式印刷机　cylinder press

圆柱喷雾器　cylindrical aerosol can

圆锥颈桶　cylindrical taper drum

运输　transportation

运输包装　transport package, shipping package

运输包装件　transport package

运输包装件基本试验　basic tests of transport package

运输标志　transporting mark

运输环境记录仪　transportation environmental recorder

运输容器　shipping container

运输试验　freight container

运载装置　carrying device

Z

再生材料　recovered materials

增强材料　reinforced materials

增强型阀口 reinforced valve

毡垫　felt cushion

粘合袋　pasted sack

粘合封闭　pasted closure

粘接封口机　adhesive sealing machine

粘接罐　cono-weld can

张力计　tension meter

照相凹版　gravure; photogravure

照相凹版印墨　photogravure ink

照相凸版　photoengraving

照相制版　photomechanically platemaking

折叠　folding

折叠成型　bending

折叠式封口机　fold closing machine

折叠式裹包机　fold wrapping machine

折叠—黏合机　folder-gluer

折叠纸盒　folding carton

真空包装　vacuum packaging

真空包装机　vacuum packaging machine

真空干燥机　vacuum drying machine

振动试验　vibration test

振动试验机　vibration test machine

蒸煮袋　retortable pouch

整理机　unsorambler

正面　face side

正色片　orthochromatic film

支撑物　blocking

织物袋　textile bag

直/间制版法　direct-indirect plate making system

直接分色法　direct process

直接制版法　direct plate making system

直线式贴标机　straight line labeling machine

植物黏合剂　vegetable adhesive

纸/铝/塑复合材料　paper/aluminium/plastic consolidated materials

纸/塑复合材料　paper/plastic consolidated materials

纸板印刷　paperboard printing

纸包装　paper packaging

纸包装印刷　paper packaging printing

纸袋　paper bag

纸袋　paper sack

纸管　paper cores

纸护角　edgeboard

纸基平托盘　paper flat pallets
纸浆横塑制品　pulp molding product
纸浆模塑生产设备　pulp molding production equipment
纸浆模制衬垫　molded pulp pad
纸捆扎带　paper strapping
纸桶　fibre drum
纸张印刷　paper printing
制版　Platemaking
制版机械　plate making machinery
制袋机　bag making machine
制袋纸　sack paper
制盖机　cap making machine
制罐机　can making machine
制盒机　box making machine
制瓶机　bottle making machine
制桶机　barrel making machine
滞墨　backing away
中开口桶　middling open drum
中心滚筒式柔性版印刷机　central impression cylinder flexographic press
重力式充填机　gravity filling machine
重量选别机　check weigher
重量选别装置机　checking device
重型瓦楞纸箱　heavy duty corrugated box
皱纹度　wrinkle rating
皱纹纸袋纸　creped sack paper
珠光膜　pearl film
竹胶板箱　case with plybamboo
竹胶合板　plybamboo
竹胶合板箱　case with plybamboo
主板　key plate
主要燃料　principal fuel
注入孔　filling hole
注塑法　injection moulding
柱塞式充填机　poston type filling machine
铸字机　type caster
专用包装机　special purpose packaging machine
转盘计数充填机round table counting filling machine
转盘计数式充填机round table counting filling machine
转印　transfer printing
装版、拼大版　imposition
装盒机　cartoning machine, cartoner
装卸　handling
桌上出版　desk top publishing（DTP）
自动包装机　automatic packaging machine
自动包装线　automatic packaging line
自动照排机　automatic phototypesetting
纵向搭接　longitudinal overlap
纵向合缝　longitudinal seam
纵向热封合　longitudinal heat sealing
阻隔材料　barrier material
阻隔性涂覆纸　barrier coated paper
组合罐　composite can
组合罐　composite can
组合印刷　component printing

英汉对照

A

absorption material　吸湿材料

acid-proof　防酸

additive color　加色光

additive color mixing process　加色混合法

additive Process　加色法

adhesion　黏合；黏合剂；黏结剂

adhesive bonding　黏合

adhesive sealing machine　粘接封口机；黏结式封口机

adhesive tape sealing machine　胶带式封口机

adjustable volume filling machine　可调容量式充填机

aerosol can　喷雾罐

aerosol can　气雾罐

aerosol packaging　喷雾包装

air cushion　气垫

air-tight test　气密试验

air-vent　透气孔

aluminium can　铝质罐

aluminium foil　铝箔

aluminium foil bag　铝箔袋

aluminium paper　铝纸

aluminium/plastic consolidated materials　铝/塑复合材料

amplitude modulation screening　调幅网点

ampoul; ampoule; ampul; ampule　安瓿

ancillary packaging materials　包装辅助材料

aniline printing　苯胺染料印刷

animal adhesive　动物黏合剂

anodic oxidation　阳极氧化

anti-electronic treatment　防静电处理

anti-slip treatment　防滑处理

applying　刮胶

appropriate packaging　适度包装

art coated paper　铜版纸

art paper　铜版纸

aseptic packaging　无菌包装

aseptic packaging machine　无菌包装机械

asepticise　防腐

asepticise packaging　防腐包装

assemble table　集合台

assembled plywood case　拼装式胶合板箱

assembly packaging　集合包装

atmospherical pressure filling machine　常压灌装机

auger type filling machine　螺杆式充填机

automatic packaging line　自动包装线

automatic packaging machine　全自动包装机

automatic packaging machine　自动包装机

automatic phototypesetting　自动照排机

auxiliary packaging equipment　辅助包装设备

automatic partition feeder　隔板自动插入装置

B

back side　背面

backing away　滞墨

bag forming, filling and sealing machine　袋成型—充填—封口机

bag; pouch; sachet; sack　袋

bag-in-box 衬袋箱

bag-making machine 制袋机

bale handle 提梁

baling 压缩打包

baling press, baler 压缩打包机

bar code 条码

bar code printing 条形码印刷

barrel 琵琶桶

barrel making machine 制桶机

barrier coated paper 阻隔性涂覆纸

barrier material 阻隔材料

base coating 涂底色

basic end 基本盖

basic tests of transport package 运输包装件基本试验

basket 筐、篓

batch charger 投料机

bead 环筋

beading 滚筋

bending 折叠成型

bevelimpact test machine 斜面冲击试验机

binding sealing machine 结扎式封口机

biodegradation 生物降解

biological type packaging design 生物型包装设计

blanker cylinder 橡皮辊筒

blister packaging 泡罩包装

blister packaging machine 泡罩包装机

block plate 雕刻凸版

blocking 支撑物

blocking material 加固材料

blue 蓝

board 板材

bolted cover 螺栓盖

bolted-lock ring 螺旋形封闭箍

bottle 瓶

bottle inspector 验瓶机

bottle making machine 制瓶机

bottle opening, filling and sealing machine 开瓶—充填—封口机

bottom cap 底盖

bottom overlap 底部搭接

bottom pasting 底部黏合

bottom patch 底衬板

box making machine 制盒机

box pallet 箱式托盘

box, case, chest 箱

bracing 加固

breather 通气容器

breathing packaging 透气包装

bridge impact test 桥架式冲击试验

bronzing 扫金

bubbled plastic film 气泡塑料薄膜

buffer material 缓冲材料

bulk packaging 散货包装

bump test 连续冲击试验

bump test 碰撞试验；连续冲击

bung 旋塞

bung flange 螺圈

butt-ended tube 平头管

butt-welded side seam 对接接缝

C

cyan screen dots 青色网点

crate 花格箱

calp box 钙塑瓦楞箱

can 罐

can body 罐身

can making machine 制罐机

can opening key　开罐钥匙

can without lid　罐体

cannula nozzle　套管嘴

cap making machine　制盖机

cap; lid; cover　盖

capping tape（in sewn sacks）　封底胶带（缝合袋中）

capsule; gelatin capsule　胶囊

capsule; shrink capsule　瓶盖套

carbon tissure sensitizing　碳素纸敏化

carded packaging　卡片包装

carrier pack; carry-home pack　可携带包装；便携包装

carrying device　运载装置

carton, box　盒

cartoning machine, cartoner　装盒机

case（box）erecting machine　开箱（盒）机

case（box）forming, filling and sealing machine　箱（盒）成型—充填—封口机

case with plybamboo　竹胶板箱

case with plybamboo　竹胶合板箱

cellophane　玻璃纸

celluloid　赛璐珞

central impression cylinder flexographic press　中心滚筒式柔性版印刷机

ceramic printing　陶瓷印刷

ceramics ink　陶瓷油墨

chalking　油墨粉化

check weigher　重量选别机

checking device　重量选别装置机

check-weighing　检重

chemical degradation　化学分解

chemical drying machine　化学式干燥机

chemical sterilization machine　化学杀菌机

chemical type package design　化学型包装设计

child-resistant cap（closure）, safety closure　儿童安全盖

child-resistant package　儿童防护包装

child-resistant packaging　儿童安全包装

chimb　凸边

chimb reinforcement　凸边加强环

CIS　企业形象

clamp handle test　夹紧搬运试验；挤压夹持

cleaning　清洗

cleaning machine　清洗机

cleaning machine　清洗机械

clip　夹扣

closed end　封闭端

closing device　关闭装置

closing ring　封闭箍

closing ultrasonic machine　超声波封口机

closure　封闭器

closure　封闭物

coated art paper　涂布式美术印刷纸（铜版纸）

coating　涂布

coating treatment　涂层处理

co-combustion　混合燃烧

cocoon packaging　茧式包装

cold-setting adhesive　冷固化黏合剂

collapse　塌瘪

collapsible package　可折叠包装

collapsible tube　软管

collapsible tube printing　软管印刷

collide table　碰撞试验台

collobloke　珂罗凸版

collotype　珂罗版、珂罗版制版法

collotype ink　珂罗版印墨

color balance　色彩平衡

color content　色饱和

color definition　色明度

color density　色浓度

color film　彩色软片

color proof sheet　彩色样张

color separation　分色

color space　彩色空间

colorimetry　色度学

colour; coloured　彩色

combustible material　可燃材料

combustion　燃烧

commercial package　商业包装

common wooden case　普通木箱

component printing　组合印刷

composite can　组合

composite canister　复合罐

composite film bag　复合薄膜包装袋

composite film;laminated film　复合薄膜

compost　堆肥

compression test　压力试验

compression test machine　压力试验机

computer aided design（CAD）　电脑辅助设计

computer peady electronic files　电子原稿

computer to plate　电脑直接制版

computer to print　电脑直接印刷

concentrated impact test　集中冲击试验

condensation　凝露

cono-weld can　粘接罐

consolidated materials sack　复合材料袋

consolidated packaging　复合材料包装

constant frequency vibration test　定频振动试验

consumer location　消费者定位

consumer package; sales package　销售包装

contact screen　接触网屏

container rigid　刚性容器

container; semi-rigid　半刚性容器

contents　内装物

continuoustone　连续调

continuoustone negative　连续调负片

continuoustone photography　连续调照相

contrast　反差

contrast filter　反差滤色镜

controlled horizontal impact test　可控水平冲击试验

controlled horizontal impact tester　可控水平冲击试验机

conventional gravure 普通照相凹版、实用照相凹版

converted materials　改性材料

conveyer　输送机

conveyer belt　输送带

copier　拷贝机

copper plate　铜板

copperizing　镀铜

copy　拷贝

corner protector　护角

corona treatment　电晕处理

corrugated board printing　瓦楞纸板印刷

corrugated box　瓦楞纸箱

corrugated fiberboard production equipment　瓦楞纸板生产设备

corrugated firbeboard　瓦楞纸板

corrugating medium paper　瓦楞原纸

corrugation　波纹

counting filling machine　计数充填机

counting filling machine with multiple register　多件计数充填机

counting filling machine with unit register　单件计数充填机

cover hook　盖钩

cover wrapping machine　覆盖式裹包机

creped sack paper　皱纹纸袋纸

crimp cover, lug cover　耳盖

crimping　压边

cross wise driver propeller　横向推进器

crown, crown cap　皇冠盖、王冠盖

cup　杯

curl　圆边

curved surface screen printing machine　曲面丝网印刷机

cushion coefficient　缓冲系数

cushion type package design　缓冲型包装设计

cushioning　缓冲

cushioning material　衬垫材料、缓冲材料

cushioning packaging　缓冲包装

cyan　青

cylinder　钢瓶

cylinder　辊筒

cylinder core　滚筒芯体

cylinder forming　成圆

cylinder press　圆压式印刷机

cylindrical aerosol can　圆柱喷雾器

cylindrical taper drum　圆锥颈桶

D

dangerous articles package　危险品包装

date of package　包装日期

date of production　生产日期

decal paper　贴花原纸

decal-comania printing　贴花印刷

deep drawn can; drawn and redrawn can　深冲罐

deep froze（quick-froze）packaging　速冻包装

deep frozen（quick-frozen）food packaging　速冻包装

deep-drawing; filling and sealing machine　冲压成型—充填—封口机

deep-etch plate　平凹版、深蚀版

degradation　降解（分解）

degradation of packaging material　包装材料的降解

dehumidification　脱水

Desk top publishing（DTP）　桌上出版

deterioration　变质

detinning　脱锡

developer　显影液

developing　显影

developing agent　显影剂

developing machine　显影机

development　显影

die cutting　模切

die-cutting machine　模切机

digital printing　数字印刷

dip tube　汲取管

dipping　浸涂

direct plate making system　直接制版法

direct process　直接分色法

direct-indirect plate making system　直/间制版法

directional adjust table　定向调整台

dismountable case　可拆卸木箱

dismountable package　可拆卸包装

disposal　处置

distribute table　分配台

distribution packaging　配送包装

distribution process　流通过程

distribution system　流通系统

divider; separator　隔离物

dosing filling machine 定量灌装机

dosing pump type filling machine 计量泵式充填机

dot 点

dot edge 网点周边

dot etching 网点腐蚀

dot gain 网点扩大

double corrugated box 双瓦楞纸箱

double sealing machine 卷边式封口机

double seam 二重卷边

drag 网点拉长

drawn and ironed can 薄壁拉伸罐

drawn can 浅冲罐

drier 干燥剂

driers 干燥剂

drop handle 提环

drop test 跌落试验

drop test set 跌落试验设备

drum 卷盘

drum 圆桶

drum package 盘卷包装

dry-cleaning machine 干式清洗机

drying 干燥

drying machine 干燥机

drying machine 干燥机械

drying time 干燥时间

duplicate plate 复制版

durability 耐印力

dust flap（s） 防尘折翼

dustproof packaging 防尘包装

E

earthen jar 坛

easy open can 易开罐

easy-open end 易开盖

edge protector 护棱

edgeboard 纸护角

effective date of package 包装有效期

elastic material 弹性材料

electro gravure 电子凹版

electrochemically grained plate 电化学磨版

electrochemically platemaking 电化学制版

electro-cleaning 电清洗

electrolytic cleaning machine 电解清洗机

electronic color klischography 电子修色机

electronic color scanner 彩色电子分色机

electronic engraving 电子凸版

electronic publishing 电子出版

electronic scanner 电子扫描分色机

electronics platemaking 电子制版

electronographic printing 静电印刷

electrostatic printing 静电印刷

electrostatics platemaking 静电制版

electrostaticsproof packaging 防静电包装

electrotyping 电镀凸版

Embossing 压凹凸

embossing 压印

embossing closing machine 压纹封口机

emulsion adhesive 乳液型黏合剂

end 罐盖

energy recovery 能量回收利用

enlarger 放大机

environmentally conscious packaging 环保包装

etching process 腐蚀制版法

evacuating device 抽真空装置

excelsior 木丝

exert load set 加载装置

expanded plastics, plastic foam　泡沫塑料
expanded polyethylene　发泡聚乙烯
expanded polystyrene　发泡聚苯乙烯
expanded rubber　泡沫橡胶
expansion ring　膨胀圈
explosion-proof packaging　防爆包装
exposing　露光
exposure　露光
extensible sack paper　伸性纸袋纸
extension　倍率
exterior container　外包装容器
exterior seam measurements　卷边外部结构
exterior（end）surface　盖外表面
external sleeve valve　外套式阀口
extinction film　消光膜
extrusion and holding equipment　挤压夹持设备

F

face side　正面
felt cushion　毡垫
ferrule　套圈
fibre board　纤维板
fibre drum　纤维板桶
fibre drum　纸桶
fibre drum, fibreboard drum　硬纸板桶
fibreboard can　硬纸板罐；纸板罐
fibreboard case　纤维板箱
fibreboard case（box）erecting, filling and sealing machine　开箱（盒）—充填—封口机
figure of packaging container　包装容器图
fillers　填充料
filling　充填
filling and sealing machine　充填—封口机；灌装—封口机
filling end　填装端
filling hole　注入孔
filling machine　灌装机械
filling machine, filler　充填机械
filling up　填充剂
film engraving　刻膜
film laminating　覆膜
film　软片
Fine　细
fiter（filler）cord　衬（填充）绳
fixing　定影
flameproof packaging　防燃包装
flange　翻边
flat sack　平边袋
flat surface screen printing machine　平面丝网印刷机
flat tube　平边袋筒
flat-bed screen printing machine　平网丝网印刷机
flexible container　柔性包装容器
flexible freight container　集装袋
flexible package　软包装
flexible tube printer　软管印刷机
flexographic printing　柔性版印刷机
floppy disc　磁碟
fluorescent ink　荧光印墨
flush cut bottom with or without bottom cap　平切底（带或不带底盖）
flute paper lining machine　细瓦楞覆面机
fluted paper　瓦楞纸
flux　焊药
foamed in place　现场发泡
foaming machine　发泡设备
foam-in-place machine　现场发泡机

fog　散光

foil-stamping and die-cutting machine　烫箔模切机

fold closing machine　折叠式封口机

fold wrapping machine　折叠式裹包机

folder-gluer　折叠—黏合机

folding　折叠

folding carton　折叠纸盒

forming, filling and sealing machine; form-fill-seal machine　成型—充填—封口机

fragility　脆值

freight container　集装箱

freight container　运输试验

fresh-keeping packaging　保鲜包装

fuel　燃料

full open end　全开盖

full tone　全色调

full wrapping machine　全裹式裹包机

fully bleached　全漂白

fully sheathed case　封闭箱

function of package　包装功能

fusion weld sealing machine　熔焊式封口机

G

gas flushing packaging machine　充气包装机

gas packaging　充气包装

gas transmission　透气

gas transmission rate　透气率

gas-flushing device　充气装置

gasification　气化

gasket　垫圈

gassing　充气

gelatin paper　透明胶纸

geometic color space　三度空间

gift package　礼品包装

glass bottle　玻璃瓶

glass jar　玻璃罐

glass packaging　玻璃包装

glass printing　玻璃印刷

glass screen method　玻璃网屏法

glue applicator　涂胶机

gluing　黏合

graphic arts　印刷

graphic communication　印刷

gravimetric filling machine　称重式充填机

gravity filling machine　重力式充填机

gravure printing;recess printing　凹版印刷

gravure　照相凹版

grommet　密封圈

gross weighing filling machine　毛重式充填机

gross weight　毛重

guarantee date　保质日期

gummed tape　胶带

gusset　边褶

gusseted sack　边褶袋

gusseted tube　边褶袋筒

H

halftone photography　半色调照相

halftone　半色调

handle　提手

handling　装卸

hazard factor　危害因素

hazard impact test　危险物冲击试验

hazardous substances mark　危险品包装标志

head depth, head draw　凸边高度

heat drying machine　热式干燥机

heat insulating　隔热

heat insulating packaging　隔热包装

heat seal　热封合

heat sealed and sewn taped closure　热封合—缝合—胶带粘贴封闭

heat sealed sack　热封合袋

heat sealing machine　热压封口机

Heat set ink　热固型油墨

heat sterilization machine　热式杀菌机

heavy duty corrugated box　重型瓦楞纸箱

hermetic sealing　气密封口

hermetically sealed can　密封罐

high temperature test　高温试验

highlight　光辉部

highlighting　高明调

hinged lid　活页盖

hinged lid tin　活页罐

hollow plastic board　塑料真空板

honeycomb board production equipment　蜂窝纸板生产设备

honeycomb fibreboard　窝纸板

hooking　成钩

horizontal impact test　水平冲击试验

hosting test　起吊试验

hot fill stamping　烫印

hot hamiding test atmoshere condition　湿热试验大气条件

hot stamping foil for infusion bag　热转印膜

hot stamping ribbon　热打码色带

hot-melt adhesive　热熔黏合剂

hot-setting adhesive　热固化黏合剂

hue　色相

humidity indicator　湿度指示卡

hydraulic strapping machine　液压式捆扎机

hydraulic test;pressure test　液压试验

I

identification of testing parts　试验部位标识

impact　冲击

impact;table　冲击台

Imposition　装版、拼大版

impregnated papers　浸润纸

Impression cylinder　压印辊筒

impulse sealer;impulse sealing machine　脉冲封口机

incineration　焚化

incline impact test　斜面冲击试验

indicative mark　包装储运指示标志

indirect plate making system　间接制版法

indirect process　间接分色法

indirect relief printing　间接凸版印刷

individual packaging　单体包装

industrial packaging　工业包装

information recorded　信息记录

infrared film method　红外片法

infrared film　红外片

injection moulding　注塑法

Ink jet printing（IJP）　喷墨印刷

ink misting　溅墨

in-line flexographic press　排列式柔性版印刷机

inner coating　内涂布

inner package container　内包装容器

inner-bag fibreboard case（box）erecting, forming, and sealing machine　衬袋箱（盒）定型—充填—封口机

insect-proof type package design　防昆虫型包装设计

insect-resistant packaging　防虫包装

insertion pipe type filling machine　插管式充填机

inside dimension, inner dimension　内尺寸

inspection machine　检验机
intaglio engraving　雕刻凹版
intaglio plate engraving　雕刻制版
intaglio printing process　雕刻凹版印刷
intaglio　雕刻凹版、凹版
interior seam measurements　卷边内部结构
interior（end）surface　盖内表面
intermittent jet　间歇喷墨式
intermittent roller　调节辊
internal coating　内涂料
internal sleeve valve　内套式阀口
interrupted chimb drum　异形顶桶
intersectional seal　交叉封扣
ionization cleaning machine　电离清洗机
ionization sterilization machine　电离杀菌机
irregular can　异形罐
isobar filling machine　等压灌装机
italic　斜体

J

jar　广口瓶

K

keeping date　保存日期
key open can　卷开罐
key plate　主板
kraft liner　牛皮箱板纸

L

label　标签
label printing　标签印刷
label printing　商标印刷
labelling　加标
labelling machine　标签机械
labelling machine　贴标签机
labelling machine, labeller　标签机
lacquer for striping　接缝补涂料
lacquered tinplate can　涂料罐
laminated materials　层合材料
laminated veneer lumber(LVL)　单板层积材
laminating machine　覆膜机
lamination　复合
laminator　复合机
lap side seam　搭接接缝
laser welded can　激光焊罐
latex adhesive　胶乳黏合剂
latex foam rubber　乳胶泡沫橡胶
leakage test　渗漏试验
letterset　平凸版
level filling machine　料位式充填机
level filling machine　液位灌装机
levels of protection　防护等级
lever lid　杠杆开启盖
lever lid tin　杠杆开启罐
lever-lock ring　杠杆式封闭箍
lid with lug　卡口盖
life cycle assessment　寿命周期分析
light filter　滤色镜
light treatment　光化学处理
liner　衬套
liner　内衬
liner board　箱纸板
liquid sealing　液密封口
lithograph printing and vanished blanks　外印铁板材
lithographic printing press　平版印刷机
longitudinal heat sealing　纵向热封合
longitudinal overlap　纵向搭接

longitudinal seam　纵向合缝
low pressure test　低气压试验
low temperature test　低温试验
low vacuum filling machine　负压灌装机
lug　挂耳
luminance　色度

M

machine for the assembly of unit load　集装机；单元包装机
machines for the unloading of unit load　集装件拆卸机（单元包装拆卸机）
magnesite concrete box　菱镁混凝土箱
magnesium packaging　菱镁混凝土包装
magnetic field-resistant packaging　防磁包装
magnetic ink　磁性印墨
magnetographics　磁性印刷
manual phototypesetting machine　手动照排机
marker　打标
marker　打印装置
master plate　母版
material recycling　原材料循环再生
material　材料
matrix making　打纸型
measuring filling machine　量杯式充填机
mechanical cleaning machine　机械式清洗机
mechanical degradation　机械分解
mechanical drying machine　机械干燥机
mechanical strapping machine　机械式捆扎机
melting-forming, filling and sealing machine　熔融成型—充填—封口机
membrane nozzle　薄隔片管嘴
mesh clogging　堵网
mesh opening　通孔
metal aerosol　金属喷雾容器
metal basket　金属筐
metal box　金属箱
metal can　金属罐
metal carton, metal box　金属盒
metal collapsible tube　金属软管
metal crate　金属框架
metal drum, keg　金属桶
metal packaging　金属包装
metal packaging containers　金属包装容器
metal packaging printing　金属包装印刷
metal strip　捆扎钢带
metal tray　金属浅盘
metallic ink　金属印墨
micro-creped sack paper　微皱纹纸袋纸
microwave sterilization machine　微波杀菌机
middling open drum　中开口桶
modified atmospheres packaging　气调包装 moisture absorption packaging　吸湿包装
moisture content　含水率
moisture proofing　防潮
molded pulp pad　纸浆模制衬垫
monobloc aerosol can　单片喷雾灌
mono-combustion　单一燃烧
mould growth test　长霉包装
mould growth test　长霉试验
moulding　长霉
moulding press　压型机
mouldproof packaging　防霉包装
mould-proofing　防霉
Movable type setting　活字排版
multifilament mesh　多丝丝网
multi-function packaging machine　多功能

包装机

multi-function packaging machine　多功能包装机械

multi-layer packaging material　复合包装材料

multi-pack　多层包装

multi-purpose packaging machine　多用包装机

multi-test schedule　多次试验大纲

multi-wall bag, multi-wall sack　多层袋

N

neck　颈口

negative color　彩色负片

net weighing filling machine　净重式充填机

net weight　净重

non-drying labeling machine　不干胶标签机

non-impact printing　无压印刷

non-woven fabric bag　无纺织物袋

normal（flat）sack paper　普通（平滑）纸袋纸

notching　切角

nozzle　管嘴

numbering　号码印刷

O

offset machine　橡皮印刷机

offset press　平版橡皮印刷机

offset printing　平版印刷

one-inch aperture　一寸开口

one-shot tube　一次性使用管

open head steel drum　开口钢桶

open mouth-sewn-flat sack　平边缝合开口袋

open mouth-sewn-gusseted sack　边褶缝合阀开口袋

open package　敞开包装

open top can　开顶罐

opening device　开口装置

open-mouth heat sealed flat sack　平边热封合开口袋

open-mouth sack　开口袋

organic recycling　有机循环再生

obround can　扁圆罐

oriented strand board　定向刨花板

orifice　管口

original package　初始包装

original　原稿

orthochromatic film　正色片

other materials　其他材料

outside dimension, external dimension　外尺寸

oval can　椭圆

over cap　保护盖

over lacquer　外清漆

over packaging　过度包装

oxygen concentration indicator card　氧浓度指示卡

P

pack container moisture permeability　包装容器透湿度

package waste　包装废弃物

package cargo　包装货物

package cost　包装成本

package decoration　包装装潢

package design　防护包装设计

package design　包装设计

package examination　包装试验

package figure　产品包装图

package inspection　包装检验

package life　包装标准

package life　包装寿命

package location design　包装定位设计

package metro-measuring　包装计量

package modeling　包装造型

package module　包装模数

package post-press processing　包装印后加工

package printing industry　包装印刷工业

package printing ink　包装印刷油墨

package printing machinery　包装印刷机械

package printing material　包装印刷材料

package printing matter　包装印刷品

package printing process　包装印刷工艺

package printing trouble　包装印刷故障

package printing　包装印刷

package process　包装工艺

package reliability　包装可靠性

package unit　包装单元

package　包装，包装件

packaging　包装

packaging auxiliaries　包装辅助物

packaging component　包装组分

packaging constituent　包装成分

Packaging container　包装容器

packaging derived fuel (PDF)　包装燃料

packaging litter　包装垃圾

packaging machinery　包装机械

packaging machine　包装机

packaging material　包装材料

packaging materials, interior　内包装材料

packaging materials, protective　防护性包装材料

packaging system　包装系统

packaging to friendly child　儿童安全包装

packaging waste　包装废弃物

packaging, science of packaging　包装学

packing mark　包装标志

pad　移印头

pad printer　移印机

padding, spraying　喷涂

pail　提桶

pallet　托盘

pallet traffic　托盘运输

palletizing　托盘包装

paper bag　纸袋

paper cores　纸管

paper flat pallets　纸基平托盘

paper packaging　纸包装

paper packaging printing　纸包装印刷

paper printing　纸张印刷

paper sack　纸袋

paper strapping　纸捆扎带

paper, acid-resistant　耐酸纸

paper, alkaliproof　耐碱纸

paper, antitarnish　保光泽纸

paper, blood proof　防血纸

paper/aluminium/plastic consolidated materials　纸/铝/塑复合材料

paper/plastic consolidated materials　纸/塑复合材料

paperboard printing　纸板印刷

part package　局部包装

part wrapping machine　半裹式裹包机

pasted closure　粘合封闭

pasted sack　粘合袋

pasting　糊合

pear can　梨形罐

pearl film　珠光膜

pendulum impact test machine　吊摆冲击试验机

pendulum test　吊摆试验

perforation　气孔

performance test schedule　性能试验大纲

permissible fragility　许用脆值

phone-transperence　普通玻璃纸

photodegradation　光降解

photoengraving　照相凸版

photogravure ink　照相凹版印墨

photogravure　照相凹版

photomechanically platemaking　照相制版

photopolymer coating　喷胶

photopolymer flexo plate　感光树脂柔性版

photopolymer plate making　感光树脂版制版法

photopolymer　感光性树脂版

physical printing　物理性印刷

physical type package design　物理型包装设计

pickling　浸洗

pick-off filling machine　拾放式充填机

pigment　颜料

planographic plate making　平版制版

planographic plate　平版

planographic printing　平版印刷

plasma treatment　等离子体处理

plastic blow moulding machine　吹塑中空成型机

plastic bottle　塑料瓶

plastic box　塑料箱

plastic circulating bin　塑料周转箱

plastic drum　塑料包装筒

plastic drum　塑料桶

plastic film　塑料薄膜

plastic film bag　塑料薄膜包装袋

plastic film sack　塑料袋

plastic injection moulding machine　塑料注射成型机

plastic packaging　塑料包装

plastic packaging printing　塑料包装印刷

plastic printing　塑料印刷

plastic rotogravure press　塑料凹版印刷机

plastic sheet　塑料片材

plastic strapping　塑料捆扎带

plastic woven sack　塑料编织袋

plastic/plastic consolidated materials　塑/塑复合材料

plate cylinder　印版辊筒

plate engraving ink　雕刻凹版、印墨

plate making machinery　制版机械

plate moulding　模压法

plateless printing　无版印刷

platemaking　制版

plug　塞子

plug cap　软管塞盖

plug lid　塞盖

ply　层

plybamboo　竹胶合板

plywood　胶合板

plywood case　胶合板箱

plywood drum　胶合板桶

poly color printing　彩色印刷

polyester bottle　聚酯瓶

polyurethane foam　聚氨酯泡沫塑料

polyvinyl acetate（PVAC）　聚乙烯酸酯

polyvinyl alcohol（PVA）　聚乙烯醇

polyvinyl chloride foam　聚氯乙烯泡沫塑料

porous plate　孔版

porous printing　孔版

portion package　一次性包装

position changing device　位置变换装置

positive chrome　彩色正片

poston type filling machine　柱塞式充填机

post-press finishing machinery　印后加工机械

post-press finishing technology of package　包装印后加工工艺

postpress　印后作业

pouring　灌注

powder-less etching machine　无粉腐蚀机

prepress　印前作业

preservation and packaging　封存包装

preservation life　封存期

preservation　封存

preservative　防腐剂

preserved in controlled atmop phere　环境封存

preserved in dry atmosphere　干燥空气封存

preserved in nitrogen　充氮封存

press and twist cap　压旋盖

press cap; snap-on cap　按盖

pressure closing machine　压力式封口机

pressure sensitive tape; self-adhesive tape　压敏胶带压敏胶带

pressure-sensitive adhesive　压敏黏合剂

pre-treated waste　废弃物预处理

Primary color　原色

principal fuel　主要燃料

print through　透印

printing　印刷

printing machine　印刷机械

printing material　被印材料

printing plate material　版材

printing plate　印刷版

printing press　印刷机

printing-down apparatus　晒版机

process camera　复照仪、制版照相机

process ink　多色版印墨

product location　产品定位

production machine of containers　包装容器制造机械

production machine of packaging　包装材料制造机械

proofing machine　打样机

proofing　打样

propellent　喷雾推动剂

protection　防护

protective packaging　防护包装

protective packaging containers　防护包装容器

protective packaging materials　防护包装材料

protective packaging techniques and methods　防护包装技术与方法

protein adhesive　蛋白质黏合剂

pry-off cap; press-on cap　撬开盖

pry-off-cap; press-on cap　撬开罐

pueumatic strapping machine　气动式捆扎机

pulp molding product　纸浆横塑制品

pulp molding production equipment　纸浆模塑生产设备

push and pull handle test　推、拉搬运试验

push type filling machine　推入式充填机

Q

quantitative data　定量数据

R

radiation resistant packaging　防辐射包装

radicidation sterilization machine　辐射杀菌机

radioactive materials packaging 放射性物质包装

radom vibration test 随机振动试验

rate of no good products after the case 开箱不良品率

ream 令

recoverable packaging 可回收利用包装

recovered materials 再生材料

recovery 回收利用

rectangular can 方罐

recyclable packaging 可循环再生包装

recycling 循环再生

reel; core 卷轴

reflection copy 反射原稿

refuse derived fuel (RDF) 垃圾燃料

register equipment 图案定位装置

register method 套色法

reinforced materials 增强材料

reinforced valve 增强型阀口

reinforcement 加强筋

release coated papers 隔离涂覆纸

relief plate 凸版

relief printing 凸版印刷

rellief plate making 凸版制版

remoisten-able adhesive 可再湿性黏合剂

removable head drum 全开口桶

remover 脱膜液

repetitive shock test 重复冲击试验

resin base adhesive 树脂基黏合剂

resistance welding can 电阻焊罐

retanfreshnes 保鲜

retortable pouch 蒸煮袋

returnable container 可重复利用容器

returnable packaging 可返回包装

reuse 重复使用

reuseable packaging 可重复使用包装

revoluting hexagonal drum test 六角滚筒试验

rewinding 复卷装置

rewinding unit 复卷装置

ribbing 压筋

rigid container 刚性容器

rigid package 硬质包装

ring 环圈

ring tab 拉环

rivet 铆钉

rolling hoop 滚箍

rolling test 滚动试验

roll-on cap 滚压盖

roll-on capping machine 滚压封口机

rotary labelling machine 回转式贴标机

rotary screen printing machine 圆网丝网印刷机

rotary table 回转台

round can 圆罐

round dots 圆点

round table counting filling machine 转盘计数充填机

rubber base adhesive 橡胶基黏合剂

rubber plate 橡皮板

rubber plate 橡皮凸版

rust inhibitor 防锈剂

rust prevention 防锈

rust preventives 防锈材料

rustproof lacquer 外涂料

rustproof life 防锈期

rustproof packaging 防锈包装

S

sack opening, filling and sealing machine 开袋—充填—封口机

sack paper 制袋纸
sales 销售
salt spray test 盐雾试验
sample 试验样品
sandwich printing 复合印刷
saturation 彩度
saw-tooth effect 锯齿边痕
score 刻痕
screen angles 网屏角度
screen distance 网屏距离
screen holder 网屏架
screen plate making 丝网印版制版
screen printing 网版印刷
screen printing 网版印刷
screen 网屏、雕刻网屏
screw cap 螺旋盖
screw neck 螺纹颈口
screw-closure closing machine 旋合式封口机
seal 封合
sealing 封口
sealing machine, closing machine 封口机械
seam compound 密封填料
seam length 卷边宽度
seam thickness 紧卷边厚度
seam wrapping machine 接缝式裹包机
secondary fuel 次要燃料
self-adhesive paper 不干胶纸
semi-automatic packaging machine 半自动包装机
series package 系列包装
set package 配套包装
set-off 反印
set-up box 固定纸盒
sewing 缝合
sewing machine 缝合机
sewing thread 缝合线
sewn and taped closure（tape over sewing） 缝合—胶带粘贴封闭（胶带位于缝合之上）
sewn sack 缝合袋
sheet-fed offset press 单张纸胶印机
shipping container 运输容器
shipping mark 收发货标志
shipping tag 货签
shockproof packaging 防震包装
short-run printing 短版印刷
shoulder 管肩
shredded paper 碎纸
shrink film 收缩薄膜
shrink labelling machine 收缩标签机
shrink packaging 收缩包装
shrink packaging machine 收缩包装机
shroud 防护罩
side seam 罐身接缝
side valve 侧位阀口
sign location 牌号定位
silk screen printing 孔版印刷
silk screen 孔版、网版
simple sewn closure 简单缝合封闭
simple valve 简单阀口
single corrugated box 单瓦楞纸箱
single-test schedule 单项试验大纲
skid assembly 底盘
skiden wooden case 滑木箱
skin packaging 贴体包装
skin packaging machine 贴体包装机
sleeve machine 套标机
slip lid 滑盖
slip lid tin 滑盖罐

slitting 裁板

slitting 分切

slotter 开槽机

slotting 开槽

slugs of aluminium for aerosol cans 喷雾惯用铝材

slugs of aluminium for aerosol cans 气雾罐用铝材

small open drum 小开口桶

solder salts 焊盐

soldered can 锡焊罐

soldering 软焊

solid fibreboard box 硬纸板箱

solvent adhesive 溶剂型黏合剂

sorptive material 吸附性材料

special printing press 特殊印刷机

special printing 特殊印刷

special purpose packaging machine 专用包装机

special screen 特殊网屏

spiked cap 钉盖

spiral wrapping machine 缠绕式裹包机

sponge rubber 海绵橡胶

square can body forming 拗方

square taper drum 方形锥颈桶

stack flexographic press 层叠式柔性版印刷机

stacking machine 堆码机

stacking test 堆码试验

stalk box 秸秆箱

stamping machine 烫金机

staple U形钉

static electricity 静电

steek and plastic composite barrel 钢塑复合桶

steel drum 钢桶

steel drum type closure 钢桶封闭器

steel pails 钢提桶

steel strapping 钢捆扎带

step-side can 宽口罐

sterilization and drying machine 杀菌一干燥机

sterilization machine 杀菌机

sterilization machine 杀菌机械

stitcher 钉箱机

stitching machine, nailing machine 钉合机

stitching machine, nailing machine 钉合式封口机

stitching, nailing 钉合

stitting 分切机

storage 储存

storage time 储存期

straight line labeling machine 直线式贴标机

strapping 捆扎带

strapping machine 捆扎机

strapping machine 捆扎机械

strapping package, binding 捆扎包装

strapping; tying; binding 捆扎

stream type filling machine 气流式充填机

stretch film 拉伸薄膜

stretch wrapping 拉伸包装

stretch wrapping machine 拉伸包装机

stretcher 绷网机

stretching 绷网

strip counting filling machine 履带式计数充填机

strip packaging 条形包装

strippable plastics 可剥性塑料

substractive color 减色光

substrative color mixing process 减色混合法

substrative process　减色法

support fuel　维持燃料

surface pretreatment　印前表面处理

T

tag labelling machine　订标签机

take note set　记录装置

tamperproof container　防盗容器

tamperproof packaging; pilfer-proof packaging　防盗包装

tamperproof seal; pilferproof closure　防盗盖

tear strip; tear tape　撕拉条

temperature and humidity alternate change test　温湿度交变试验

temperature and humidity conditionning　温湿度调解处理

temperature and humidity rapid change test　温湿度冲击试验

tension meter　张力计

test for dangerous goods package performance　危险货物包装性能试验

test intensity value　试验强度值

test schedule　试验大纲

textile bag　织物袋

the box of low pressure　低气压试验箱

tag　吊牌

the box of salt spray　盐雾试验箱

the box of temperature and permeability　温湿度箱；温湿度室

The camera back masking method　反射原稿

thermal degradation　热降解

thermo-forming, filling and sealing machine　热成型—充填—封口机

thermoplastic flexible film sack　热塑性塑料软管薄膜袋

three-piece aerosol can　三片喷雾罐

three-piece can　三片罐

thumb cut　揿口

tie-on labeling machine　挂标签机

tight head drum　闭口桶

tight head steel drum　闭口钢桶

tight sealing　紧密封口

tightness rating　紧密度

timed filling machine　定时充填机

timed filling machine　定时式充填机

tin plate　金属薄板

tin plate offset press　金属薄板印刷机

tin plate printing　金属薄板印刷

tin plate treatment　金属薄板处理

tin solder　焊料

tinplate　镀锡薄钢板；马口铁

top of drum　桶顶

toppling test　倾翻试验

torpedo nozzle　鱼雷形管嘴

transfer printing　转印

transferring machine　过版机

transparency copy　透射原稿

transparency　透明度

transparent package; see-through package　透明包装

transport package　运输包装件

transport package; shipping package　运输包装

transportation　运输

transportation environmental recorder　运输环境记录仪

transporting mark　运输标志

transverse heat sealing　横向热封合

transverse pasting　横向黏合

trapezoidal can　梯形罐

tray　浅盘

triple seam　三重卷边

tube　袋筒

tube cap

tube wall　管壁

tucking-in closing machine　插合式封口机

turning machine　换向器

twist off　lug cap　快旋盖

twist wrapping machine　扭结式裹包机

twist-off lug cap　快旋盖

two-piece aerosol can　两片喷雾罐

two-piece can　两片罐

tying machine　捆结机

type caster　铸字机

type selection　检字

typographic printing press　凸版印刷机

typography plate　凸版

U

ultrasonic cleaning machine　超声波清洗机

ultrasonic sterilization machine　超声波杀菌机

unbleached　未漂白

underpackaging　包装保护性不足

unit loads　单元货物

unit loads stability test　单元货物稳定性试验

unit package　单元包装

universal packaging machine　通用包装机

unpackaging　启封

unsorambler　整理机

unwinding unit　开卷装置

used packaging　用过的包装

used packaging with hazardous residues　有危险残留物的用过的包装

V

vacuum drying machine　真空干燥机

vacuum packaging　真空包装

vacuum packaging machine　真空包装机

valve　阀口；阀门

valve actuator　阀门促动器

valve gasket　阀垫

valve housing　阀套

valve mounting cap　阀门固定盖

valve stem　阀杆

valved heat sealed flat sack　平边热封合阀口袋

valved sack　阀口袋

valved-sewn flat sack　平边缝合阀口袋

valved-sewn-gusseted sack　边褶缝合阀口袋

Vandyke process　原稿制版法

vapor transmission rate　透湿率

variable frequency vibration test　变频振动试验

varnishing　上光

varnishing machine　上光机

VCI film, volatile corrosion inhibitor paper　气相防锈薄膜

VCI paper, volatile corrosion inhibitor paper　气相防锈纸

vci　气相缓蚀剂

vegetable adhesive　植物黏合剂

vehicle simulate vibration test　车辆模拟振动试验

vertical impact test　垂直冲击试验

vertical impact test machine　垂直冲击机

vibration test　振动试验

vibration test machine　振动试验机

viewing device　观察装置

volumetric filling machine　容积式充填机

W

wad liner　衬垫
waste-to enery process　废弃物能源化处理
water immersion set　浸水装置
water immersion test　浸水试验
water permeability test　透水性试验
water proofing　防水
water spray set　喷淋装置
water spray test　喷淋试验
water vapo (u) r proof packaging, moisture-proof packaging　防潮包装
water vapour permeability test　透湿度试验
waterproof packaging　防水包装
water-soluble adhesive　水溶型黏合剂
wax pill of Chinese machine　蜡丸
waxing　上蜡
weather resistance test　耐候试验
web-fed offset press　卷筒纸胶印机
welded seam　焊缝
welding　溶合
wet strength sack paper　湿强度纸袋纸
wet-cleaning machine　湿式清洗机
white board　白纸板
wind and rain test　风淋试验
window　观察窗
wirebound case　钢丝捆扎箱
wire-side　网面
wood platen packaging　木夹板包装
wooden barrel　木桶
wooden box　木盒
wooden case, wooden boxes　木箱
wooden framed case　框架木箱
wooden packaging　木质包装
wooden pallet　木托盘
wooden skid　木制底盘
word processing　文字处理机
wrap-around　平凸版
wrapping　裹包
wrapping machine　裹包机
wrapping machine　裹包机械
wrinkle rating　皱纹度

X

xerography　干式静电印刷

Y

yellow straw board　黄纸板

Z

zinc plate　锌板

参考文献

[1] 陈楚俊. 标准化与质量、市场、效益. 北京：冶金工业出版社，1994.

[2] 陈晓剑，隋克. CI创造名牌. 合肥：中国科学技术大学出版社，1996.

[3] 陈中豪. 包装材料. 长沙：湖南大学出版社，1989.

[4] 董锡键，潘肖钰. 中国企业形象战略. 上海：复旦大学出版社，1995.

[5] 冯云廷，李怀. 企业形象设计. 大连：东北财经大学出版社，2003.

[6] 冀连贵. 商品学概论. 北京：中国财政经济出版社，2002.

[7] 季意. 电脑美术设计. 北京：燕山出版社，1995.

[8] 姜今，姜慧慧. 设计艺术. 长沙：湖南美术出版社，1991.

[9] 姜锐. 包装设计. 长沙：湖南大学出版社，1989.

[10] 李香敏. Auto CAD 2002机械设计与制图. 北京：电子科技大学出版社，1999.

[11] 梁力任. 常用图形符号词典. 上海：上海辞书出版社，1993.

[12] 刘全香，陈娜. 装潢印刷技术. 北京：化学工业出版社，2004.

[13] 刘全香. 数字印刷技术. 北京：印刷工业出版社，2006.

[14] 刘真，郭春霞. 印刷概论. 北京：印刷工业出版社，1996.

[15] 刘志一. 包装设计原理与方法. 合肥：安徽科学技术出版社，1994.

[16] 马桃林. 包装技术. 武汉：武汉大学出版社，2001.

[17] 林学翰，徐瑞红，张林桂. 包装技术与方法. 长沙：湖南大学出版社，1988.

[18] 潘松年，孙寿文，赖植滨等. 包装工艺学. 北京：印刷工业出版社，2004.

[19] 许文才，向明，潘松年. 防锈包装技术. 中国包装，1997，18（1）：67.

[20] 饶德江. CI原理与实务. 武汉：武汉大学出版社，2002.

[21] 孙诚等. 包装结构设计. 北京：中国轻工业出版社，1995.

[22] 唐志强. 包装材料与实用包装技术. 北京：化学工业出版社，1996.

[23] 汪永太. 物流中的商品包装条码. 中国包装，2007，（3）.

[24] 王强，刘全香等. 印前图文处理. 北京：中国轻工业出版社，2001.

[25] 王学成. 出口商品包装与装潢补血实务新编. 天津：天津科学技术出版社，1994.

[26] 王子源. 包装色彩. 南昌：江西美术出版社.2002.

[27] 吴学政，陈娜. 特种印刷. 北京：化学工业出版社，2002.

[28] 吴以欣，陈小宁. Photoshop 5.0 图像处理技巧. 北京：人民邮电出版社，1996.

[29] 亚洲CI网 www.asiaci.com.

[30] 杨艾强等. 产品造型设计艺术. 上海：上海书画出版社，1991.

[31] 杨静. 装潢印刷500问. 北京：印刷工业出版社，1997.

[32] 杨蕾，王子源. 包装艺术. 江西美术出版社，2001.

[33] 叶世雄. 包装国际惯例. 贵阳：贵州人民出版社，1994.

[34] 尹章伟等. 包装色彩设计. 北京：化学工业出版社，2005.

[35] 尹章伟. 商品包装概论. 武汉：武汉大学出版社，1998.
[36] 尹章伟. 商品包装知识与技术问答. 北京：化学工业出版社，2001.
[37] 尹章伟，刘全香，马桃林等. 包装概论. 北京：化学工业出版社，2006.
[38] 尹章伟，熊文飞，何方. 包装造型与装潢设计. 北京：化学工业出版社，2006.
[39] 余大丽. 包装设计. 南昌：江西美术出版社，2002.
[40] 曾俊等. 应用美术. 重庆：西南师范大学出版社，1997.
[41] 曾仁侠. 包装概论. 长沙：湖南大学出版社，1989.
[42] 张桂兰. 图像处理软件Photoshop入门. 北京：印刷工业出版社，1997.
[43] 张国宝. Auto CAD 2002入门与提高. 北京：人民邮电出版社，2001.
[44] 张建辛，荆雷. CI战略的教学与设计. 石家庄：河北美术出版社，1997.
[45] 张荫余等. 包装印刷概论. 北京：印刷工业出版社，1992.
[46] 张玉萍，周勇. Coreldraw 10平面设计教程. 北京：人民邮电出版社，2002.
[47] 赵秀萍，许明飞. 包装 · 设计 · 印刷. 北京：印刷工业出版社，1995.
[48] 郑坚，宋健生. 计算机辅助设计与制造. 北京：电子工业出版社，1996.
[49] 智文广. 包装印刷. 北京：印刷工业出版社，1996.
[50] 中国包装标准汇编（应用基础卷）. 北京：中国标准出版社，2000.
[51] 中国包装设计网 www. chndesign.net.
[52] 中国CI网 www.cn-cis.comwww.
[53] 圆点视线 www.appoints.com.
[54] 好包装网 www.howpack.cn.
[55] 周旭. 企业形象策划与设计. 长沙：湖南大学出版社，1999.
[56] 朱方明等. 包装促销. 北京：中国经济出版社，1998.
[57] 诸鸿. 现代商品包装学. 北京：中国人民大学出版社，1992.
[58] 查先进. 物流与供应链管理. 武汉：武汉大学出版社，2005.
[59] 邹毓俊. 印刷概论. 北京：测绘出版社，1993.
[60] 朱国勤，吴飞飞. 包装设计. 上海：上海人民美术出版社，2016.
[61] 王安霞. 包装设计与制作. 北京：中国轻工业出版社，2013.
[62] 赵竞，尹章伟. 产品效果图电脑表现技法. 北京：化学工业出版社，2016.
[63] 站酷网 www.zcool.com.cn.
[64] 普象网 www.pushthink.com.
[65] 中国设计网 www.cndesign.com.
[66] 包联网 www.pkg.cn.
[67] 网易艺术 art.163.com.
[68] 中国包装网 www.pack.cn.
[69] 包装地带 www.superpack.cn/index.html.
[70] 品赞设计 www.pesign.cn.

彩图8-7（文见第162页） 使用透明塑料袋包装的新鲜蔬菜

彩图8-8（文见第162页） 强化商标品牌使其易于辨认和识别

彩图9-1（文见第225页） 彩色图像复制过程

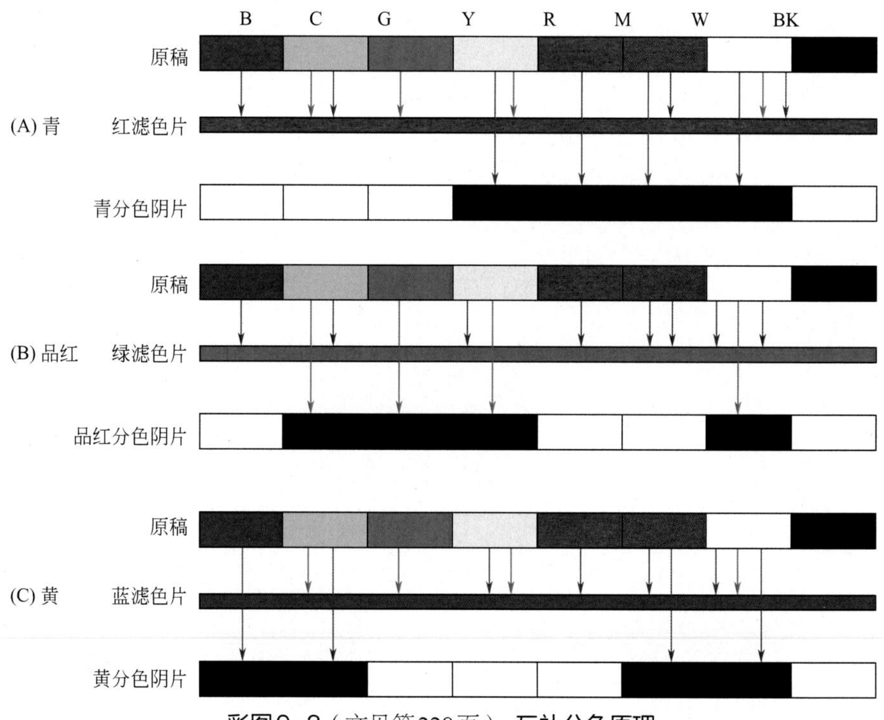

彩图9-3（文见第228页） 互补分色原理

彩图10-27（文见第285页） **爆炸性物质或物品标志**

符号：黑色，底色：橙红色

** 项号的位置——如果爆炸性是次要危险性，留空白

* 配装组字母的位置——如果爆炸性是次要危险性，留空白

彩图10-28（文见第285页） **易燃气体标志**

左图——符号：黑色，底色：正红色

右图——符号：白色，底色：正红色

彩图10-29（文见第285页） **非易燃无毒气体标志**

左图——符号：黑色，底色：绿色

右图——符号：白色，底色：绿色

彩图10-31（文见第286页） **易燃液体标志**

左图——符号：黑色，底色：正红色

右图——符号：白色，底色：正红色

彩图10-32（文见第286页） **易燃固体标志**

符号：黑色，底色：白色红条

彩图10-33（文见第286页） **易于自燃的物质标志**

符号：黑色，底色：上白下红

彩图10-34（文见第286页） **遇水放出易燃气体的物质标志**

左图——符号：黑色，底色：蓝色

右图——符号：白色，底色：蓝色

彩图10-35（文见第286页） **氧化性物质标志**

符号：黑色，底色：柠檬黄色

彩图10-36（文见第286页） **有机过氧化物标志**

左图——符号：黑色，底色：红色和柠檬黄色

右图——符号：白色，底色：红色和柠檬黄色

彩图10-39（文见第287页） **一级放射性物质标志**

符号：黑色，底色：白色，附一条红竖条

黑色文字，在标签下半部分写上：

“放射性”

“内装物________”

“放射性强度________”

在“放射性”字样之后应有一条红竖条

在“放射性”字样之后应有两条红竖条

彩图10-40（文见第287页） **二级放射性物质标志**

符号：黑色，底色：上黄下白，附两条红竖条

黑色文字，在标签下半部分写上：

“放射性”

“内装物________”

“放射性强度________”

在一个黑边框格内写上：“运输指数”

在“放射性”字样之后应有两条红竖条

彩图10-41（文见第287页） **三级放射性物质标志**

符号：黑色，底色：上黄下白，附三条红竖条

黑色文字，在标签下半部分写上：

“放射性”

“内装物________”

“放射性强度________”

在一个黑边框格内写上：“运输指数”

在“放射性”字样之后应有三条红竖条